For utmost Accuracy & Productivity, MIDAS provides the best solutions in Structural Engineering. We Analyze and Design the Future.

Structural Analysis

midas Civil로 배우는 구조역학 | 해석편 |

Introduction
머리말

MIDAS에 대한 여러분의 관심과 성원에 감사 드립니다.

이 책은 구조역학을 공부하는 학생이나 구조기술인이 정역학 및 동역학과 관련된 예제의 해석과 결과확인 과정을 통해 구조물의 역학적 거동을 분석하고 예측하는 능력을 키울 수 있도록 하기 위하여 제작되었습니다.

역학서적에서 배우는 다양한 해법의 원리를 이해하고 절차를 숙달하는 과정은 대단히 중요합니다. 그리고 이러한 기본 과정을 바탕으로 실제 구조물에 대하여 힘의 흐름을 분석하고 응력의 발생을 예측하는 능력을 갖기 위해서는 다양한 조건의 예제에 대한 폭넓은 역학적 경험과 지식이 필요합니다. 그러나 이론적 해법에 의한 필산(筆算, 수계산)으로 구조물의 거동을 분석하는 것은 계산 자체에 많은 시간과 노력이 요구되므로 다양한 구조물의 역학적 조건을 경험해 보기는 어렵습니다.

이 책에서는 역학서적에서 흔히 볼 수 있는 간단한 예제에 대하여 전산구조해석을 통해 그 해를 구하는 절차를 설명합니다. 또한 정역학과 동역학 문제는 물론, 지점침하나 온도변화, 좌굴문제 등 실제 구조물에서 발생 가능한 여러 가지 상황들을 구조해석 모델에 반영하는 방법을 제시합니다.

각 예제에서는 하중 또는 경계조건 등에 변화를 준 몇 개의 모델을 해석하여 결과를 비교하는 과정이 포함되어 있습니다. 이 책에 제시된 예제를 모두 실습한 이후에도 다양한 예제들을 동일한 방법으로 검토하고 분석하면 소수 예제의 계산에 의해서는 습득하기 어려운 역학적 사고와 예측 능력을 키워나갈 수 있기를 기대합니다. 나아가서는 형상이나 거동이 복잡한 구조물에 대한 전산구조해석 응용능력을 갖게 됩니다.

"midas Civil로 배우는 구조역학" 이 여러분의 역학지식과 기술력 향상에 큰 도움이 되기를 바랍니다.

감사합니다.

About Contents

이 책의 구성에 대하여

이 책은 총 10개의 장으로 구성되어 있으며, 각 장은 **이해하기, 따라하기, 풀어보기, 연습문제** 순서로 구성되어 있습니다.

'이해하기'에서는 해당 구조형식 모델에 대한 기본적인 구조역학 개념을 설명하고 수계산에 필요한 해석개념 및 이론식에 대하여 설명하였습니다.

'따라하기'에서는 실무에서 만날 수 있는 다양한 구조형식을 제시하고 프로그램을 이용하여 모델생성, 하중, 경계조건등을 입력하는 방법을 단계별로 자세하게 설명하여 누구라도 쉽게 따라하며 올바른 구조해석을 경험할 수 있도록 하였습니다. 또한 하중이나 경계조건 등이 변화된 여러 개의 모델에 대하여 해석을 수행하고 이들의 역학적 거동과 부재력을 비교 분석하는 방법을 설명하고자 하였습니다.

'풀어보기'에서는 따라하기에 제시된 해석모델을 수계산으로 직접 풀이해 보면서 프로그램의 해석 결과값을 이해하는 수준을 함양하는데 도움이 되고자 하였습니다.

'연습문제'에서는 따라하기와 유사한 실무기반의 구조형식을 제시하여 응용력을 함양하고자 하였습니다.

이 책에서는 구조역학 기본지식이나 프로그램 기본 사용법에 대한 설명은 최소화하고 학교에서 배운 구조역학 지식을 실무에 적용해보고 이해하는데 중점을 두었습니다. 따라서 이 책을 통하여 차례로 실습하는 과정에서 새롭게 등장하는 구조개념이나 해석이론 및 기능의 사용법에 대한 설명은 시중의 구조역학 기본서나 MIDAS 프로그램 매뉴얼을 참조하시기 바랍니다. 프로그램 메뉴얼은 Help 메뉴에서 Index 또는 Contents를 클릭하면 나타나는 도움말 입니다. 프로그램에 적용되는 요소나 경계조건, 해석기능 및 전처리와 후처리단계에서 사용되는 모든 기능에 대한 사용법이 상세히 설명되어 있습니다.

또한, 프로그램 기본사용법에 대한 온라인 강의자료가 홈페이지의 교육센터에 준비되어 있으니 많은 활용 바랍니다. (http://kor.midasuser.com/civil)

체험판 (Trial Version) 사용방법

구매 및 학습을 위해 기능, 범위 및 시간이 제한된 체험판을 1회에 한하여 사용할 수 있으며, 그 절차는 아래와 같습니다.

신청 절차

1. 회원가입 : MUSS(MIDAS User Support System, http://kor.midasuser.com/civil)
2. 로그인
3. 신청 : [다운로드] → [Civil2012+] → [Trial Version]
4. 체험판 승인
5. 다운로드 및 실행(사용)

체험판 승인 승인 후, 다운로드 경로를 안내 이메일로 발송

---

* 본 교재는 midas Civil 815버전(2013년), SI단위를 활용하여 제작되었습니다.

Ⅱ

해석편

TABLE OF CONTENTS

1. 들어가기

TABLE OF CONTENTS

01.1 해석편 구성

01.1 해석편 구성

01.1.1 일반사항

midas Civil 로 배우는 구조역학은 1 권의 [구조편]과 2 권의 [해석편]으로 분류된다. [구조편]에서는 구조역학의 기본적인 내용을 다루며, 2 권에서는 구조해석 부분에 대한 좀 더 깊이 있는 내용을 다룬다. [구조편]과 [해석편] 모두 동일한 역학적 개념을 기반으로 하고 있으며, 해석편의 내용들은 서로 상당한 연계성을 가지고 있다. 따라서 그림 1.1 과 같이 [해석편] 내용의 연계성을 그림으로 표현해 볼 수 있다.

▶그림 1.1
midas Civil 로 배우는 구조역학[해석편] 각 장의 연계성

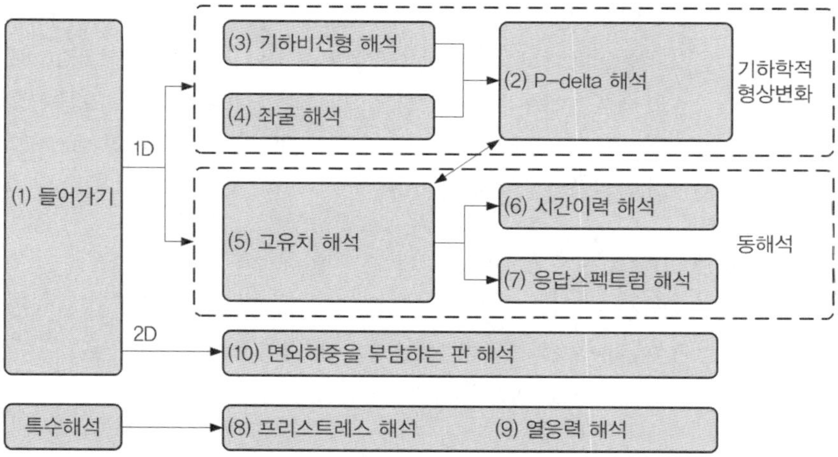

[해석편]은 각 내용의 연계성을 고려하여 다음과 같은 순서로 구성하였다.

(1) 들어가기
(2) P-delta 해석
(3) 기하비선형 해석
(4) 좌굴 해석
(5) 고유치 해석
(6) 시간이력 해석
(7) 응답스펙트럼 해석

(8) 프리스트레스 해석
(9) 열응력 해석
(10) 면외하중을 부담하는 판 해석

[해석편] 『(1) 들어가기』 에서는 [해석편]에서 기반이 되는 총괄적인 역학적 개념을 간략하게 정리하였다. 모든 역학적 개념은 미분 방정식(1 차원 요소) 혹은 편미분방정식(2 차원 요소)으로 설명하였다. 『(2) P-delta 해석』 과 『(3) 기하비선형 해석』 은 동일한 역학적 개념을 사용하며, 『(4) 좌굴 해석』 은 이들의 특수한 경우에 해당하므로 그 순서에 따라 배치하였다. 『(4) 좌굴 해석』 과 『(5) 고유치 해석』 은 수학적 면에서 동일한 개념을 사용하므로 이어서 고유치 해석이 배치되도록 하였다. 그리고 『(6) 시간이력 해석』 과 『(7) 응답스펙트럼 해석』 은 동적 해석(dynamic analysis)이며, 고유치 해석 결과를 이용하며 서로 밀접한 관계가 있으므로 이어서 배치하였다. 『(8) 프리스트레스 해석』 과 『(9) 열응력 해석』 은 특수해석의 의미가 있으므로 그 다음에 배치하였다. 끝으로 이상의 내용은 모두 1 차원인 선요소(line element)를 대상으로 설명하고 있는 반면에 『(10) 면외하중을 부담하는 판 해석』 은 2 차원인 면요소(surface element)를 대상으로 하고 있으므로 마지막에 배치하였다.

01.1.2 **1 차원 요소에 의한 해석**

(1) 1 차원 요소에 의한 해석

P-delta, 기하비선형, 좌굴, 고유치, 시간이력, 응답스펙트럼 해석은 모두 동일한 미분방정식을 사용한다. 그림 1.2 는 $x-z$ 평면에서 등분포하중 q 가 연직하향방향으로 작용할 때, 보의 변형 형상과 힘의 평형상태를 나타낸 것이다.

▶그림 1.2
1 차원 선요소

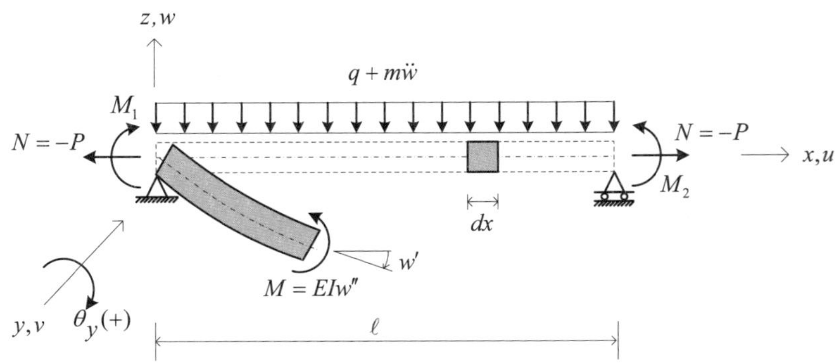

그림 1.2 에서 원점으로부터 x 만큼 떨어진 위치에 대한 힘(모멘트)의 평형 조건을 적용하면, 다음과 같은 결과가 얻어진다.

▶식 1.1

$$EIw'' + Pw = -(M_1 - M_2)\frac{x}{\ell} + (q + m\ddot{w})\frac{x}{2}(\ell - x) + M_1$$

여기서 E 는 재료의 탄성계수, I 는 단면 2 차모멘트, m 는 단위길이당 질량, P 는 압축력, M_1 과 M_2 는 양단에 작용하는 모멘트를 나타낸다. w'' 는 w 를 거리 x 에 대해서 두 번 미분(곡률)을 의미하며, $\ddot{w}$ 는 w 를 시간 t 에 대해서 두 번 미분(가속도)을 의미한다.

▶그림 1.3
선요소에서 자유 물체도

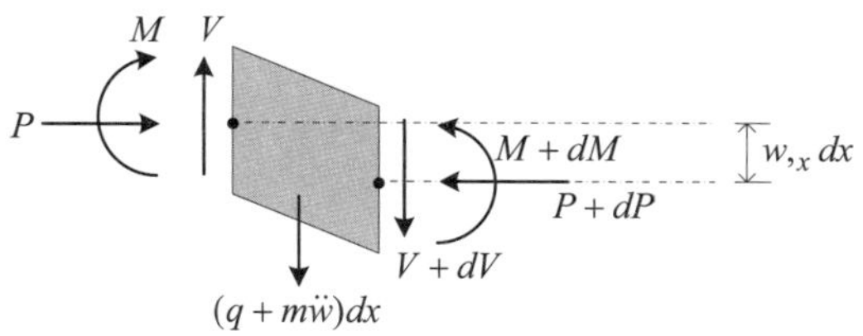

그림 1.3 과 같은 미소부분 dx (그림 1.2 에서 음영으로 표시한 부분)에 힘의 평형 조건을 적용하거나 혹은 식 1.1 을 x 에 대해서 두 번 미분하면 다음과 같은 결과가 얻어진다.

▶식 1.2

$$EIw'''' + Pw'' + m\ddot{w} = -q$$

미분방정식으로 표현되는 힘의 평형 조건은 강성 효과(EIw'''' 및 Pw''), 관성력 효과 ($m\ddot{w}$), 그리고 하중 효과 q 를 모두 포함하고 있으므로 이 식에서 필요한 항들을 적절히 선택함으로써 용도에 맞는 지배방정식(governing equation)을 구성할 수 있다.

정적 기하비선형 해석, P-delta 해석에서는 식 1.3 과 같이 관성력에 해당하는 부분을 제외하면 된다.

▶식 1.3

$$EIw'''' + Pw'' = -q$$

좌굴 해석의 경우에는 식 1.3 에서 q 를 제외한 식 1.4 를 이용하거나, 단부의 구속조건을 고려하기 위하여 식 1.1 에서 모멘트 항을 포함한 식을 만들 수 있다. 식 1.1 에서 관성력과 분포하중 q 에 해당하는 부분을 제외하면 식 1.5 와 같다.

▶식 1.4
$$EIw''''+Pw''=0$$

▶식 1.5
$$EIw''+Pw=-\left(M_1-M_2\right)\frac{x}{\ell}+M_1$$

고유치 해석은 구조물의 동적 특성만을 찾고자 하는 것이므로 식 1.2 에서 하중과 관련한 항을 삭제하면 된다.

▶식 1.6
$$EIw''''+m\ddot{w}=0$$

시간이력 해석과 응답스펙트럼 해석에서 기하비선형 효과를 고려하지 않는 경우에는 축력 P 에 해당하는 부분을 제외하면 된다. 구조물의 감쇠 효과를 고려해야 하므로 다음과 같이 나타낼 수 있다.

▶식 1.7
$$m\ddot{w}+c\dot{w}+EIw''''=-q$$

식 1.7 에서 첫 번째 항은 관성력, 두 번째 항은 감쇠력, 세 번째 항은 강성력을 의미한다. 이상과 같은 해석 종류별 특성을 표로 정리하면 표 1.1 과 같다.

▶표 1.1
midas Civil 로 배우는 구조역학[해석편] 각 장의 주요 특성 일람표

요소 종류	해석 방법	정해석		동해석	특징	식
		기하 비선형	고유치 (좌굴)해석			
1D	P-delta	O	X	X		$EIw''''+Pw''=-q$
	기하비선형	O	X	X		$EIw''''+Pw''=-q$
	좌굴	O	O	X	임계하중, 좌굴형상	$EIw''''+Pw''=0$
	고유치	X	O	O	고유주기, 고유벡터	$EIw''''+m\ddot{w}=0$
	시간이력	X	△	O	시간에 따른 응답 산정	$EIw''''+m\ddot{w}+c\dot{w}=-q$
	응답스펙트럼	X	O	O	최대 응답 산정	$EIw''''+m\ddot{w}+c\dot{w}=-q$
	프리스트레스	X	X	X		$EIw''''=-q$
	열응력	X	X	X		$EIw''''=-q$
2D	면외하중을 부담하는 판	X	X	X		$\frac{\partial^4 w}{\partial x^4}+\frac{\partial^4 w}{\partial x^2\partial y^2}+\frac{\partial^4 w}{\partial y^4}=-\frac{q}{D}$

수학적 관점에서 보았을 때 구조해석은 미분방정식의 해를 구하는 것과 같다. 미분방정식의 해는 변형형상 w를 가정하는 함수를 사용하면서 경계조건을 적용하여 해를 구한다. 예를 들면 처짐 w를 미분하면 처짐각 θ가 되므로, 단부가 고정되어 있으면 단부에서 처짐의 미분, 즉 처짐각이 영이 되도록 하는 것이다. 미분방정식에 대한 이론 해를 구하기 위해서는 주로 삼각함수를 사용한다. 삼각함수를 사용하는 이유는 구조물의 변형형상이 삼각함수와 가장 유사하기 때문이다. 그러나 변형 형상을 삼각함수와 같은 정형의 함수만으로 가정하지 못하는 경우가 일반적이므로 다양한 함수를 사용한다. 유한요소법에서는 일반적으로 형상 함수로 고차식을 사용한다. 여기에 대해서는 『01.1.5 절 유한요소해석』의 개념에서 좀 더 자세히 설명하고 있다.

01.1.3 **변형-변형률 관계**

1 차원 요소에서 축방향 변형률을 산정하는 방법은 여러 가지가 있지만, 고차항(기하비선형)은 고려하지 않는 공칭 변형률(Engineering strain)과 고차항을 고려하는 그린-라그랑지안 변형률(Green-Lagrangian strain)을 소개하면 다음과 같다.

▶식 1.8 Engineering strain : $$\varepsilon_E = \frac{\ell - \ell_o}{\ell_o} = \frac{\ell}{\ell_o} - 1$$

▶식 1.9 Green-Lagrangian strain : $$\varepsilon_G = \frac{\ell^2 - \ell_o^2}{2\ell_o^2} = \frac{1}{2}\left(\frac{\ell^2}{\ell_o^2} - 1\right)$$

여기서 ℓ_o와 ℓ는 각각 변형 전과 후의 길이를 나타낸다. 그림 1.4 는 x-z 평면상에서 변형하는 미소길이 dx에 대한 변형-변형률 관계를 나타낸 것이다. 그림에서 (a)는 선형 축변형, (b)는 선형 휨변형, 그리고 (c)는 기하비선형 변형을 나타낸다. A-A 단면 중심에서 선형 변형(그림 (a))과 기하비선형 변형(그림 (c))에 의한 변형률은 각각 $\varepsilon_{xe}(0)$와 $\varepsilon_{xn}(0)$로 나타냈으며, A-A 단면의 중심으로부터 z 만큼의 거리에서 휨변형(그림 (b))에 의한 변형률은 $\varepsilon_{xe}(z)$로 나타내었다. 변형률 $\varepsilon_{xe}(0)$와 $\varepsilon_{xe}(z)$는 선형 거동을 나타내는 변형률이며, $\varepsilon_{xn}(0)$는 형상 변화로 인하여 발생하는 비선형 변형률을 의미한다.

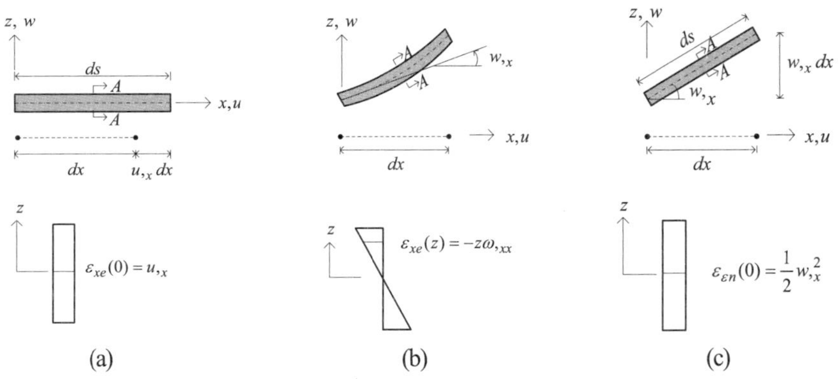

▶그림 1.4
고차 변형률의 의미
(a) 축변형
(b) 휨변형
(c) 기하비선형 변형

▶식 1.10

$$\varepsilon_{xe}\left(0\right)=\frac{ds}{dx}-1=\frac{dx+u,_x\,dx}{dx}-1=u,_x$$

▶식 1.11

$$\varepsilon_{xe}\left(z\right)=zw,_{xx}$$

▶식 1.12

$$\varepsilon_{xn}\left(0\right)=\frac{1}{2}\left[\frac{ds^2}{dx^2}-1\right]=\frac{1}{2}\left[\frac{dx^2+w,_x^2}{dx^2}-1\right]=\frac{1}{2}w,_x^2$$

P-delta 해석, 좌굴 해석, 그리고 기하비선형 해석에서는 기하학적 비선형 거동을 고려하여야 한다. 따라서 식 1.12 에 의한 변형률 효과를 반영하여야 하며, 해석의 목적에 따라 약간씩 다르게 적용할 수 있다. P-delta 해석과 좌굴 해석에서는 부재의 축방향 변형의 영향은 크지 않으므로 축변형의 영향은 무시한 식 1.10 이나 1.11 의 변형률을 사용한다. 기하비선형 해석에서는 축방향 변형률 효과를 포함하는 식 1.13 이나 1.14 와 같은 변형률을 사용한다. 휨변형이 없는 트러스요소의 경우 식 1.15 와 같은 변형률 가정에 따라 기하비선형 해석을 수행하기도 한다.

▶식 1.13

$$\varepsilon_x=-zw,_{xx}+\frac{1}{2}w^2,_x$$

▶식 1.14

$$\varepsilon_x=u,_x-zw,_{xx}+\frac{1}{2}w^2,_x$$

▶식 1.15

$$\varepsilon_x=u,_x+\frac{1}{2}w^2,_x$$

이상과 같은 해석 방법은 선요소(1 차원 요소)를 중심으로 설명하였지만, 평면응력요소나 판 및 쉘요소와 같은 면요소(2 차원 요소), 그리고 입체요소와 같은 3 차원 요소에도 동일한 개념이 적용된다.

01.1.4 2 차원 요소에 의한 해석

폭에 비하여 두께가 얇은 판요소는 3 차원의 입체를 2 차원 판으로 가정하는 방법으로 수식화한다. 판의 중립면($z=0$)을 대상으로 인장이나 압축, 그리고 휨변형 등을 고려하면서 두께 방향(z 방향)의 변형은 무시한다. 이 때 판의 중립면이 그림 1.5(a)와 같이 x-y 평면상에서 변형하는 경우를 면내(in-plane 혹은 membrane)변형이라고 하며, 그림 1.5(b)와 같이 중립면이 면에 수직인 z 방향으로 변형(휨변형)하는 경우를 면외(out-of-plane)변형이라 한다. 이와 같은 방법을 사용하면 3 차원 구조를 2 차원 구조로 축약하여 취급할 수 있다.

▶그림 1.5
면요소의 거동
(a) 면내 거동
(b) 면외 거동

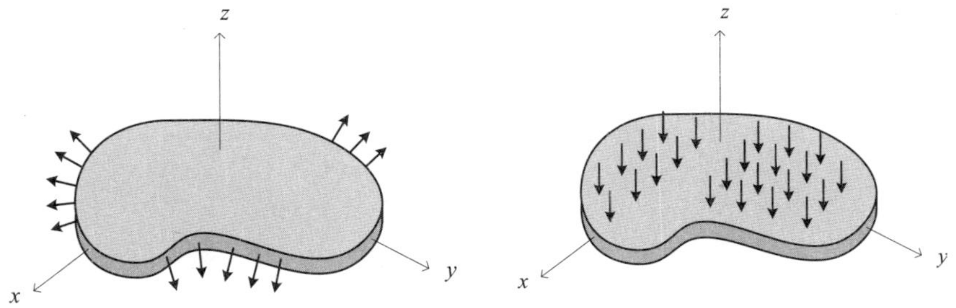

판요소에서 면외 거동을 제외하면 면내 거동만 남게 되며, 이는 평면응력(plane stress) 요소와 유사한 형태가 된다. 그리고 평면응력요소를 다시 한 차원 더 낮춰서 축약하면 1 차원의 트러스요소가 된다. 그림 1.6 은 트러스요소와 평면응력요소의 미소부분에 대한 힘의 평형 상태를 나타내고 있다.

▶그림 1.6
면내 방향 거동
(a) 트러스의 면내 방향 거동
(b) 평면응력 요소의 면내 방향 거동

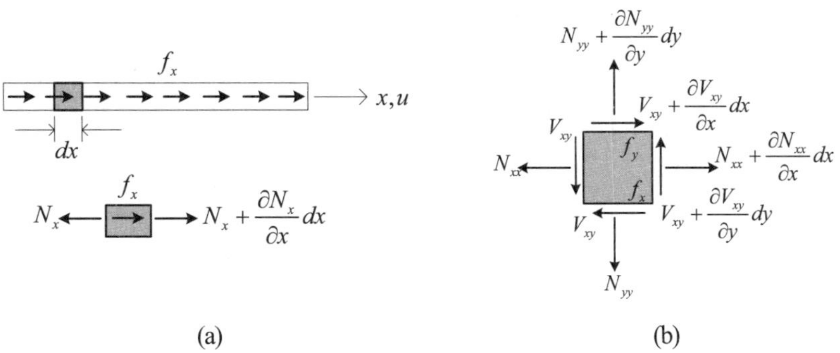

(a) (b)

트러스요소와 평면요소 각각의 경우에 대한 힘의 평형 조건은 식 1.16 과 식 1.17 에 나타내었다.

▶식 1.16

$$\frac{\partial N_x}{\partial x} + f_x = 0$$

▶식 1.17

$$\frac{\partial N_{xx}}{\partial x} + \frac{\partial V_{xy}}{\partial x} + f_x = 0$$

$$\frac{\partial N_{yy}}{\partial y} + \frac{\partial V_{xy}}{\partial y} + f_y = 0$$

판요소의 면외변형은 보의 휨변형 경우와 동일한 방법을 사용한다. 보나 판이 휨을 받으면 중립축을 중심으로 상하측에서 각각 인장과 압축변형이 발생하게 되며, 그 변형은 중립축의 거리에 비례한다는 가정을 사용할 수 있다. 그림 1.7 은 1 차원의 보요소와 2 차원의 판요소를 대상으로 면외방향 힘의 평형 상태를 식으로 나타낸 것이다.

▶그림 1.7
면외 방향 힘의 평형
(a) 보의 면외 방향 거동

(b) 판의 면외 방향 거동

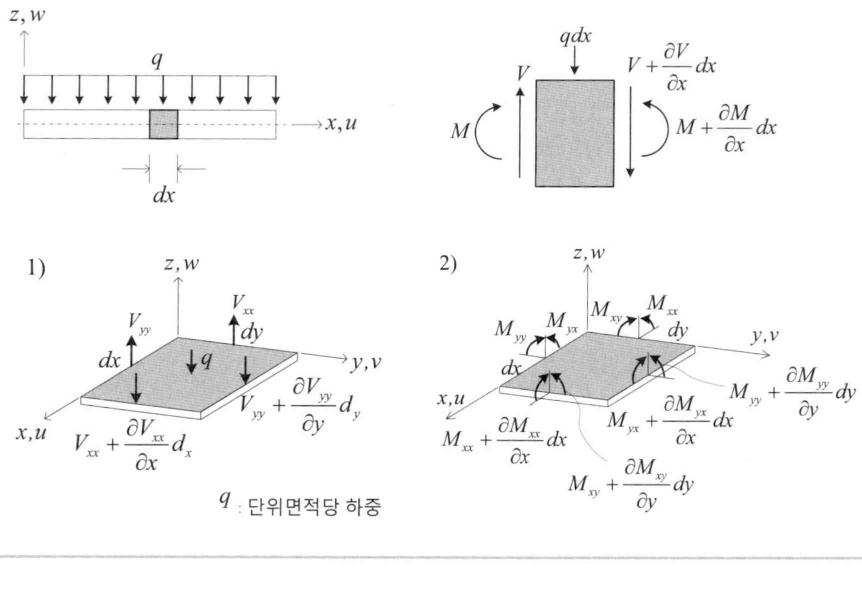

보 및 판요소에서 힘의 평형 조건은 식 1.18 과 식 1.19 와 같다. 식에서 알 수 있는 것처럼 판요소의 면외방향 힘의 평형 방정식은 보요소를 2 차원으로 확장한 형태가 된다.

▶식 1.18
보요소에서 힘의 평형 조건

$$\frac{\partial M_x}{\partial x} = V_x$$
$$\frac{\partial V}{\partial x} = -q$$

▶식 1.19
판요소에서 면외방향 힘의 평형 조건

$$\frac{\partial M_{xx}}{\partial x} + \frac{\partial M_{xy}}{\partial y} = V_{xx}$$
$$\frac{\partial M_{yx}}{\partial x} + \frac{\partial M_{yy}}{\partial y} = V_{yy}$$
$$\frac{\partial V_{xx}}{\partial x} + \frac{\partial V_{yy}}{\partial y} = -q$$

판요소의 거동은 면내 방향으로 식 1.17, 그리고 면외방향으로 식 1.19 를 적용하면 된다. 따라서 판요소의 면내 방향 거동은 1 차원의 트러스요소를 2 차원으로 확장한 것이며, 면외방향 거동은 1 차원의 보요소를 2 차원으로 확장한 것으로 이해할 수 있다. 그림 1.6 과 1.7 은 P-delta 및 관성력 효과는 반영하지 않은 상태에 대한 힘의 평형 조건을 적용한 것이다.

선요소에 대한 지배방정식(미분방정식)인 식 1.3 과 비교해 보기 위하여 판요소의 면외방향 거동을 대상으로 지배방정식을 만들어 볼 수 있다. 식 1.19 의 첫 번째와 두 번째 항을 각각 x 와 y 로 미분하여 더하면, 세 번째 식이 다음과 같이 정리된다.

▶식 1.20
판요소에서 면외방향 힘의 평형 조건

$$\frac{\partial^2 M_{xx}}{\partial^2 x} + 2\frac{\partial^2 M_{xy}}{\partial x \partial y} + \frac{\partial^2 M_{yy}}{\partial^2 y} = -q$$

식 1.3 과 같은 하중-변위관계를 유도하기 위해서는 휨모멘트와 변형의 관계(10 장의 식 10.9)를 식 1.20 에 대입하여 다음과 같은 편미분방정식(지배방정식)을 만들 수 있다.

▶식 1.21

$$\frac{\partial^4 w}{\partial x^4}+\frac{\partial^4 w}{\partial x^2 \partial y^2}+\frac{\partial^4 w}{\partial y^4}=-\frac{q}{D}$$

$$D=\frac{Et^3}{12\left(1-v^2\right)}$$

여기서 v는 재료의 프와송비이며, t는 판의 두께이다. 식 1.21 은 식 1.3 에서 P 가 영(0)인 경우와 유사한 형태임을 알 수 있다. 2 차원 요소의 경우에도 그림 1.3 과 같은 방법으로 축력 및 관성력을 도입하면, 판요소에 대해서도 기하비선형 해석, P-delta 해석 혹은 고유치 해석 등에 필요한 수식을 구성할 수 있다. 판요소는 2 차원 요소이므로 축력은 x 및 y 방향, 그리고 관성력은 x, y, z 방향으로 표현하면 된다. 예를 들어 축력 N_x 및 N_y 와 면내방향 전단력 N_{xy} 가 작용하는 경우에는 다음과 같은 지배방정식이 만들어진다.

▶식 1.22

$$\frac{\partial^4 w}{\partial x^4}+\frac{\partial^4 w}{\partial x^2 \partial y^2}+\frac{\partial^4 w}{\partial y^4}=\frac{1}{D}\left(q+N_{xx}\frac{\partial^2 w}{\partial^2 x}+N_{yy}\frac{\partial^2 w}{\partial^2 y}+N_{xy}\frac{\partial^2 w}{\partial x \partial y}\right)$$

따라서 식 1.22 는 식 1.3 을 2 차원으로 확장된 것임을 알 수 있다.

01.1.5 **유한요소 해석**

유한요소법에서는 미분방정식의 해법으로 변형 형상을 가정(형상함수)하고, 적절한 방법으로 적분하는 방법을 사용한다. 변형 (u, v, w)에 대한 변형 형상을 가정하면 식 1.10~식 1.12 등과 같은 방법으로 변형률을 산정할 수 있다. 그리고 변형률로부터 응력을 산정하고, 응력을 단면과 부재길이 방향으로 적분하면 힘-변형의 관계가 얻어진다.

식 1.3 에서 P 와 q 가 영(0)인 경우를 예로 설명해 보자. 보에 대한 해석은 처짐을 4 번 미분하면 영(0)이 되는 식을 사용하므로 처짐에 대한 형상함수로 3 차식을 사용하면 4 번째 미분에서 영(0)이 된다. 처짐 형상에 대한 3 차식의 식은 4 개까지의 미지수를 포함하므로 절점 1 과 2 에서 처짐 및 처짐각을 미지수로 하여 형상함수를 가정할 수 있다.

▶식 1.23

$$w_1=w(0),\ w_2=w(\ell),\ \theta_1=w_{,x}(0),\ \theta_2=w_{,x}(\ell)$$

$x-z$ 평면에서 휨모멘트만을 받는 보 부재에서 처짐 w 에 대한 형상함수는 다음과 같

은 3 차 함수로 가정된다.

▶식 1.24

$$w = w(x) = \left(1 - \frac{3x^2}{\ell^2} + \frac{2x^3}{\ell^3}\right)w_1 + \left(-x + \frac{2x^2}{\ell} - \frac{x^3}{\ell^2}\right)\theta_1 + \left(\frac{3x^2}{\ell^2} - \frac{2x^3}{\ell^3}\right)w_2 + \left(\frac{x^2}{\ell} - \frac{x^3}{\ell^2}\right)\theta_2$$

기하비선형 효과는 배제하고 휨변형에 의한 미소 변형 가정만을 사용한다면, 식 1.13 으로부터 변형률은 다음과 같이 표현된다.

▶식 1.25

$$\varepsilon_x = -zw,_{xx}$$

모멘트는 응력에 의한 미소 힘 $\sigma_x dx$ 의 모멘트를 단면적에 대해 적분하여 구할 수 있다.

▶식 1.26

$$M_x = M(x) = -\int \sigma_x z dA = Ew,_{xx} \int z^2 dA = EIw,_{xx}$$

식 1.24 를 x 에 대해서 두 번 미분하여 식 1.26 에 대입하면, 부재의 임의의 위치에서 모멘트는 식 1.27 과 같다.

▶식 1.27

$$\frac{M_x}{EI} = \left(-\frac{6}{\ell^2} + \frac{12x}{\ell^3}\right)w_1 + \left(\frac{4}{\ell} - \frac{6x}{\ell^2}\right)\theta_1 + \left(\frac{6}{\ell^2} - \frac{12x}{\ell^3}\right)w_2 + \left(\frac{2}{\ell} - \frac{6x}{\ell^2}\right)\theta_2$$

식 1.27 에 가상 일의 원리를 적용하면 다음과 같은 강성행렬과 지배방정식이 유도된다.

▶식 1.28

$$\boldsymbol{f} = \boldsymbol{ku}$$

$$\boldsymbol{f} = \{V_1 \quad M_1 \quad V_2 \quad M_2\}^T, \quad \boldsymbol{u} = \{w_1 \quad \theta_1 \quad w_2 \quad \theta_2\}^T$$

$$\boldsymbol{k} = \begin{bmatrix} \frac{12EI}{\ell^3} & \frac{6EI}{\ell^2} & -\frac{12EI}{\ell^3} & \frac{6EI}{\ell^2} \\ & \frac{4EI}{\ell} & -\frac{6EI}{\ell^2} & \frac{2EI}{\ell} \\ & & \frac{12EI}{\ell^3} & -\frac{6EI}{\ell^2} \\ sym & & & \frac{4EI}{\ell} \end{bmatrix}$$

여기에서 양단의 수직이동이 고정된 상태에서 회전변형만 고려하고자 한다면, 다음과 같이 간략하게 표현된다.

▶식 1.29

$$\begin{Bmatrix} M_1 \\ M_2 \end{Bmatrix} = \begin{bmatrix} \dfrac{4EI}{\ell} & \dfrac{2EI}{\ell} \\ \dfrac{2EI}{\ell} & \dfrac{4EI}{\ell} \end{bmatrix} \begin{Bmatrix} \theta_1 \\ \theta_2 \end{Bmatrix}$$

경계조건이 주어진 상태에서 식 1.29 에 의한 해석 결과로 절점변형값(θ_1, θ_2)이 얻어지면, 형상함수에 의해 임의 위치에서의 변형률과 응력이 계산된다. 그리고 식 1.29 는 [구조편] 5 장의 그림 5.2 와 일치하므로 [구조편]에서 설명된 강성법(stiffness method)과 보요소에 대한 유한요소법이 동일한 결과를 가져다 준다는 것을 알 수 있다. 이상과 같은 방법을 트러스요소부터 판요소에 이르기까지 동일하게 적용하여 지배방정식을 유도할 수 있다.

2. P-delta 해석

TABLE OF CONTENTS

01. 이해하기

01.1 P-delta 해석의 개념

02.1.1 **일반 사항**

P-delta 효과란 구조물이 횡력과 축력을 동시에 받을 때 횡력에 의해 발생한 횡방향 변위에 축력이 조합되어 추가 모멘트가 발생하는 효과를 말한다. 예를 들어 외력에 의해 횡방향으로 모멘트와 전단력을 받는 기둥 부재가 인장력 또는 압축력도 함께 받는 경우를 생각해 볼 수 있다. 이 경우 P-delta 효과로 인하여 인장력은 횡방향 거동에 대한 기둥 부재의 강성을 증가시키고, 압축력은 강성을 감소시키는 효과를 가진다. P-delta 해석은 변형으로 인한 추가 효과를 반영하는 해석이므로, 2 차 효과 해석(second order analysis)이라 하기도 한다. 이와 같은 이유로 그림 2.1 과 같이 구조물에 변형이 발생한 상태의 자유물체도(free body diagram)에 대해 힘의 평형 조건을 적용해야 한다. 반면에 P-delta 를 반영하지 않는 경우에 대해서는 변형 전 형상에 대해서 힘의 평형 조건을 적용한다. 기하비선형 해석이나 좌굴 해석에서도 변형 후 상태에 대해서 힘의 평형 조건을 적용한다.

▶그림 2.1
P-delta 효과를 고려한 기둥 부재의 거동
(a) 기둥 부재에 인장력과 횡력이 동시에 작용하는 경우

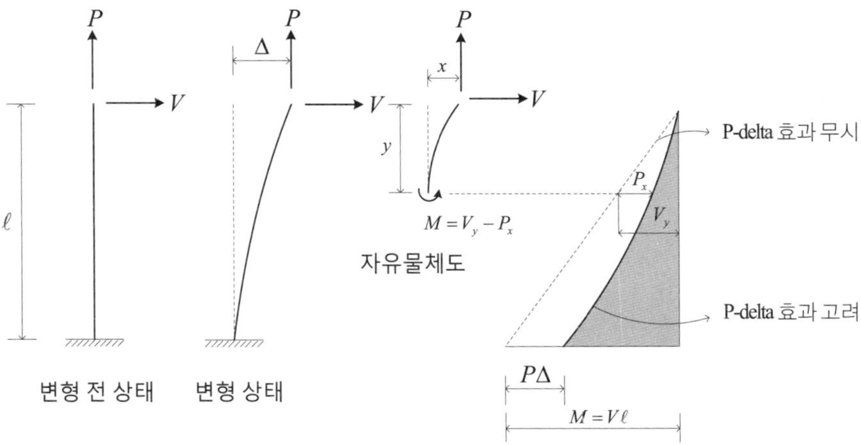

▶그림 2.1
P-delta 효과를 고려한 기둥 부재의 거동
(b) 기둥 부재에 압축력과 횡력이 동시에 작용하는 경우

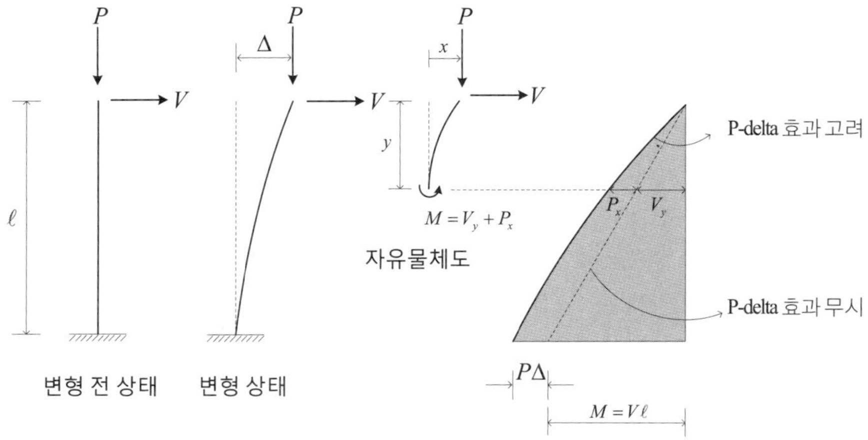

그림 2.1(a)는 기둥 부재가 인장력과 횡력을 동시에 받는 경우를 나타내고 있다. 이 때 P-delta 효과를 고려하지 않는다면, 모멘트는 기둥 부재 상단의 $M = 0$ 에서부터 하단의 $M = V\ell$ 까지 일정한 비율로 증가한다. 그러나 실제로는 횡력으로 인한 횡변위 Δ 가 발생하고, 횡변위 Δ 와 인장력 P 에 의해 모멘트가 감소하게 된다. 따라서 기둥 부재의 횡방향 강성이 증가한 것과 같은 효과를 가지게 된다. 반대로 그림 2.1(b)와 같이 압축력과 횡력을 동시에 받는 경우는 P-delta 효과로 인하여 모멘트가 증가하게 되고, 그 결과 기둥 부재의 횡방향 강성이 감소하는 효과를 보인다.

P-delta 효과는 다음 그림과 같이 두 가지로 분류하여 세분화 하기도 한다. P-δ 효과란 부재의 축을 따라 국부적으로 변하는 기하형상에 의한 효과를 말하며, P-Δ 효과는 부재 양단 사이의 상대변위로 인한 효과를 말한다.

▶그림 2.2
P-delta 효과

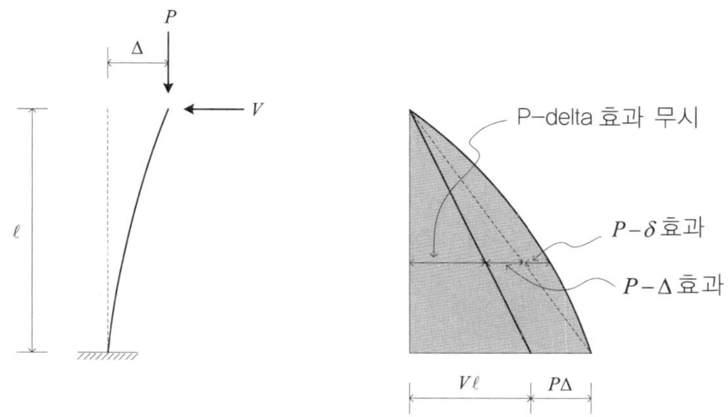

토목 구조물에서 교각이나 주탑의 경우 연직하중에 의한 축력과 횡력에 의한 횡변위가 크기 때문에 P-delta 효과가 구조물의 거동에 미치는 영향이 커진다. ACI318, AISC-LRFD 등 설계기준에서는 2 차 효과에 의한 구조물의 붕괴를 방지하기 위하여 P-Δ 효과를 고려한 구조해석을 요구하고 있다. 이 절에서는 P-delta 효과를 반영하는 해석을 위하여 트러스와 보요소를 대상으로 설명한다.

02.1.2 **해석 개념**

트러스 요소에서 P-delta 효과를 반영하기 위해 그림 2.1 과 같은 변형상태에 대하여 다음과 같은 힘의 평형 조건을 적용할 수 있다.

▶식 2.1

$$F_i = \frac{EA}{\ell}\left(u_i - u_j\right) = P, \qquad V_i = \frac{P}{\ell}\left(w_i - w_j\right)$$

$$F_j = \frac{EA}{\ell}\left(-u_i + u_j\right) = -P, \qquad V_j = \frac{P}{\ell}\left(-w_i + w_j\right)$$

▶그림 2.3
트러스 요소 P-Δ 효과

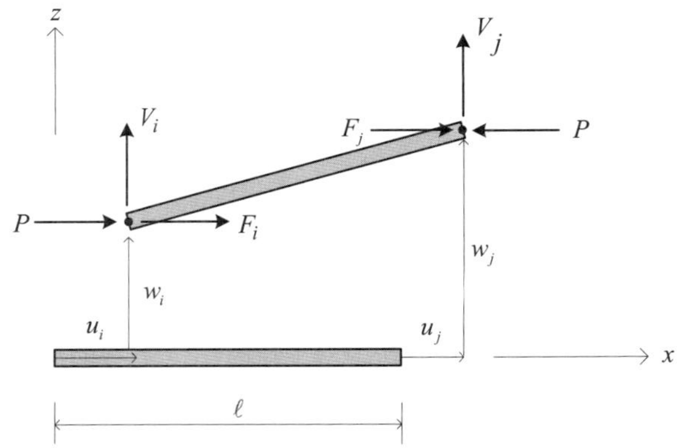

식 2.1 을 행렬식으로 나타내면 다음과 같다.

▶식 2.2

$$\boldsymbol{f} = \boldsymbol{k}\boldsymbol{u}$$

$$\boldsymbol{f} = \begin{bmatrix} F_i & V_i & F_j & V_j \end{bmatrix}^T, \qquad \boldsymbol{v} = \begin{bmatrix} u_i & w_i & u_j & w_j \end{bmatrix}^T$$

$$\boldsymbol{k} = \boldsymbol{k_0} + \boldsymbol{k_\sigma}$$

$$\boldsymbol{k_o} = \frac{EA}{\ell}\begin{bmatrix} 1 & 0 & -1 & 0 \\ 0 & 0 & 0 & 0 \\ -1 & 0 & 1 & 0 \\ 0 & 0 & 0 & 0 \end{bmatrix}, \quad \boldsymbol{k_\sigma} = \frac{P}{\ell}\begin{bmatrix} 0 & 0 & 0 & 0 \\ 0 & 1 & 0 & -1 \\ 0 & 0 & 0 & 0 \\ 0 & -1 & 0 & 1 \end{bmatrix}$$

여기서 $\boldsymbol{k_0}$ 는 선형강성을 나타내며, $\boldsymbol{k_\sigma}$ 는 P-delta 효과를 반영하는 기하강성을 나타낸다. 그리고 축력 P 는 압축력인 경우 음(-)의 부호를 가진다. 그리고 01.1.2 절의 변형률에 관한 식 1.15 에 가상 일의 원리 등을 적용하여 식 2.2 와 동일한 식을 유도할 수도 있다.

보요소에 대한 P-delta 해석의 개념은 트러스요소와 동일하며, 요소의 휨변형이 추가로 고려된다는 점만 다르다. $x-z$ 평면상의 2 차원 보요소에 대한 P-delta 해석의 설명을 위하여 하중 q 가 영(0)인 경우를 대상으로 설명해보자. 이 경우가 1 장 01.1.5 절의 유한요소 해석 설명과 다른 점은 식 2.3 과 같이 하중 P 에 의한 효과가 추가된다는 점이다.

▶식 2.3

$$EIw'''' + Pw'' = q$$

보요소에 대한 P-delta 해석에서 휨변형에 의한 식을 유도하기 위해서는 1장의 식 1.10의 변형률을 사용하여 식 2.4와 같은 지배방정식을 만들 수 있다. 지배방정식은 가상 일의 원리 등을 사용하여 구할 수 있다.

▶식 2.4

$$\boldsymbol{f} = \boldsymbol{k}\boldsymbol{u}$$

$$\boldsymbol{f} = \begin{bmatrix} V_i & M_i & V_j & M_j \end{bmatrix}^T, \qquad \boldsymbol{u} = \begin{bmatrix} w_i & \theta_i & w_j & \theta_j \end{bmatrix}^T$$

$$\boldsymbol{k} = \boldsymbol{k_0} + \boldsymbol{k_\sigma}$$

$$\boldsymbol{k_0} = \begin{bmatrix} \dfrac{12EI}{\ell^3} & \dfrac{6EI}{\ell^2} & -\dfrac{12EI}{\ell^3} & \dfrac{6EI}{\ell^2} \\ & \dfrac{4EI}{\ell} & -\dfrac{6EI}{\ell^2} & \dfrac{2EI}{\ell} \\ & & \dfrac{12EI}{\ell^3} & -\dfrac{6EI}{\ell^2} \\ sym & & & \dfrac{4EI}{\ell} \end{bmatrix} \quad \boldsymbol{k_\sigma} = \frac{P}{30}\begin{bmatrix} \dfrac{36}{\ell} & 3 & -\dfrac{36}{\ell} & 3 \\ & 4\ell & -3 & -\ell \\ & & \dfrac{36}{\ell} & -3 \\ sym & & & 4\ell \end{bmatrix}$$

식 2.4가 식 1.28과 다른 점은 기하강성 행렬 $\boldsymbol{k_\sigma}$가 추가된다는 점이다. 그리고 식 2.4는 P-delta 해석과 함께 좌굴 해석에도 사용될 수 있다(4장 좌굴 해석 참조).

02. 따라하기

02.1 모델 개요

다음 그림과 같이 양단의 지지조건과 재하하중이 서로 다른 기둥에 대하여 P-delta 해석을 수행하고, 일반 정적 해석 및 기하비선형 해석 결과와 비교해 본다.

▶그림 2.4
해석 모델

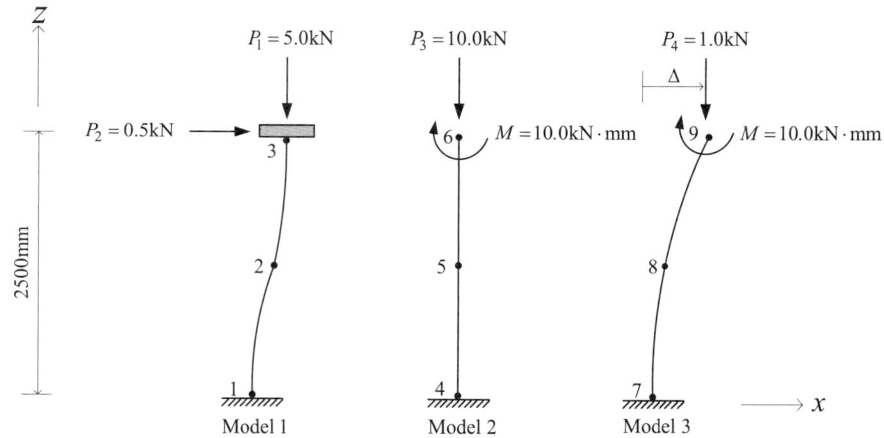

- ***Material***

  탄성계수 : 2.0×10^5 N / mm²

- ***Sections***

  단면 치수 : 속이 빈 박스형 $50 \times 50 \times 5$ mm

  단면적(Area) : 900 ㎟

  단면 2 차모멘트(I_{yy}) : 300,000 mm⁴

- ***Load***

  1. Model 1 : 축력 및 횡력 작용, 상단에는 이동변위만 허용되며 회전변위 구속
  2. Model 2 : 축력 및 단부 휨모멘트 작용, 상단의 이동변위 구속
  3. Model 3 : 상단 휨모멘트와 축력 작용

02.2 작업환경 설정

02.2.1 **단위계 설정**

새 파일을 열고 파일명을 **'Pdelta.mcb'**로 저장합니다.

Main Menu 에서 *New Project...*

Main Menu 에서 *Save*

1. 파일 이름 : **'Pdelta'** 입력, **[저장]** 클릭

예제에서 사용할 단위계를 설정한다.

Main Menu 에서 ***Tools / Unit System...***

2. Length > **mm**, Force(Mass) > **N** 선택

3. **[OK]** 클릭

▶그림 2.5
파일 저장
단위계 설정

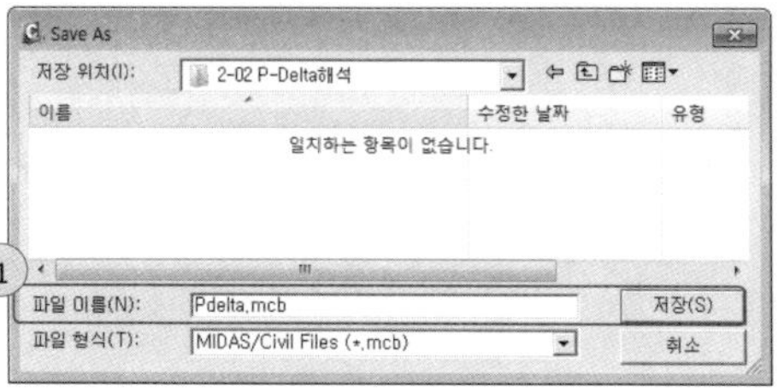

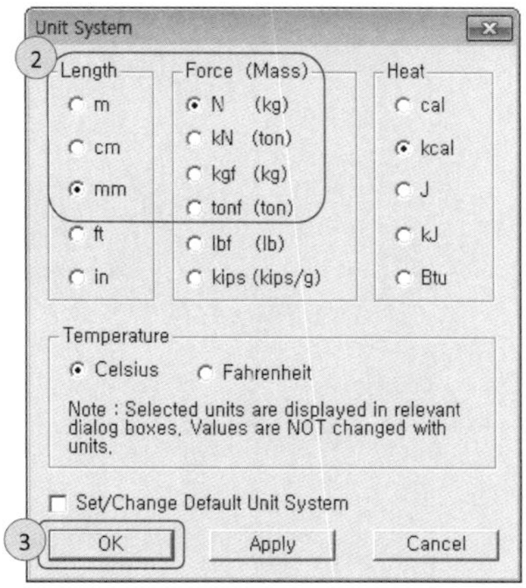

Tip

단위계 설정은 화면 하단 Status bar 에서도 간편하게 설정이 가능하다.

02.2.2 **작업 평면 설정**

본 예제에서는 전체 좌표 계(Global Coordinate System, GCS)를 기준으로 X-Z 평면의 거동만을 허용하므로 Structure Type 을 2-D 거동 구조물(X-Z Plane)로 지정한다.

Main Menu 에서 ***Structure / Structure Type***

1. Structure Type > **X-Z Plane** 선택
2. **[OK]** 클릭

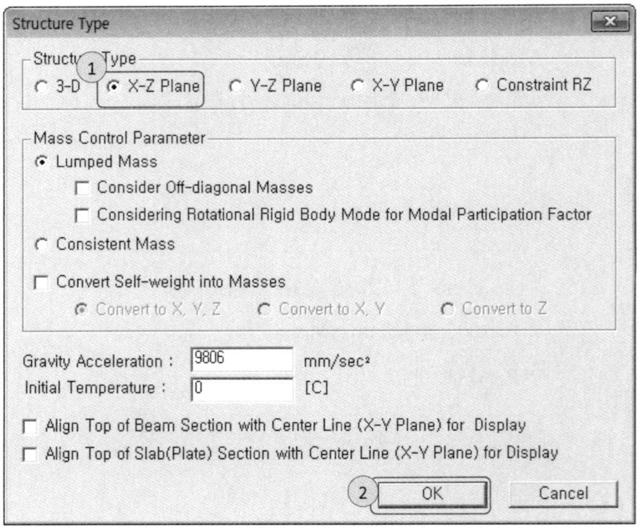

▶그림 2.6
작업 평면 설정

02.3 재질과 단면 정의

02.3.1 재질 정의

모델에 사용될 재질 및 단면은 해석의 편의를 위하여 사용자가 임의 값을 지정하는 user defined type 과 value type 을 이용한다.

Main Menu 에서 ***Properties / Material Properties***

1. **[Add...]** 클릭, Name : **'Mat'** 입력
2. Elasticity Data > Type of Design > **User Defined** 선택,
3. User Defined > Modulus of Elasticity : **'2.0e5'** 입력
4. **[OK]** 클릭
5. **Section** 탭 클릭, **[Add...]** 클릭, **Value** 탭 클릭
6. Section Shape 목록 > **Box** 선택, Name : **'Sec'** 입력
7. H : **'50'**, B : **'50'**, tw : **'5'**, tf1 : **'5'**, Area : **'900'**, I_{yy} : **'300,000'** 입력
8. **[OK]** 클릭, **[Close]** 클릭

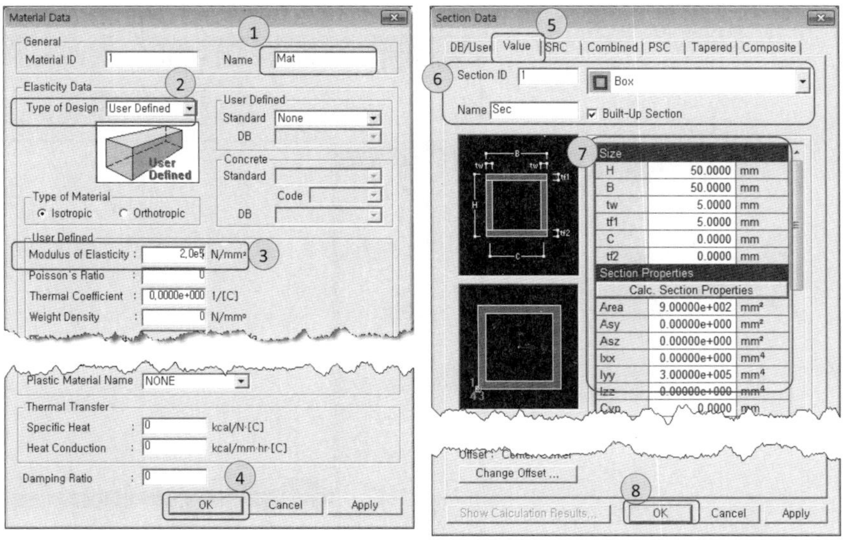

▶그림 2.7
재질 정의
단면 정의

Tip

임의의 재질을 사용할 경우에 Type of Design 을 User Defined 로 설정하면 물성치를 직접 입력할 수 있다.

Tip

OK 버튼을 누르면 재질 대화상자를 닫기 때문에 여러 개의 재질을 정의할 때에는 Apply 버튼이 유용하다.

02.4 절점과 요소 생성

02.4.1 **요소 생성**

입력 편의를 위해 N 단위를 kN 으로 변경한 후, 절점과 요소를 생성한다.

Main Menu 에서 ***Tools / Unit System*** 에서 힘단위를 **kN** 으로 변경

Main Menu 에서 ***Node/Element / Create Nodes***

1. **Display Node Numbers, Auto Fitting, Front View** (Toggle on)
2. Coordinates (x, y, z) : **'0, 0, 0'** 입력
3. Copy > Number of Times : **'2'** 입력, Distance(dx, dy, dz) : **'0, 0, 1250'** 입력, **[Apply]** 클릭

Main Menu 에서 ***Node/Element / Create Elements***

4. Element Type > **General beam/Tapered beam** 선택
5. Material > **1:Mat** 선택, Section > **1:Sec** 선택
6. Nodal Connectivity 입력란을 클릭하여 초록색의 입력 대기 상태 확인 후, Model View 화면에서 **1, 3 번 절점**을 차례로 클릭

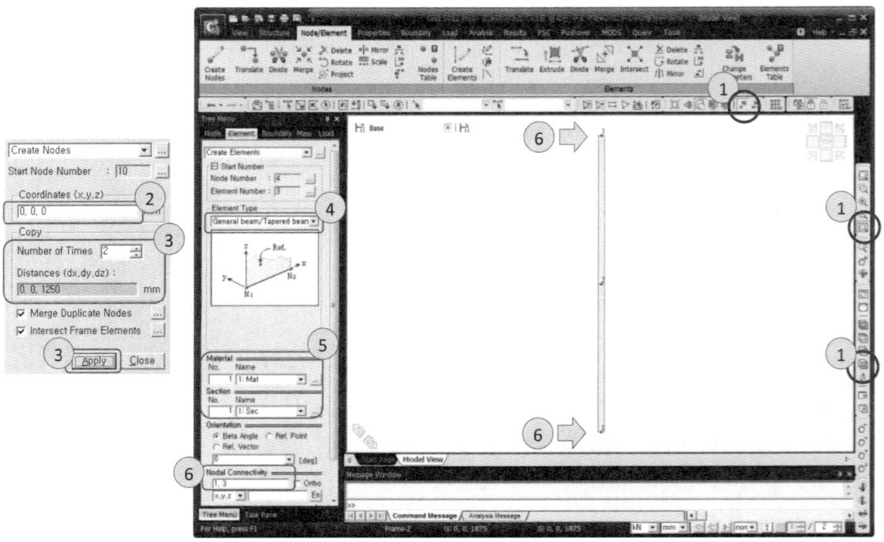

▶그림 2.8
기둥 생성

02.4.2 **요소 복제**

Translate Elements 의 copy 기능을 이용하여 생성된 기둥을 복제한다.

Main Menu 에서 ***Node/Element / Translate Elements***

1. Mode > **Copy** 선택
2. Translation > Equal Distance > dx, dy, dz : **'1270, 0, 0'** 입력, Number of Times : **'2'** 입력
3. **Select All** (Toggle on)
4. **[Apply]** 클릭

▶그림 2.9
기둥 복제

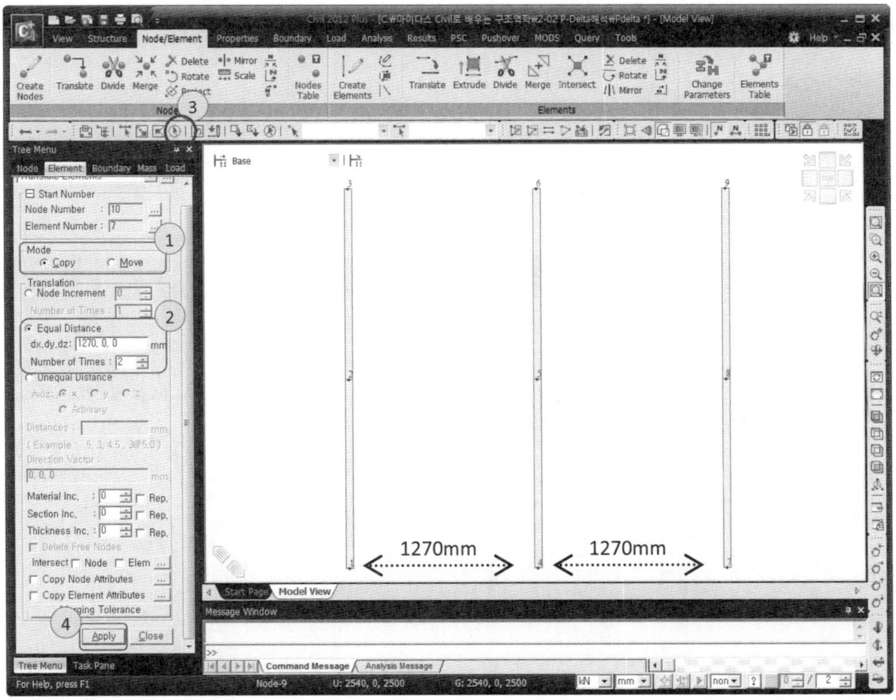

02.5 경계조건 입력

02.5.1 **경계조건 정의**

구조물의 양단에 지지조건을 입력합니다.

Main Menu 에서 ***Boundary / Define Supports***

1. **Select Single** (Toggle on), **1** 번, **4** 번, **7** 번 절점 선택
2. Support Type > **Dx, Dz, Ry** (Check on), **[Apply]** 클릭
3. **Select Single** (Toggle on), **3** 번 절점 선택
4. Support Type > **Dx, Dz**(Check off), **Ry**(Check on), **[Apply]** 클릭
5. **Select Single** (Toggle on), **6** 번 절점 선택
6. Support Type > **Dx**(Check on), **Ry**(Check off), **[Apply]** 클릭

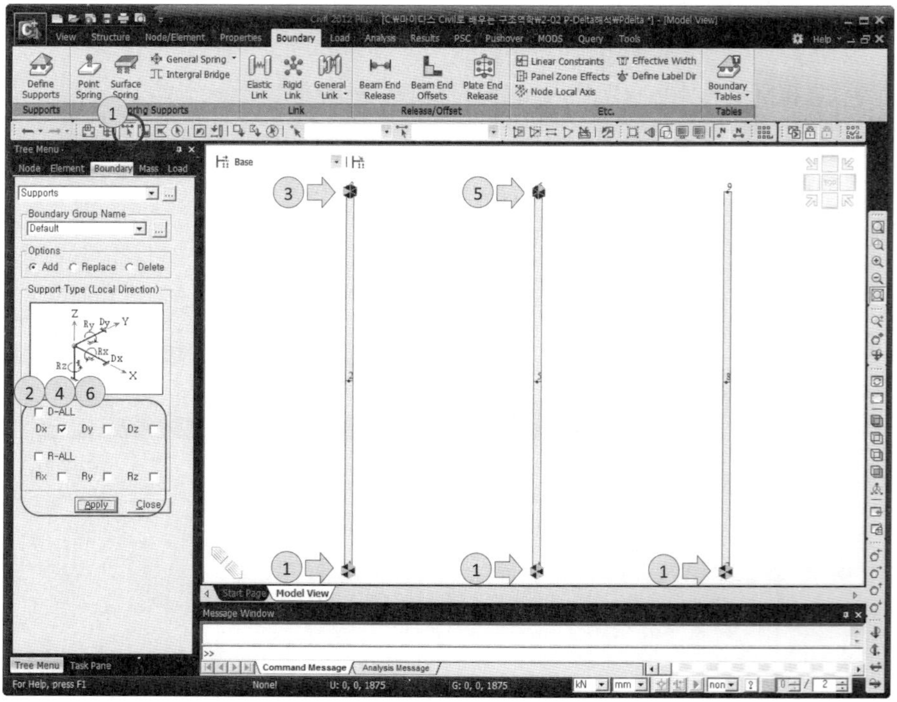

▶그림 2.10
지지조건 입력

02.6 하중 입력

02.6.1 **하중조건 정의**

절점하중과 휨모멘트의 입력을 위해 하중조건을 먼저 정의한다.

Main Menu 에서 ***Load / Static Loads / Static Load Cases***

1. Name : **'보하중'** 입력
   Type > **User Defined Load (USER)** 선택
2. **[Add]** 클릭, **[Close]** 클릭

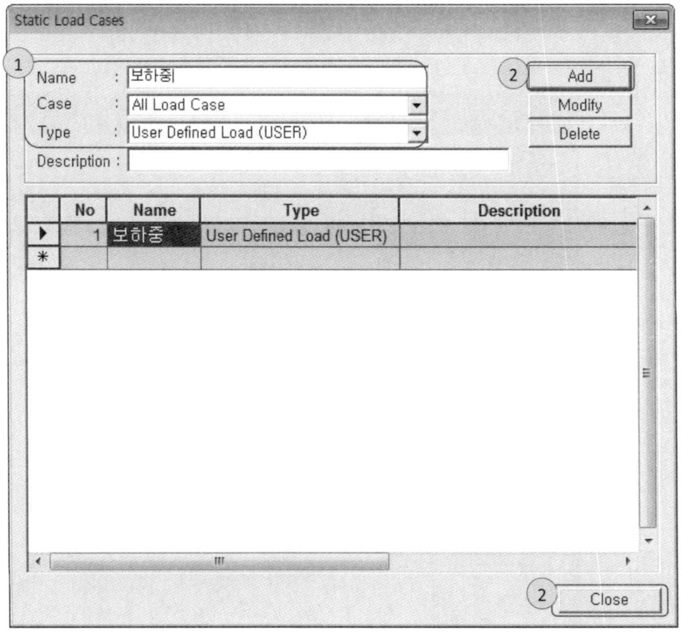

▶그림 2.11
하중조건 정의

Tip

실무에서는 Type 에 Dead Load, Live Load 등의 실제 입력될 하중조건을 구분하여 정의한다. 해석 후 설계 단계에서 입력된 하중조건별로 다른 계수가 적용된 하중조합 부재력으로 설계해야 하기 때문이다.

02.6.2 **하중 입력**

다음 그림과 같이 각각의 모델에 하중을 입력합니다.

Main Menu 에서 ***View / Display...***

1. **Load** 탭 > Load Case > **Load Value**(Check on), **[...]** 클릭, Place : **'4'** 설정, **[OK]** 클릭
2. **Nodal Load**(Check on), **[OK]** 클릭

Main Menu 에서 ***Load / Static Loads / Nodal Loads***

3. **Select Single**(Toggle on), **3 번 절점** 선택
4. Nodal Loads > FX : **'0.5',** FZ **: '-5'**, **[Apply]** 클릭
5. **Select Single**(Toggle on), **6 번 절점** 선택
6. Nodal Loads > FX : **'0',** FZ : **'-10',** MY **: '10'**, **[Apply]** 클릭
7. **Select Single**(Toggle on), **9 번 절점** 선택
8. Nodal Loads > FZ : **'-1',** MY **: '10'**, **[Apply]** 클릭

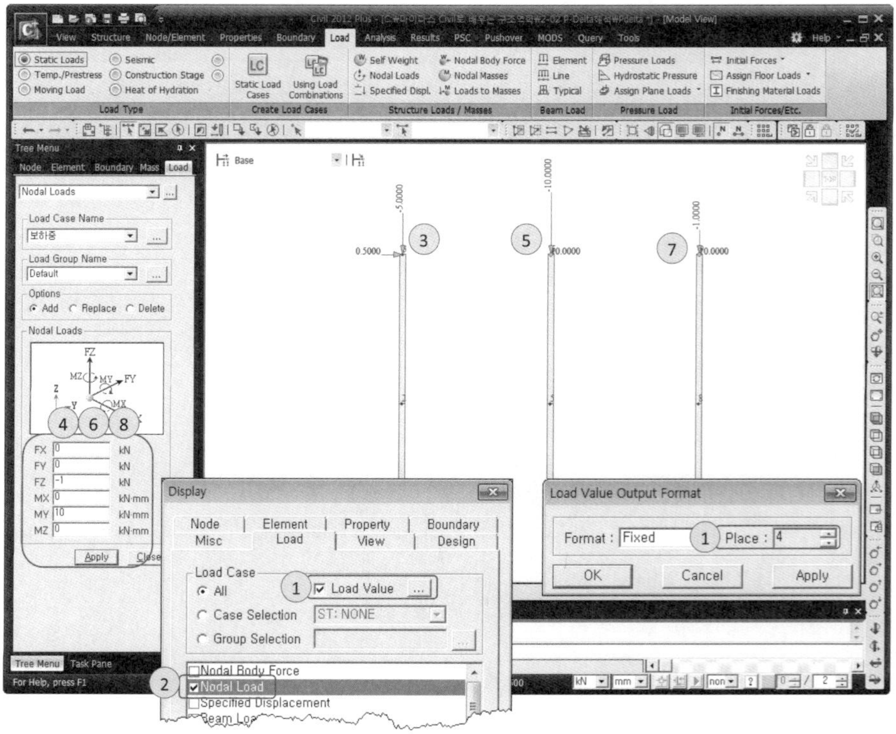

▶그림 2.12
절점하중 입력

Tip

마우스 휠을 한 번 누르고 휠을 회전하면 확대/축소가 가능하다. 원하는 확대/축소 크기로 보이면 마우스 휠을 한 번 더 클릭하여 확대/축소모드를 종료한다.

02.7 구조해석 수행

02.7.1 P-delta 해석 조건 입력

P-delta 해석을 수행하기 위한 해석조건을 설정한다.
일반 정적해석은 P-delta 해석조건을 입력하지 않고 해석을 수행하는 것으로서 본 예제에서는 생략한다.

Main Menu 에서 ***Analysis / P-Delta (Analysis Control…)***

1. Control Parameters > Number of Iteration : **'5'**
   Convergence Tolerance : **'0.001'**
2. P-Delta Combinations > (보하중), Scale Factor : **'1'**
3. **[Add]**클릭, **[OK]**클릭

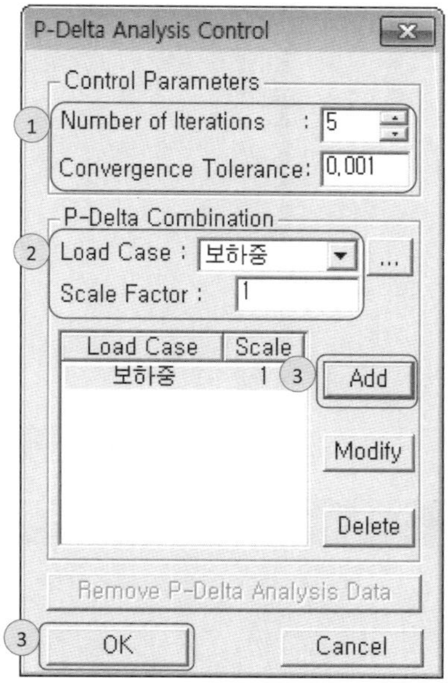

▶그림 2.13
P-Delta Analysis Control

02.7.2 **구조해석 수행**

구조해석 모델의 부재 생성, 하중, 경계조건 입력을 마치고 구조해석을 수행한다.

Main Menu 에서 ***Analysis / Perform Analysis*** 실행

1. Message Window 에서 해석 정상 종료 메시지 확인

해석 결과 검토의 편의를 위해 화면에 출력된 텍스트를 정리한다.

Main Menu 에서 ***View / Display...***

2. Load 탭 > **Nodal Load** (Check off), **[OK]** 클릭

3. **Hidden**(Toggle off), **Display Node Numbers**(Toggle off)

▶그림 2.14
해석 정상 종료 메시지

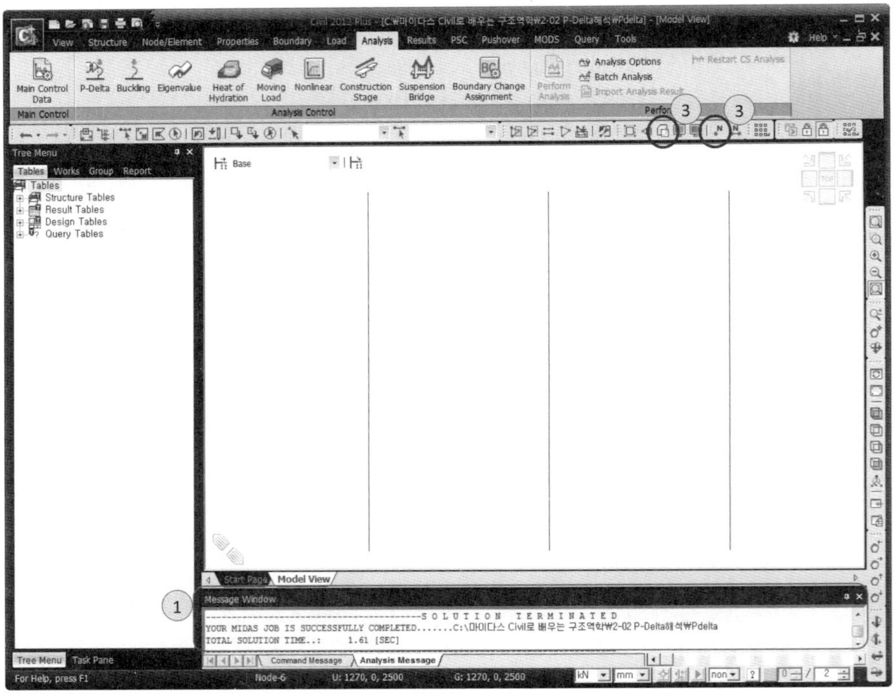

Tip

Perform Analysis 의 단축 아이콘은 Model View 상단에 있다(①).
단축키는 기능키 F5 를 누르면 실행된다.

02.8 해석 결과 확인

02.8.1 변위 및 변형

하중조건 1(보하중)에 의한 변형도(Deformed Shape)를 확인한다.

Main Menu 에서 ***Results / Deformations / Deformed Shape...***

1. Load Cases / Combinations > **ST : 보하중** 선택
2. Components > **DXYZ** 선택
3. Type of Display > **Undeformed, Values, Legend** (Check on)
4. Deform 옆의 **[...]** 클릭

   Deformation Scale Factor : **'1.5'** 입력

   Deformation Type > **Real Deform** 선택

   Apply upon OK (Check on), **[OK]** 클릭

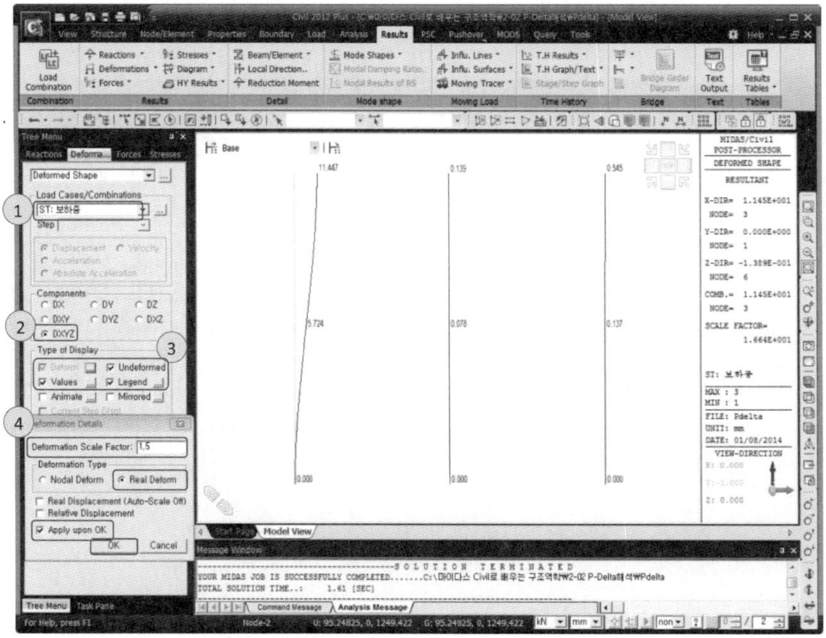

▶그림 2.15
변위 및 변형 결과

다음은 ***Result Tables*** 를 이용하여 P-delta 해석에 의해 발생된 변위를 확인합니다.

Main Menu 에서 ***Results / Result Tables / Displacements...***

1. Loadcases/Combination > 보하중**(ST)** (Check on)
2. **[OK]** 클릭

▶그림 2.16
(a) 테이블 출력 설정

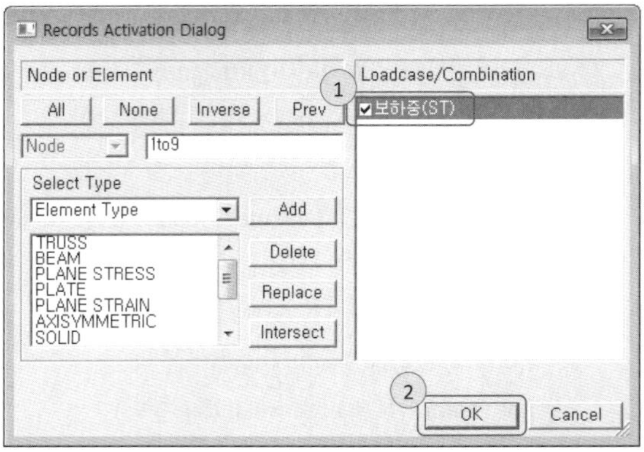

(b) Displacement Table Result

	Node	Load	DX (mm)	DY (mm)	DZ (mm)	RX ([rad])	RY ([rad])	RZ ([rad])
▶	1	보하중	0.000000	0.000000	0.000000	0.000000	0.000000	0.000000
	2	보하중	5.723529	0.000000	-0.034722	0.000000	0.006883	0.000000
	3	보하중	11.447058	0.000000	-0.069444	0.000000	0.000000	0.000000
	4	보하중	0.000000	0.000000	0.000000	0.000000	0.000000	0.000000
	5	보하중	-0.034489	0.000000	-0.069444	0.000000	-0.000027	0.000000
	6	보하중	0.000000	0.000000	-0.138889	0.000000	0.000108	0.000000
	7	보하중	0.000000	0.000000	0.000000	0.000000	0.000000	0.000000
	8	보하중	0.137000	0.000000	-0.006944	0.000000	0.000219	0.000000
	9	보하중	0.544438	0.000000	-0.013889	0.000000	0.000432	0.000000

02.8.2 **부재력**

하중조건 1(보하중)에 의한 기둥 축력을 확인합니다. 입력된 하중과 동일한 축력이 발생합니다.

1. **Model View** 탭 클릭

Main Menu 에서 ***Results / Forces / Beam Diagrams...***

2. Load Cases/Combinations > **ST : 보하중** 선택
3. Components > **FX** 선택
4. Display Options > Exact, Scale : **'2'** 입력
5. Type of Display > **Contour**, **Deform, Legend** (Check off), **Value** (Check on)
6. Values 옆의 **[...]** 버튼 클릭, Number Options > Decimal Points : **'3'** 입력, **[OK]** 클릭

▶그림 2.17
축력 결과

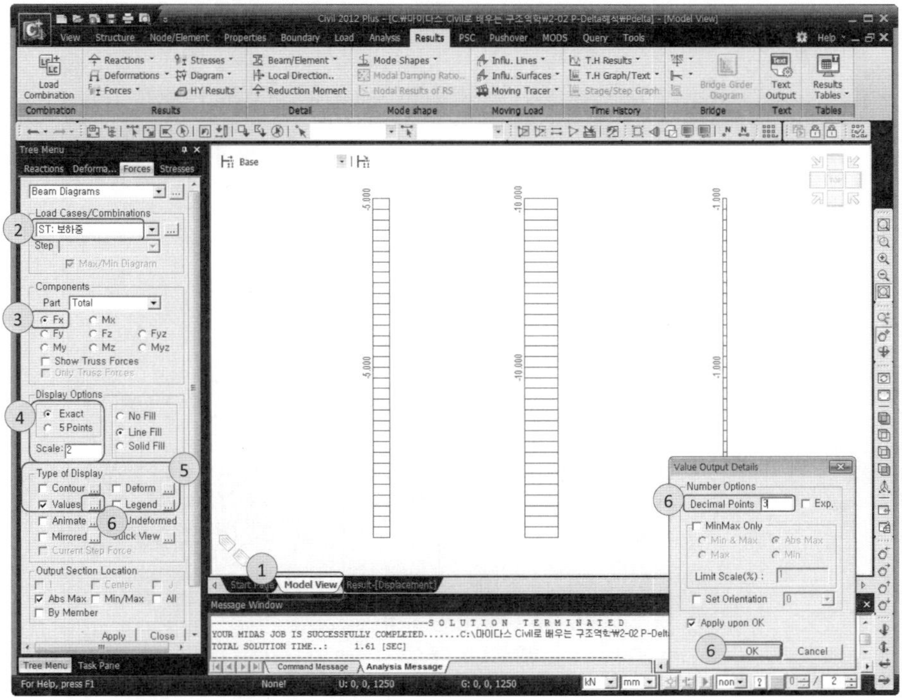

02.8.3 기하비선형 해석 비교

P-delta 해석을 수행한 **'Pdelta.mcb'**를 **'GNL.mcb'**로 저장합니다.

Main Menu 에서 / ***SaveAs...***

1. 파일 이름 : **'GNL'** 입력 후 **[저장]** 클릭

기하비선형 해석을 수행하기 위하여 기존에 입력되어 있던 P-delta 해석조건을 삭제합니다.

Main Menu 에서 ***Analysis / P-Delta (Analysis Control…)***

2. **[Remove P-Delta Analysis Data]** 클릭

▶그림 2.18
P-delta 해석조건 삭제

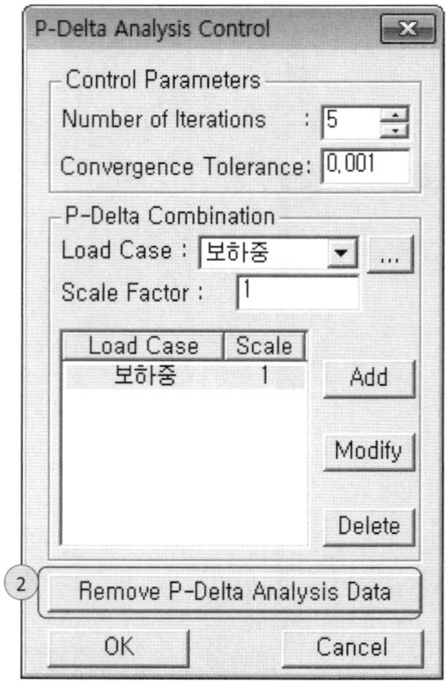

기하비선형 해석을 수행하기 위한 데이터를 입력한다.

Main Menu 에서 ***Analysis / Nonlinear (Analysis Control...)***

1. Nonlinear Type > **Geometry Nonlinear**(Check on) 선택
2. Iteration Method > **Newton-Raphson** 선택
   Number of Load Step : **'1'** 입력
   Maximum Number of Iteration/Load Step : **'30'** 입력
3. Convergence Criteria > Displacement Norm: **'0.001'** 입력
4. **[Add]** 클릭
5. Add/Modify Load Case Specific Nonlinear Analysis Control Data 대화창. **[OK]** 클릭
6. Nonlinear Analysis Control 대화창. **[OK]** 클릭

▶그림 2.19
(a) Nonlinear Analysis Control
(b) Nonlinear Analysis Load Case

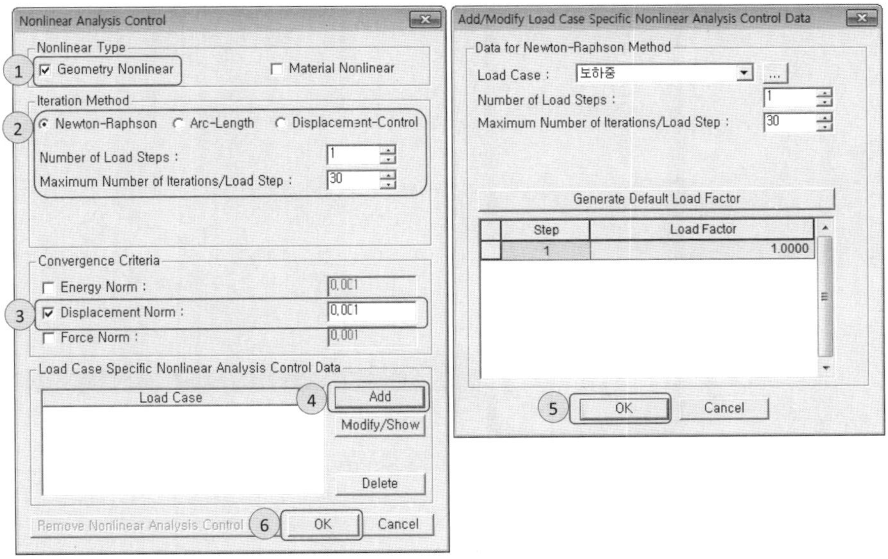

기하비선형 해석을 수행하고 P-delta 해석 결과 비교한다.

Main Menu 에서 ***Analysis / Perform Analysis*** 실행

1. Message Window 에서 해석 정상 종료 메시지 확인

▶그림 2.20
기하비선형해석의 정상 해석 종료 메시지

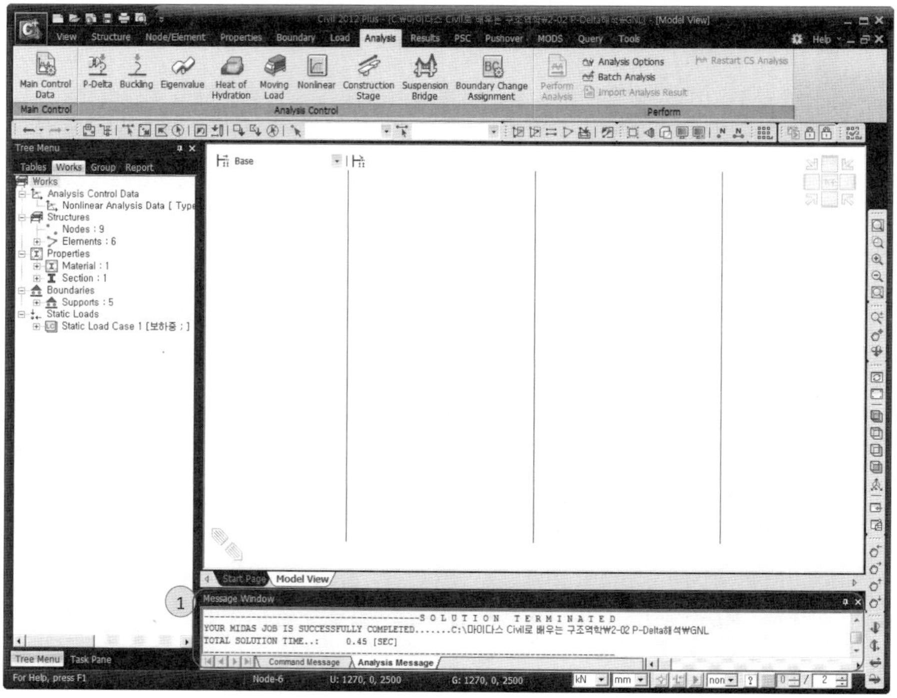

02.8.4 기하비선형 해석에 의한 변위 및 변형

하중조건 1(보하중)에 의한 변형도(Deformed Shape)를 확인한다.

Main Menu 에서 ***Results / Deformations / Deformed Shape...***

1. Load Cases / Combinations > **ST : 보하중,** Step : **NL Step : 1** 선택
2. Components > **DXYZ** 선택
3. Type of Display > **Undeformed, Values** (Check on)
4. Deform 옆의 **[...]** 클릭
5. Deformation Scale Factor : **'1.5'** 입력
6. **[OK]** 클릭

▶그림 2.21
변위 및 변형 결과

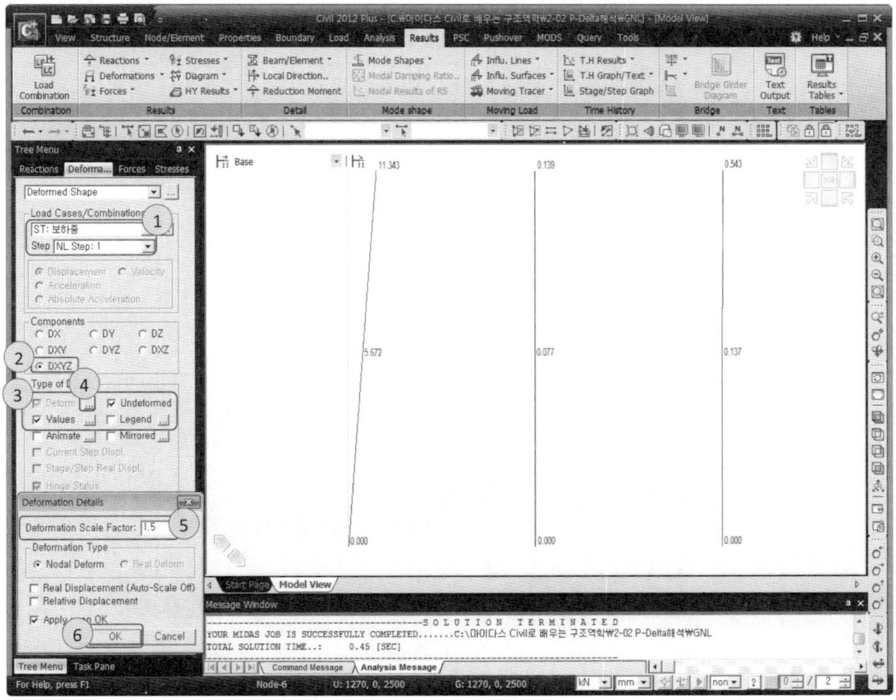

02.8.5 **기하비선형 해석에 의한 부재력**

하중조건 1(보하중)에 의한 기둥 축력을 확인한다.

Main Menu 에서 ***Results / Forces / Beam Diagrams...***

1. Load Cases/Combinations > **ST : 보하중,** Step : **NL Step : 1** 선택
2. Components > **FX** 선택
3. Display Options > Scale : **'2'** 입력
4. Type of Display > **Contour**, **Deform** (Check off), **Value** (Check on)
5. Values 옆의 **[...]** 버튼 클릭, Number Options > Decimal Points : **'3'** 입력, **[OK]** 클릭

▶그림 2.22
축력 결과

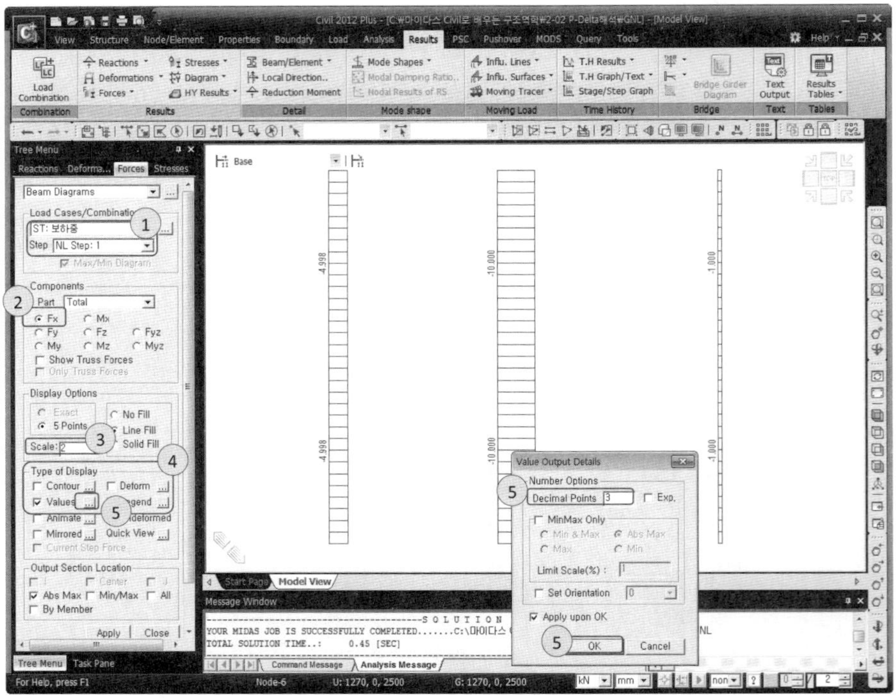

P-delta 해석 결과(그림 2.15)와 비교하면 Model 1 의 축력이 0.035 kN 감소된 것을 확인할 수 있다. 이는 횡력에 의해 발생된 구조물의 변형이 해석에 반영되어, 횡력이 기둥에 인장력을 유발했기 때문이다.

03. 풀어보기

03.1 역학적 개념의 이해 및 수계산

P-delta 효과를 고려한 해석을 수계산으로 직접 수행하는 것은 쉽지 않다. 따라서 개념을 이해하기 위해 다음 그림 2.23 과 같은 방법(유사 P-delta 해석)을 사용할 수 있다. 첫 단계에서는 P-delta 효과가 없는 해석을 수행하여 부재력과 변형값을 산정한 후, 축력에 횡변위를 곱한 추가 모멘트, 즉 P-delta 모멘트를 산정할 수 있다. 그리고 정적 해석의 부재력에 추가적인 P-delta 모멘트를 더하면 P-delta 해석에 의한 모멘트 값에 근접한 값을 얻을 수 있다.

▶그림 2.23
유사 P-Δ 해석

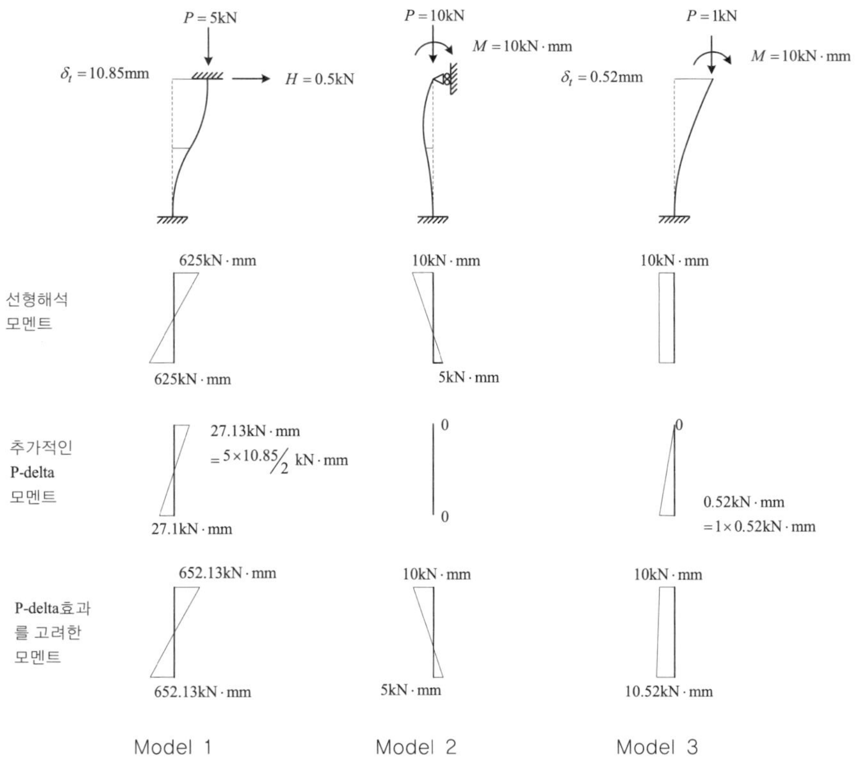

다음 표 2.1 은 정적 해석, 유사 P-delta 해석, Civil 에 의한 P-delta 해석, 그리고 Civil 에 의한 기하비선형 해석 결과 비교표이다. Civil 의 기하비선형 해석에 대해서는 3 장에서 설명한다.

▶표 2.1
수계산 결과 비교표

모델	값	정적 해석	P-delta			기하비선형
			유사	수계산	Civil	Civil
Model 1	M_{top} (kN·mm)	625	652.13	653.62	653.62	653.35
	M_{bot} (kN·mm)	625	652.13	653.62	653.62	653.35
	δ_{top} (mm)	10.85	-	11.45	11.45	11.34
	부재 축력 (kN)	5.0	5.0	5.0	5.0	5.0
Model 2	M_{top} (kN·mm)	10	10	10.0	10.0	10.0
	M_{bot} (kN·mm)	5	5	5.27	5.28	5.25
	δ_{top} (mm)	0.14	-	0.14	0.14	0.14
	부재 축력 (kN)	10	10	10.0	10.0	10.0
Model 3	M_{top} (kN·mm)	10	10	10.0	10.0	10.0
	M_{bot} (kN·mm)	10	10.52	10.54	10.55	10.54
	δ_{top} (mm)	0.52	-	0.54	0.55	0.54
	부재 축력 (kN)	1.0	1.0	1.0	1.0	1.0

기하비선형 해석은 P-delta 해석과 유사하지만, 구조물의 형상변화가 해석에 반영되는가의 여부가 다르다. 위 표에서 수계산 결과는 식 2.4 를 사용하여 다음과 같은 방법으로 계산된 것이다.

03.1.1 Model 1 계산

Model 1 에서는 상부의 횡변위 w_1 을 제외한 모든 자유도가 모두 구속되어 있으므로, 횡변위 w_1 값은 다음과 같은 방법으로 산정할 수 있다.

$$\left(\frac{12EI}{\ell^3}+\frac{P}{30}\frac{36}{\ell}\right)w_1 = H_1 \qquad \text{여기서 } P = \text{-5kN}, H_1 = 0.5\text{kN}$$

$$w_1 = \frac{500}{46.080-2.4} = 11.447\text{mm}$$

03.1.2 **Model 2 계산** Model 2 에서는 상부의 회전변형 θ_1 을 제외한 모든 자유도가 구속되어 있으므로 회전변형 θ_1 값은 다음과 같은 방법으로 산정할 수 있다.

$$\left(\frac{4EI}{\ell}+\frac{P}{30}4\ell\right)\theta_1 = M_1 \qquad \text{여기서 } P=-10\text{kN}, \quad M_1 = 10\text{kN}\cdot\text{mm}$$

$$\theta_1 = \frac{10,000}{9.6\times10^7 - 3.333\times10^6} = 1.079\times10^{-4}\,\text{mm} \approx 0.0\text{mm}$$

03.1.3 **Model 3 계산** Model 3 에서는 상부의 횡변위 w_1 과 회전변형 θ_1 을 제외한 모든 자유도가 구속되어 있으므로 횡변위 w_1 과 회전변형 θ_1 값은 다음과 같은 방법으로 산정할 수 있다.

$$\begin{bmatrix} \frac{12EI}{\ell^3}+\frac{P}{30}\frac{36}{\ell} & \frac{6EI}{\ell^2}+\frac{3P}{30} \\ \frac{6EI}{\ell^2}+\frac{3P}{30} & \frac{4EI}{\ell}+\frac{P}{30}4\ell \end{bmatrix}\begin{Bmatrix} w_1 \\ \theta_1 \end{Bmatrix} = \begin{Bmatrix} 0 \\ M_1 \end{Bmatrix} \qquad \text{여기서 } P=-1\text{kN}, \; M_1 = 10\text{kN}\cdot\text{mm}$$

$$w_1 = 0.544\text{mm}, \qquad \theta_1 = 4.318\times10^{-4}$$

부재력은 계산된 변위에 강성행렬을 곱해서 얻을 수 있다.

References

Livesley, R. K., and Chandler, D. B., "***Stability Functions for Structural Frameworks***", Manchester University Press, UK, 1956.

04. 연습문제

다음 그림과 같은 X-Z 평면상의 2 차원 골조에 대하여 P-delta 해석을 수행하고, 정적 해석 결과와 비교하시오.

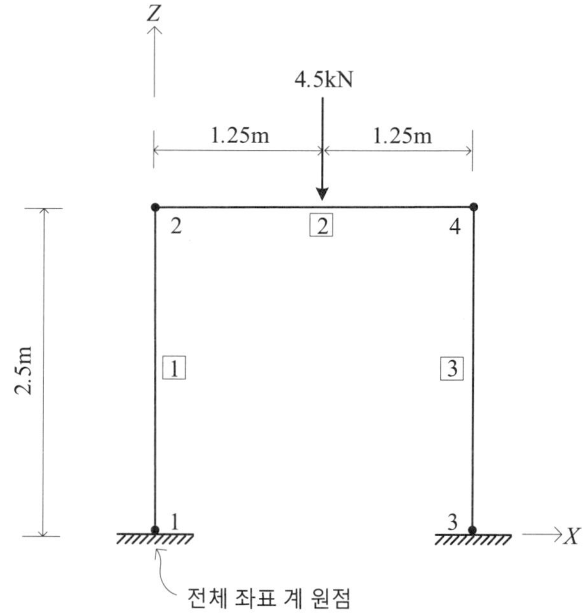

- ***Material***

  탄성계수 : $2.0 \times 10^5 \, N/mm^2$

- ***Sections***

  단면적(Area) : 650 ㎟

  단면 2 차모멘트(I_{yy}) : $3.5 \times 10^4 \, mm^4$

- ***Load***

  (-) Z 방향으로 집중하중 4.5kN 재하

3. 기하비선형 해석

TABLE OF CONTENTS

01 이해하기

02 따라하기

03 풀어보기

01. 이해하기

01.1 기하비선형 해석의 개념

01.1.1 **일반 사항**

구조물에 상대적으로 큰 변형이 발생하는 경우는 구조물의 기하학적 형상변화로 인하여 변위-변형도 관계가 선형이 아닌 비선형이 될 수 있다. 이 경우에는 미소변형 해석에서 무시했던 변위-변형도 관계의 고차항을 포함한 해석을 수행할 수 있으며 이를 기하비선형 해석이라고 한다. 기하비선형은 재질과 관계없이 구조물의 형상에 따라 발생하게 된다. 하중에 따른 변위가 크게 발생하여 구조물의 좌표가 크게 변화하거나, 추가 모멘트와 같은 부가하중이 발생할 경우에는 기하비선형 효과를 고려해야 한다. 기하비선형 해석에서는 구조물의 형상변화에 따라 하중의 방향이 변하지 않는다는 가정을 사용하거나 하중의 방향이 구조물의 형상변화를 따라 변한다는 가정을 사용할 수 있다. 여기에서는 그림 3.1(a) 와 같이 하중의 방향은 변하지 않는다는 가정에 따른 경우를 대상으로 설명한다.

▶그림 3.1
구조물의 형상변화와 하중 방향
(a) 하중 방향 고정
(b) 하중 방향 회전

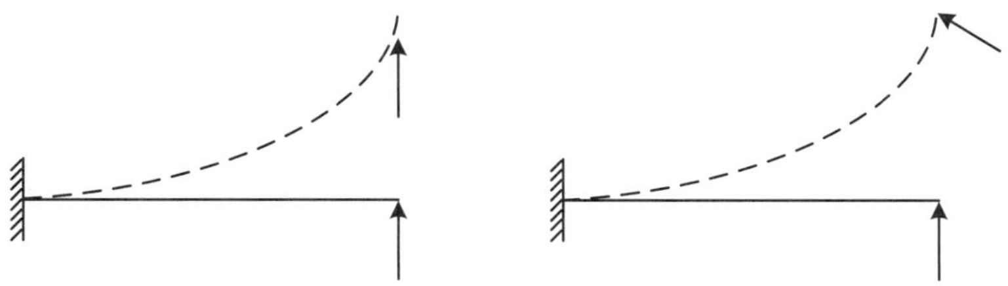

기하비선형 해석과 P-delta 해석 및 좌굴 해석은 변형 후 형상에 대해서 힘의 평형 조건을 적용한다는 점에서 동일한 해석법이다. 그러나 1 장의 식 1.13 ~ 식 1.15 에서 설명한 것처럼 축방향 길이 변화와 함께 부재가 회전하는 효과를 추가로 고려하는가의 여부에 따라 서로 차이가 있다. 그리고 P-delta 해석과 좌굴 해석의 차이는 해석 결과로 얻어지는 값의 종류에 있다. P-delta 해석에서는 하중에 의한 변위를 구하는 해석법이며, 좌굴 해석은 2 차 효과로 인하여 구조물이 한계상태에 도달하는 임계하중을 구한다는 점이 다르다.
기하비선형 해석, P-delta 해석, 그리고 좌굴 해석의 차이는 트러스 요소에 대한 지배방정식을 사용하여 설명할 수 있다.

그림 3.2 는 경사 트러스가 힘을 받아서 변형한 상태를 나타내고 있다. 전체좌표계(X-Z 좌표계)에 대하여 θ_o 만큼 기울어진 길이 ℓ_o 의 트러스 부재가 힘을 받아서 변형한 상태를 나타내고 있다. 트러스 부재는 힘을 받아서 요소좌표계(x-z 좌표계) 방향으로 u 와 w 의 변형이 발생한 상태이다.

▶그림 3.2
트러스 요소의 변형 상태

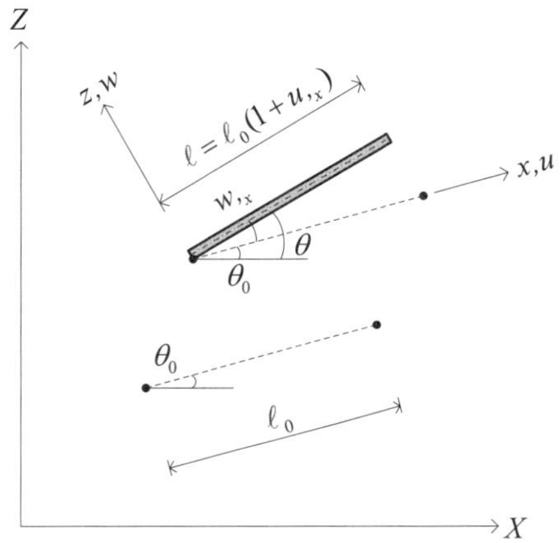

전체좌표계 X 축에 대한 요소좌표계 x 축이 이루는 각이 θ_0 인 트러스 요소에 대한 지배방정식을 전체좌표계를 사용하여 나타내면 다음과 같다.

▶식 3.1

$$\boldsymbol{KU} = \boldsymbol{P}$$

$$\boldsymbol{U} = \left\{ \bar{u}_i \quad \bar{w}_i \quad \bar{u}_j \quad \bar{w}_j \right\}^T$$

$$\boldsymbol{P} = \left\{ \bar{F}_i \quad \bar{V}_i \quad \bar{F}_j \quad \bar{V}_j \right\}^T$$

전체좌표계의 값은 스페이스 바를 문자 위에 사용하여 구분하였다. 따라서 P-delta 해석을 위한 2 장의 식 2.2 의 요소좌표계의 강성행렬을 전체좌표계에 대한 강성행렬로 나타내면 식 3.2 와 같다.

▶식 3.2

$$K = TkT^T = T\left(k_o + k_\sigma\right)T^T$$

$$T = \begin{bmatrix} c & -s & 0 & 0 \\ s & c & 0 & 0 \\ 0 & 0 & c & -s \\ 0 & 0 & s & c \end{bmatrix} \qquad \text{여기서} \quad c = \cos\theta_o, \quad s = \sin\theta_o$$

식 3.2 에 좌표 변환 행렬이 곱해진 결과는 다음과 같다.

▶식 3.3

$$Tk_oT^T = \frac{EA}{\ell_o}\begin{bmatrix} c^2 & sc & -c^2 & -sc \\ sc & s^2 & -sc & -s^2 \\ -c^2 & -sc & c^2 & sc \\ -sc & -s^2 & sc & s^2 \end{bmatrix}, \; Tk_\sigma T^T = \frac{N}{\ell_o}\begin{bmatrix} s^2 & -sc & s^2 & sc \\ -sc & c^2 & sc & -c^2 \\ s^2 & sc & s^2 & -sc \\ sc & -c^2 & -sc & c^2 \end{bmatrix}$$

식 3.2 와 식 3.3 에서는 부재길이 ℓ_o 와 전체좌표계와 이루는 각 θ_o 가 변하지 않는 값임을 알 수 있다. 이상과 같이 부재길이와 경사각이 변하지 않는다는 가정을 사용하는 경우가 통상적인 P-delta 해석이나 좌굴 해석에서 사용하는 가정에 해당한다. 그러나 기하비선형 해석에서는 부재길이와 경사각이 다음과 같이 변하는 값이 된다.

▶식 3.4

$$\ell = \ell_o\left(1 + u_{,x}\right), \; \theta = \theta_o + w_{,x}$$

변화된 값을 사용하여 식 3.2 와 식 3.3 의 값들을 해석 과정에서 지속적으로 갱신해야 하므로 반복계산을 통해서 답이 구해 진다.

01.1.2 **해석 개념**

기하비선형 해석의 개념은 복잡한 수식으로 인하여 이해하기 어려울 수 있으므로 간단한 트러스 부재를 이용하여 설명하는 것이 바람직하다. 다음 그림의 트러스 부재는 힘을 받아서 부재가 변형하면서 이동한 상태를 나타내고 있다. 부재의 길이도 변하였을 뿐 아니라 기하학적 형상도 변하였기 때문에 힘의 평형 조건(하중 P 와 부재 축력 N 의 관계)도 다음과 같이 변형 후의 상태를 대상으로 적용할 수 있다.

▶그림 3.3
비선형 트러스 구조

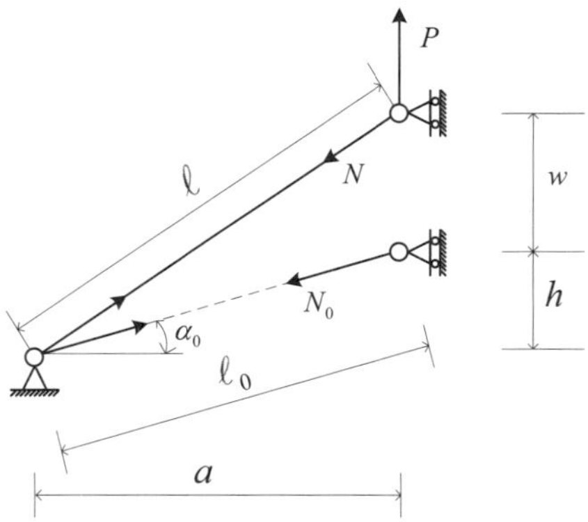

그림 3.1 의 구조물에 대한 변형 전과 후에 힘의 평형 조건은 다음과 같다.

▶식 3.5 변형 전: $$N_o \frac{h}{\ell_o} - P = 0$$

▶식 3.6 변형 후: $$N \frac{w+h}{\ell} - P = 0$$

기하비선형 해석에서는 선형해석 가정의 공칭변형률(engineering strain) 대신에 고차항의 변형이 발생하는 것을 고려하기 위한 그린 라그랑지안 변형률(Green-Lagrangian strain)을 적용한다.

▶식 3.7 $$\varepsilon_G = \frac{\ell^2 - \ell_o^2}{2\ell_o^2}$$

이상과 같은 변형률 정의를 사용하면서 재료는 선형적 거동을 한다고 가정하면, 부재의 축력은 다음과 같이 구해진다.

▶식 3.8 $$N - N_o = EA\varepsilon_G = EA\frac{\ell^2 - \ell_o^2}{2\ell_o^2} = \frac{EA}{\ell_o^2}\left(hw + \frac{1}{2}w^2 \right)$$

미소변형 가정($\ell/\ell_o \approx 1$)을 사용하면서 연직방향 힘의 평형 조건을 적용하면, 하중 P 와 변위 w 의 관계를 산정할 수 있다.

▶식 3.9
$$P = N\frac{h+w}{\ell} \approx N\frac{h+w}{\ell_o} = \frac{EA}{\ell_o^3}\left(hw + \frac{1}{2}w^2\right)(h+w) + \frac{N_o}{\ell_o}(h+w)$$

식 (3.4)와 식 (3.5)의 하중-변위 관계로부터 연직방향의 강성을 다음과 같이 표현할 수 있다.

▶식 3.10
$$k = \frac{dP}{dw} = k_o + k_L + k_\sigma$$
$$k_o = \frac{EA}{\ell_o}\left(\frac{h}{\ell_o}\right)^2, \quad k_L = \frac{EA}{\ell_o}\left[2\frac{w}{h} + \left(\frac{w}{h}\right)^2\right]\left(\frac{h}{\ell_o}\right)^2, \quad k_\sigma = \frac{N}{\ell_o}$$

식 3.10 에서 k_o 는 선형해석의 강성과 동일하며, k_L 과 k_σ 는 기하학적 비선형성을 반영하는 강성을 나타낸다. k_L 은 구조물의 기하학적 형상변화가 강성에 미치는 영향을 고려할 수 있게 해 준다. 그리고 k_σ 항에는 N_o 가 아닌 새로운 축력 N 이 있음을 알 수 있다. 축력 N 이 압축력인 경우 부재의 길이가 줄어드는 경우이므로 k_L 과 k_σ 는 음수가 되며, 인장력인 경우에는 양수가 된다.
선형해석과의 차이를 보이기 위하여 선형해석의 강성 k_o 는 다음과 같은 방법으로도 계산할 수 있다.

▶식 3.11
$$\varepsilon_E = \frac{\ell - \ell_o}{\ell_o} \approx \frac{1}{\ell_o}\left(w\frac{h}{\ell_o}\right)$$
$$P = N\frac{h}{\ell_o} = (AE\varepsilon_E)\frac{h}{\ell_o} = \frac{EA}{\ell_o}\left(w\frac{h}{\ell_o}\right)\frac{h}{\ell_o} = \frac{EA}{\ell_o}\left(\frac{h}{\ell_o}\right)^2 u$$
$$k_o = \frac{EA}{\ell_o}\left(\frac{h}{\ell_o}\right)^2$$

이상의 과정을 통하여 기하비선형 해석은 2 장의 P-delta 해석과는 다르게 부재길이 ℓ 과 경사각 α 가 변하는 것을 고려한다는 것을 알 수 있다. 그 결과 기하비선형 해석에서는 P-delta 해석을 위한 강성에 k_L 이 추가된다.

02. 따라하기

02.1 모델 개요

기하비선형 해석은 구조물에 작용하는 하중에 의한 구조 부재의 강성변화를 반영하기 위한 해석법이다. 구조물의 강성변화는 변형에 의한 구조물 기하형상의 변화 및 부재력에 의한 기하강성의 변화가 모두 고려된다.
본 예제에서는 그림 3.4 와 같이 단순 트러스 부재에 대하여 기하비선형 해석을 수행하고 선형해석 결과 및 P-delta 해석 결과와 비교하여 확인한다.

▶그림 3.4
해석 모델

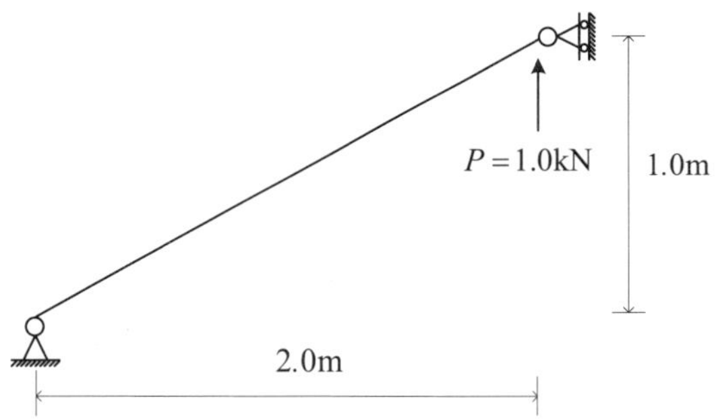

- ***Material***
  탄성계수 : $1.0\,\text{N/mm}^2$
- ***Section***
  단면적(Area) : $1.0 \times 10^6\,\text{mm}^2$
- ***Load***
  롤러 지점에 상향 지점하중 1kN 재하

02.2 작업환경 설정

02.2.1 **단위계 설정**

새 파일을 열고 파일명을 **'Nonlinear.mcb'**로 저장합니다.

Main Menu 에서 [C] ***/New Project...***
Main Menu 에서 [C] ***/Save***
1. 파일 이름 : **'Nonlinear'** 입력, **[저장]** 클릭

예제에서 사용할 단위계를 설정한다.

Main Menu 에서 ***Tools / Unit System...***
2. Length > **mm**, Force(Mass) > **N** 선택
3. **[OK]** 클릭

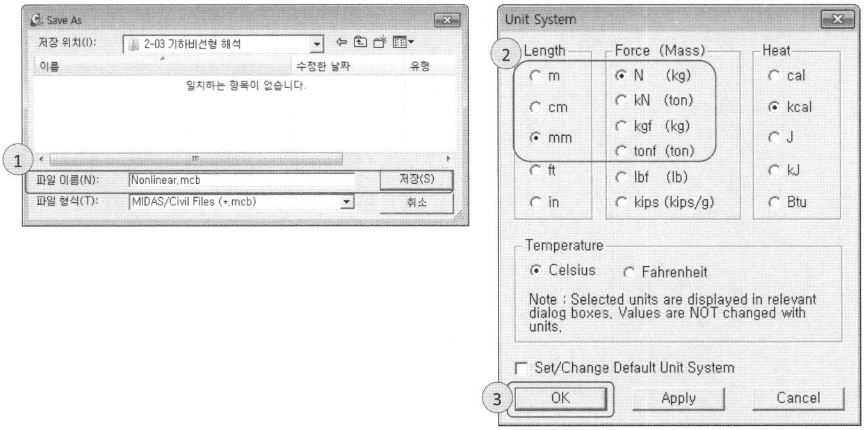

▶그림 3.5
(a) 파일 저장
(b) 단위계 설정

Tip
단위계 설정은 화면 하단 Status bar 에서도 간편하게 설정이 가능하다.

02.2.2 **작업 평면 설정**

본 예제에서는 전체좌표계(Global Coordinate System, GCS)를 기준으로 X-Z 평면의 거동만을 허용하므로 Structure Type 을 2-D 거동 구조물(X-Z Plane)로 지정한다.

Main Menu 에서 ***Structure / Structure Type***

1. Structure Type > **X-Z Plane** 선택
2. **[OK]** 클릭

▶그림 3.6
작업 평면 설정

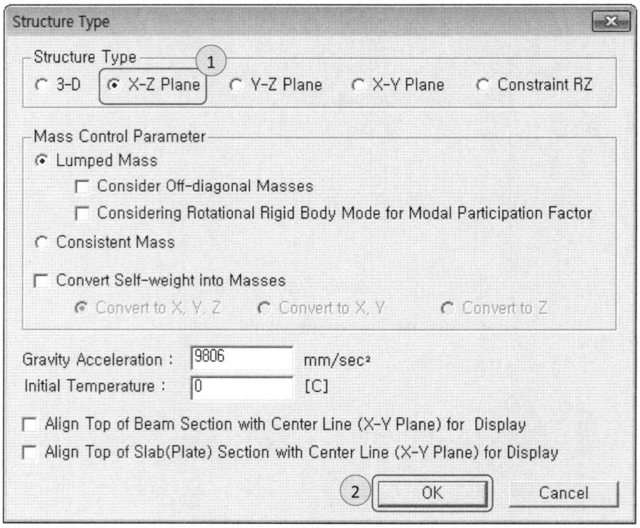

02.3 재질과 단면 정의

Tip

1. Section Data 입력 시 Value 탭은 해석에 필요한 단면성능을 직접 입력하는 방법이다. 이 예제에서는 축력요소인 트러스 부재이기 때문에 필요한 성분은 단면적이므로 Area 만 입력한다. 또한, 입력된 직경 D 값은 강성 계산과 무관하며 모델뷰에 Display 용도로만 활용되므로 임의로 적절한 값으로 입력한다.

2. Consider Shear Deformation 기능은 단면의 전단변형 고려 여부 옵션이다. 일반적으로 구조역학에서는 전단변형이 미소하여 무시하며, 해석 프로그램에서는 기본적으로 미소한 변형이라도 고려하고 있다. 따라서 전단변형을 무시하는 일반 구조역학 수계산 결과와 비교하기 위해서는 옵션을 해제해야 동일한 결과를 가진다.

모델에 사용될 재질 및 단면은 해석의 편의를 위하여 사용자가 임의 값을 지정하는 user defined type 과 value type 을 이용한다.

Main Menu 에서 ***Properties / Material Properties***

1. **[Add...]** 클릭, Name : **'Mat'** 입력
2. Elasticity Data > Type of Design > **User Defined** 선택,
3. User Defined > Modulus of Elasticity : **'1.0', [OK]** 클릭
4. **Section** 탭 클릭, **[Add...]** 클릭, **Value** 탭 클릭
5. Section Shape 목록 > **Solid Round** 선택, Section ID : **'1',** Name : **'Sect'** 입력
6. Size > D : **'100',** Section Properties > Area : **'1e6'** 입력
7. **Consider Shear Deformation** (Check off)
8. **[OK]** 클릭, **[Close]** 클릭

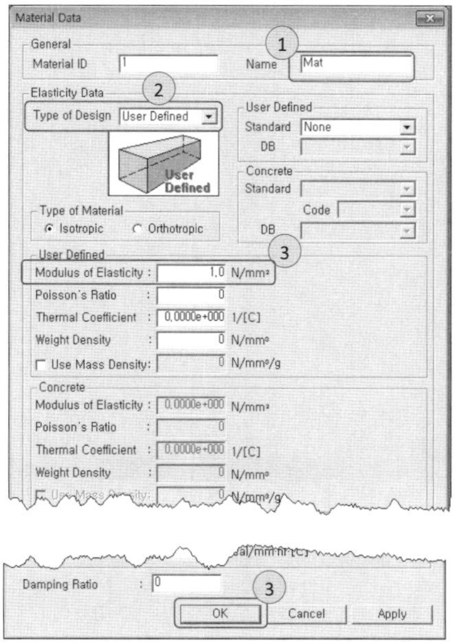

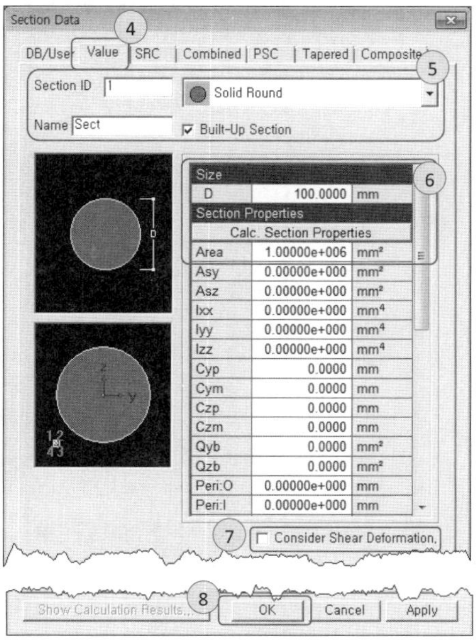

▶그림 3.7
(a) 재질 정의
(b) 단면 정의

02.4 절점과 요소 생성

02.4.1 **절점 생성**

요소를 생성할 위치에 절점을 생성한다.

Main Menu에서 ***Node/Element / Create Nodes***

1. Coordinates (x, y, z) : **'0, 0, 0'** 입력
2. Copy의 Number of Times: **'1'** 입력
3. Distances (dx, dy, dz) : **'2000, 0, 1000'** 입력
4. **[Apply]** 클릭
5. **Display Node Numbers, Auto Fitting, Front View** (Toggle on)

Tip

Auto Fitting을 Toggle on 하면, 모델이 전체 화면에 꽉 차게 들어오도록 실시간 자동으로 Zoom Size를 조절한다.

▶그림 3.8
절점 생성

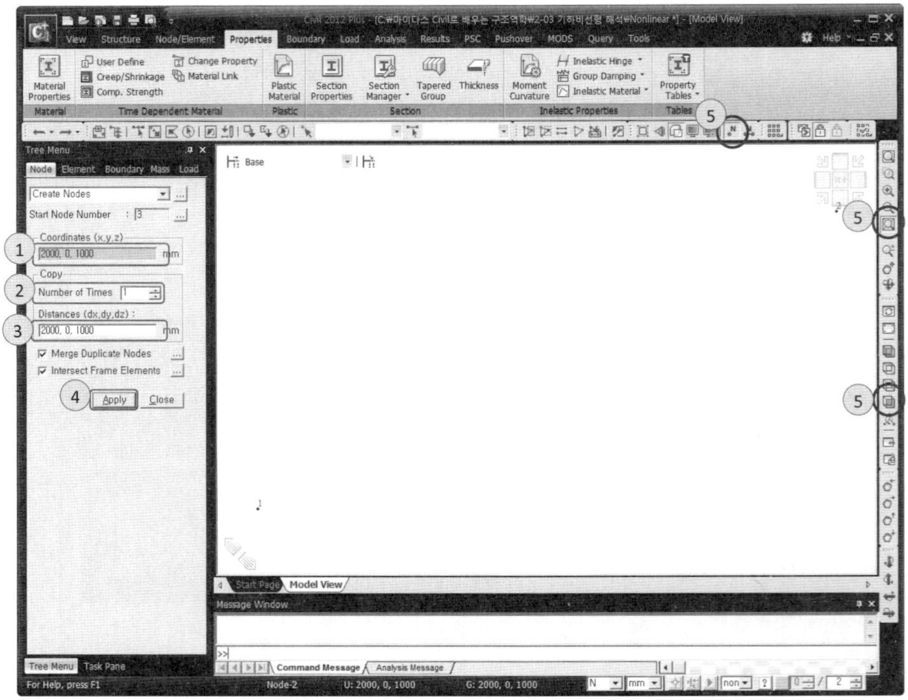

02.4.2 **요소 생성**

절점을 연결하여 요소를 생성한다.

Main Menu 에서 ***Node/Element / Create Elements***

1. Element Type > **Truss** 선택
2. Material > **1:Mat** 선택, Section > **1:Sect** 선택
3. Nodal Connectivity 입력란을 클릭하여 초록색의 입력 대기 상태 확인 후 Model View 에서 **절점 1** 과 **절점 2** 를 순서대로 클릭
4. **Hidden, Display Element Numbers** (Toggle on)

▶그림 3.9
요소 생성

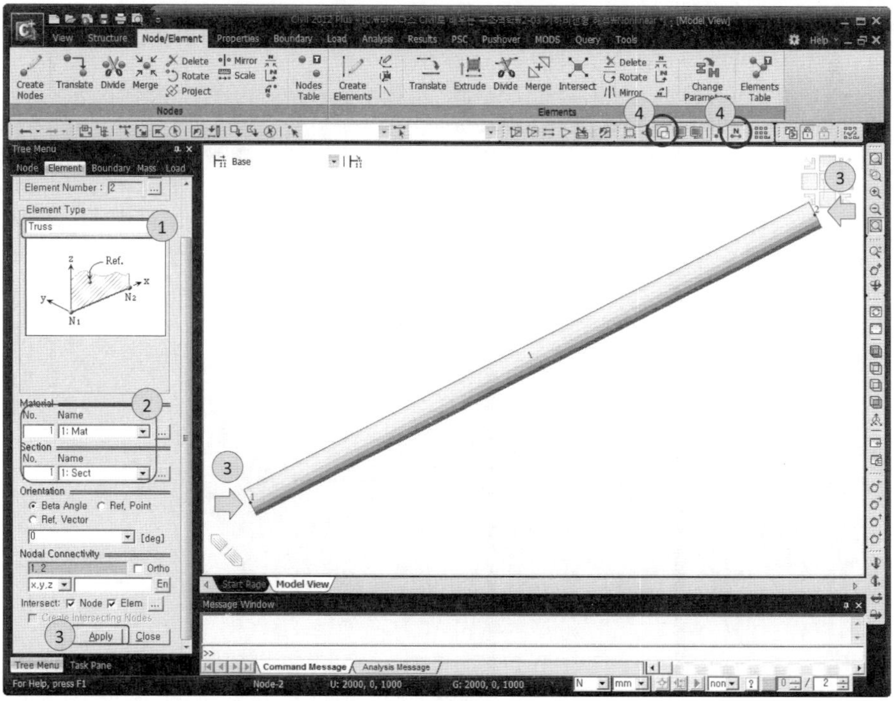

02.4.3 **요소 분할**

경간 내부의 변형 등 상세 결과를 보기 위하여 요소를 분할한다.

Main Menu 에서 ***Node/Element / Elements / Divide***

1. **Shrink** (Toggle on)
2. **Select Single** (Toggle on)
3. Model View 에서 **1 번 부재** 선택
4. Divide > Element Type > Frame 선택

   Divide > Equal Distance 선택

   Number of Division x : **'10'** 입력
5. **[Apply]** 클릭

▶그림 3.10
요소 분할

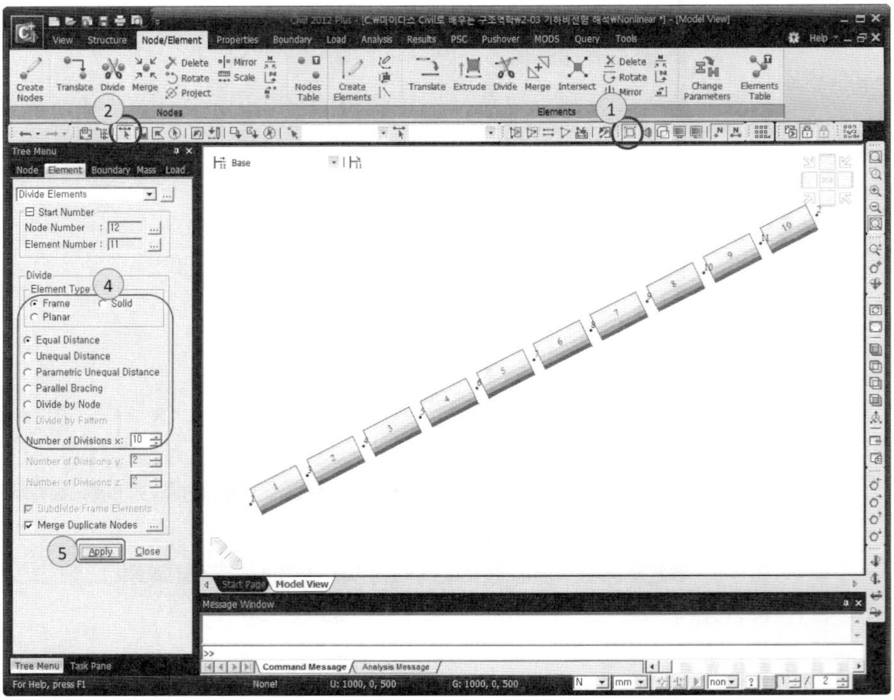

Tip

한 개의 부재를 여러 개의 요소로 나누어서 모델링 하면 부재의 상세한 결과를 볼 수 있다.

Tip

Shrink 는 절점 기준으로 부재 연결 상태를 확인할 때 유용하다. 부재가 절점에 연결된 경우에는 그림과 같이 분할되어 보인다.

02.5 경계조건 입력

02.5.1 **경계조건 정의**

좌측단은 핀조건, 우측단은 롤러조건으로 지지한다.

Main Menu 에서 ***Boundary / Supports / Define Supports***

1. **Shrink, Hidden, Display Element Numbers** (Toggle off)
2. **Select Single** (on) 모드에서 **1 번 절점** 선택
3. Support Type > **Dx, Dz**(Check on), **[Apply]** 클릭
4. **Select Single** (on) 모드에서 2 **번 절점** 선택
5. Support Type > **Dx** (Check on), **Dz** (Check off), **[Apply]** 클릭

▶그림 3.11
지지조건 입력

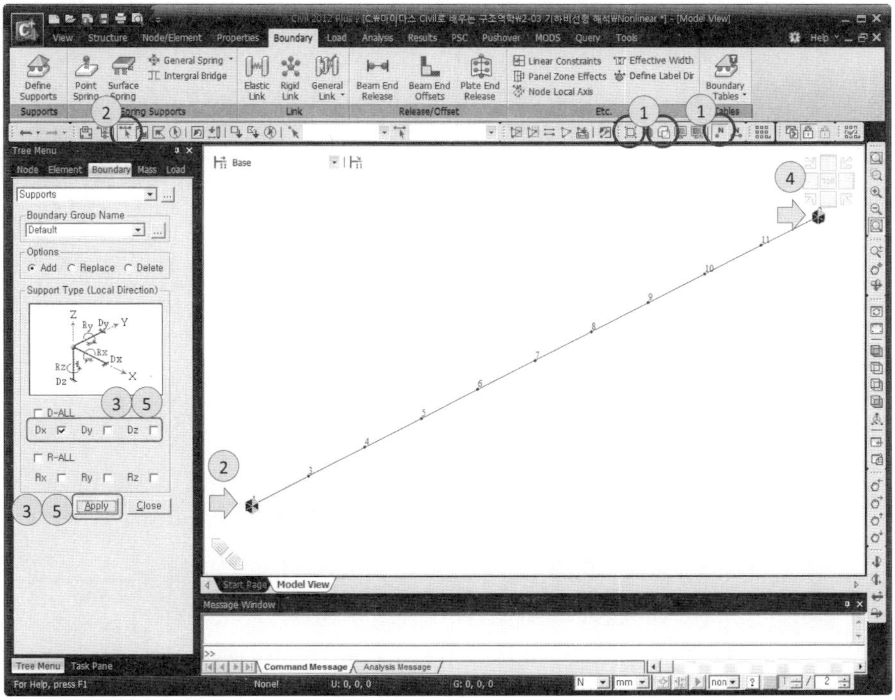

02.6 하중 입력

02.6.1 하중조건 정의

하중 입력을 위해 하중조건을 먼저 정의한다.

Main Menu 에서 ***Load / Static Loads / Static Load Cases***

1. Name : **'GNL'** 입력

   Type > **User Defined Load (USER)** 선택

2. **[Add]** 클릭, **[Close]** 클릭

▶그림 3.12
하중조건 정의

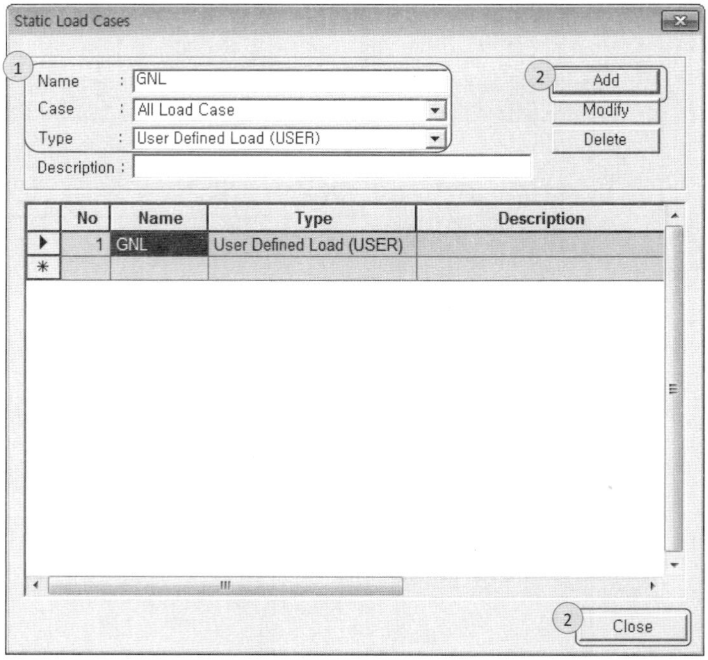

02.6.2 **하중 입력**

우측 단부 롤러지점(절점 2)에 (+)Z 방향으로 절점하중 1000 N 을 재하한다.
해석을 수행한 후에는 하중이 재하된 절점 26 에 대하여 하중변위곡선을 출력한다.

Main Menu 에서 ***View / Display***

1. Load 탭에서 Load Case > **Load Value**(Check on)
2. **Nodal Load** (Check on), **[OK]** 클릭

Main Menu 에서 ***Load / Static Loads / Nodal Loads***

3. **Select Single** (on) 모드에서 **2 번 절점** 선택
4. Load Case Name > **GNL** 선택
5. Nodal Loads > FZ > **'1000'** 입력
6. **[Apply]** 클릭

▶그림 3.13
절점하중 입력

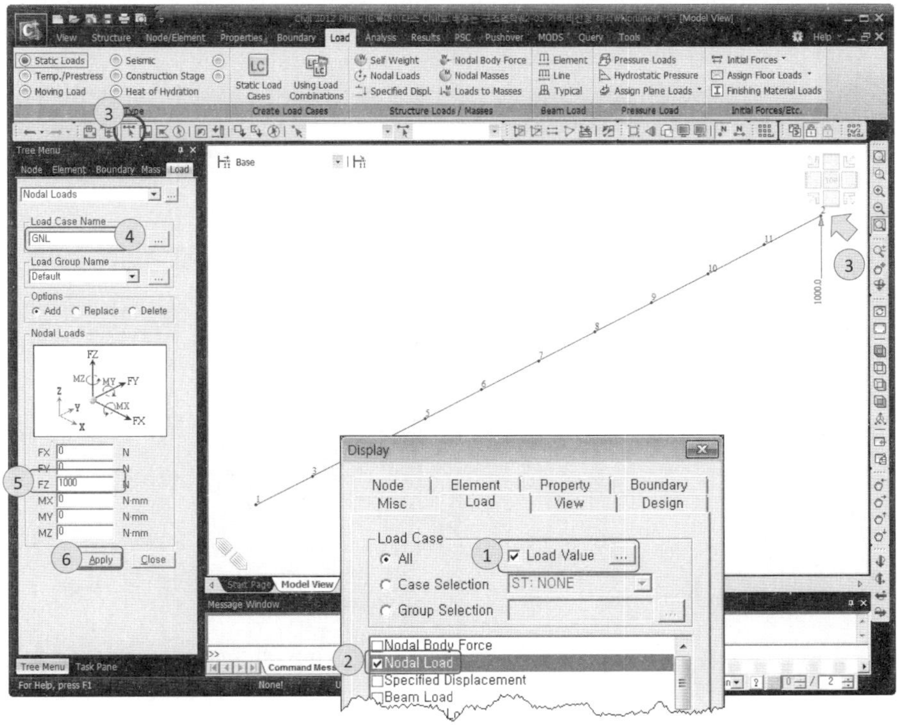

02.7 구조해석 수행

02.7.1 **기하비선형 해석 조건 입력**

기하비선형 해석을 수행하기 위한 데이터를 입력한다.
본 예제에서는 반복수행 기법으로 하중을 조정하여 수렴하는 Newton-Raphson 과 변위를 조정하여 수렴하는 Arc-Length 중에서 Arc-Length 를 사용하여 해석을 수행한다.

Main Menu 에서 ***Analysis / Analysis Control / Nonlinear***

1. Nonlinear Type > **Geometry Nonlinear** 선택
2. Iteration Method > **Arc Length** 선택
   Number of Increment Step : **'100'** 입력
   Maximum Number of Iterations/Increment Step : **'10'** 입력
   Initial Force Ratio for Unit Arc-Length (%) : **'5'** 입력
   Maximum Displacement Boundary : **'0'** 입력
3. Convergence Criteria > Energy Norm : **'0.001'**, Displacement Norm : **'0.001'**,
   Force Norm : **'0.001'** 입력, **[OK]** 클릭

▶그림 3.14
Nonlinear Analysis Control

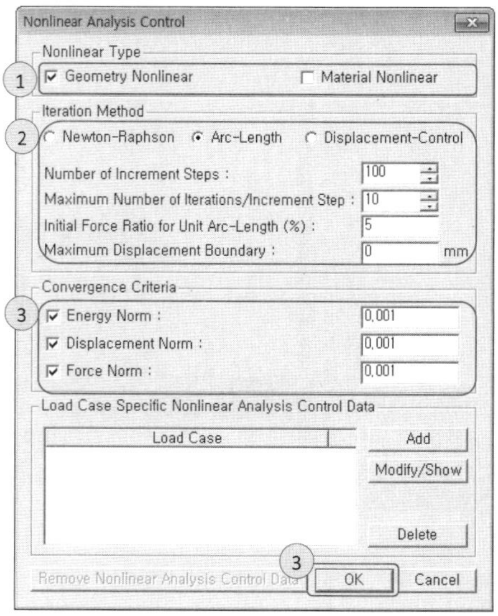

02.7.2 기하비선형 해석 수행

간단한 비선형 해석 모델이므로 범용 해석기 Skyline 을 이용하여 해석을 수행한다.

Main Menu 에서 ***Analysis / Perform / Analysis Options***

1. Equation Solver 에서 **Skyline** 클릭, [OK] 클릭

Tip

Story Shear Force Ratio 는 층이 있는 구조물의 층별 결과를 보기 위해 반드시 필요한 체크 사항이기 때문에 기본값으로 실행되도록 되어 있다. 이 예제에서는 층 결과가 필요 없으므로 체크 해제한다.

Main Menu 에서 ***Analysis / Perform Analysis*** 실행

2. Message Window 에서 해석 정상 종료 메시지 확인

해석 결과 검토의 편의를 위해 화면에 출력된 텍스트를 정리한다.

Main Menu 에서 ***View / Display***

3. Load 탭에서 Nodal Load (Check off), [OK] 클릭

4. **Display Node Numbers** (Toggle off)

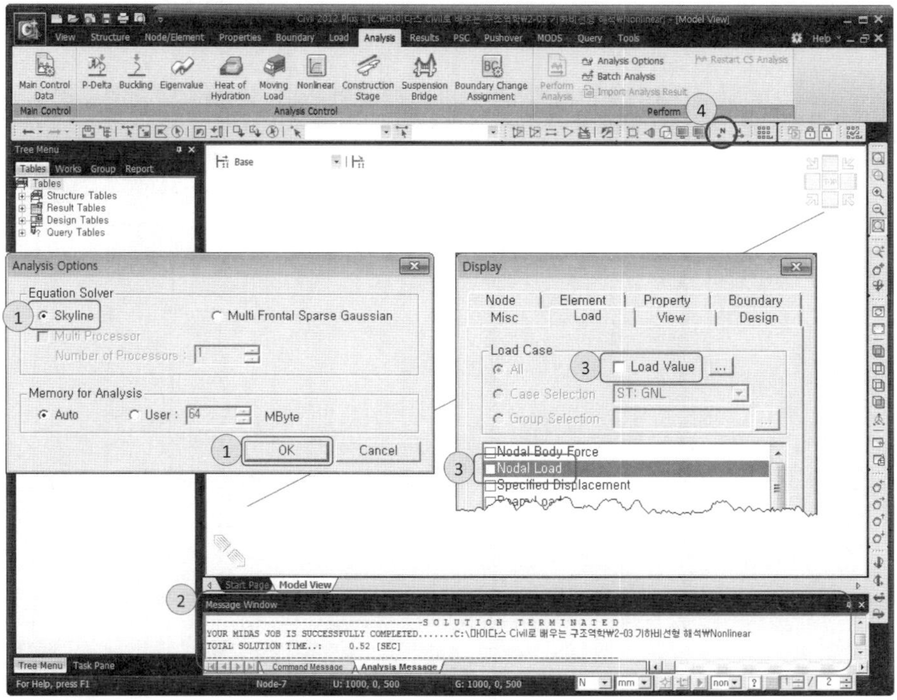

▶그림 3.15
Building Control Data
해석 정상 종료 메시지

02.8 해석 결과 확인

02.8.1 변위 및 변형

Animation 기능을 이용하여 변형을 확인한다.

Main Menu 에서 ***Results / Deformations / Deformed Shape...***

1. Load Cases / Combinations > **ST : GNL** 선택
2. Components > **DXZ** 선택
3. Type of Display > **Undeformed, Values, Legend, Animate** (Check on)
4. **[Apply]** 클릭
5. 모델뷰 하단의 **Record** 버튼 클릭 (다음 그림 참조)
   변형 형상 확인 후, **나가기** 버튼 클릭 (다음 그림 참조)

▶그림 3.16
변위 및 변형 결과

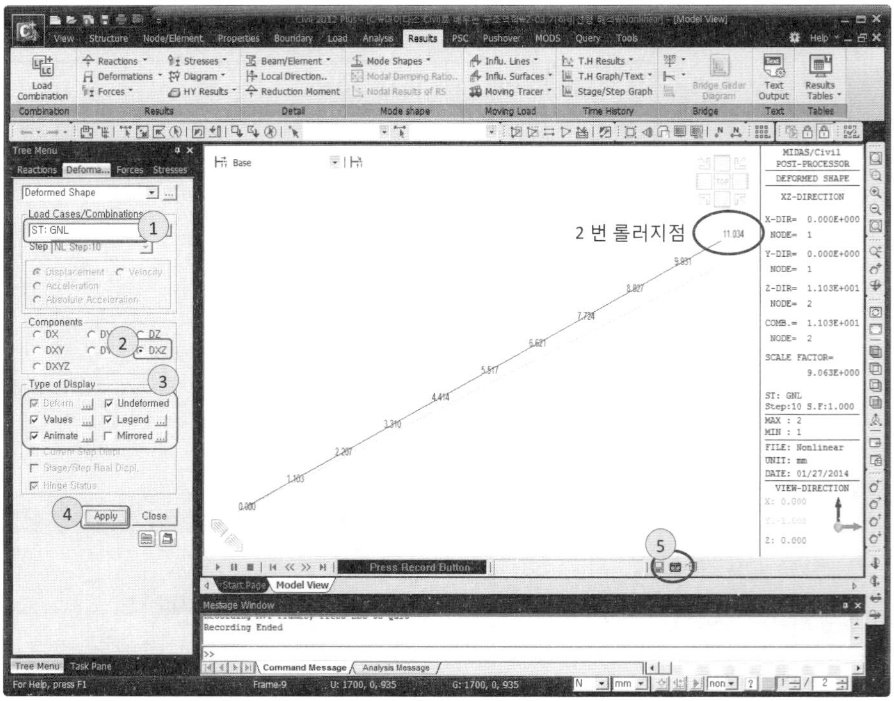

2 번 롤러지점에서 상향 11.034mm 의 변위가 발생함을 알 수 있다.

02.8.2 **부재력** 부재에 작용하는 축력을 확인한다.

Main Menu 에서 ***Tools / Unit System...***

1. Length > **mm**, Force(Mass) > kN 선택, **[OK]** 클릭

Main Menu 에서 ***Results / Forces / Truss Forces...***

2. Load Cases/Combinations > **ST : GNL** 선택**,** Step : **NL Step : 20** 선택
3. Force Filter > **All** 선택
4. Type of Display > **Contour**, **Deform** (Check off), **Value, Legend** (Check on)
5. Output Section Location > **Max** 선택
6. Values 옆의 **[...]** 버튼 클릭, Number Options > Decimal Points : **'3'** 입력, **[OK]** 클릭

▶그림 3.17
축력 결과

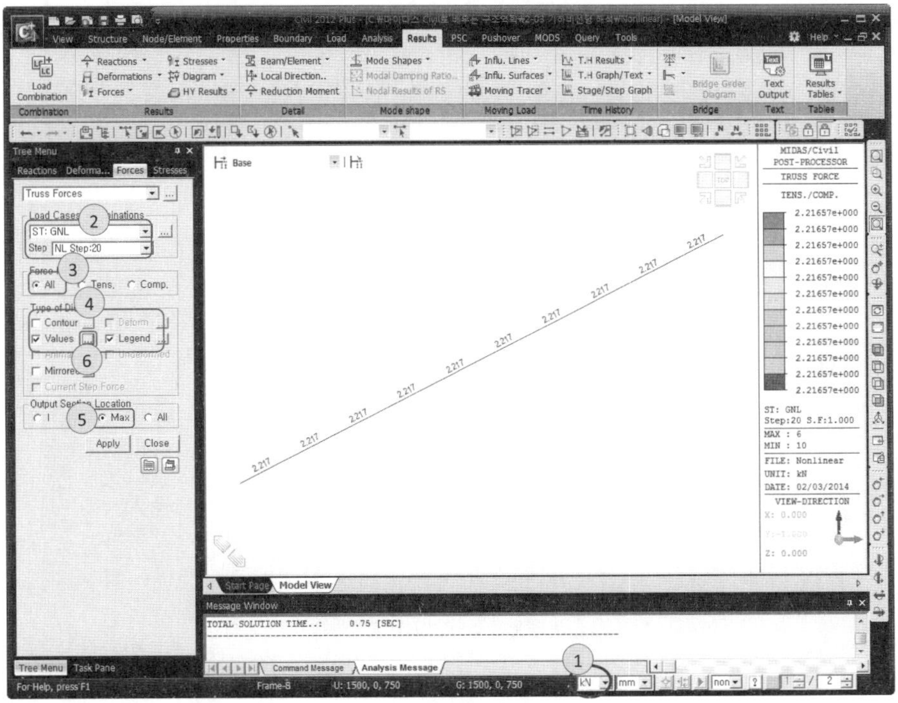

트러스 부재에 2.217kN 의 인장력이 발생함을 알 수 있다.

02.8.3 P-delta 해석 비교

기하비선형 해석과 비교하기 위해서 **'Nonlinear-PDelta.mgb'**로 저장한다.

Main Menu 에서 ***Files / SaveAs...***

1. 파일 이름 : **'Nonlinear-PDelta'** 입력 후 **[저장]** 클릭

P-delta 해석을 수행하기 위하여 기하비선형 해석조건을 삭제한다.

Main Menu 에서 ***Analysis / Nonlinear Analysis Control...***

2. **[Remove Nonlinear Analysis Control Data]** 클릭

▶그림 3.18
Nonlinear Analysis 해석조건 삭제

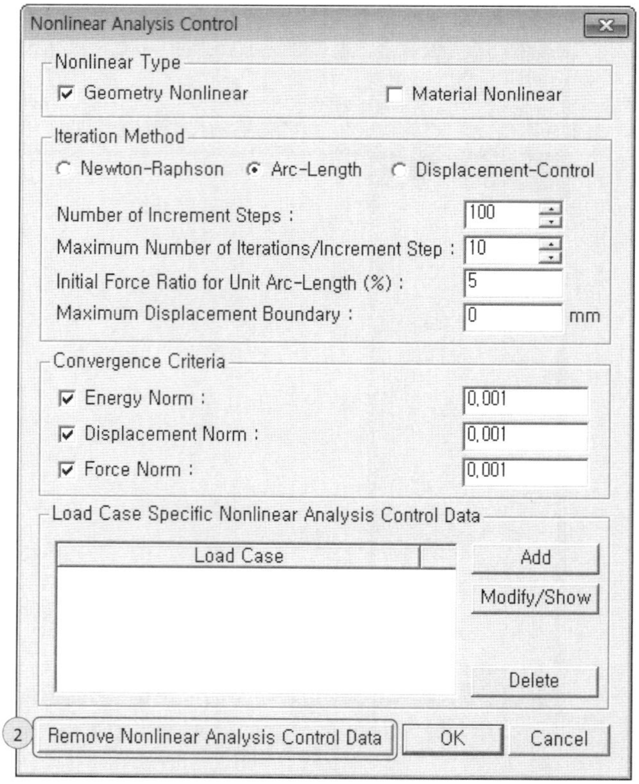

P-delta 해석을 수행하기 위한 데이터를 입력한다.

Main Menu 에서 ***Analysis / P-Delta Analysis Control...***

1. Control Parameters > Number of Iteration : **'20'**
   Convergence Tolerance : **'1e-005'**
2. P-Delta Combinations > Load Case **: GNL** 선택**,** Scale Factor : **'1'**
3. **[Add]** 클릭, **[OK]** 클릭

▶그림 3.19
P-delta Analysis Control

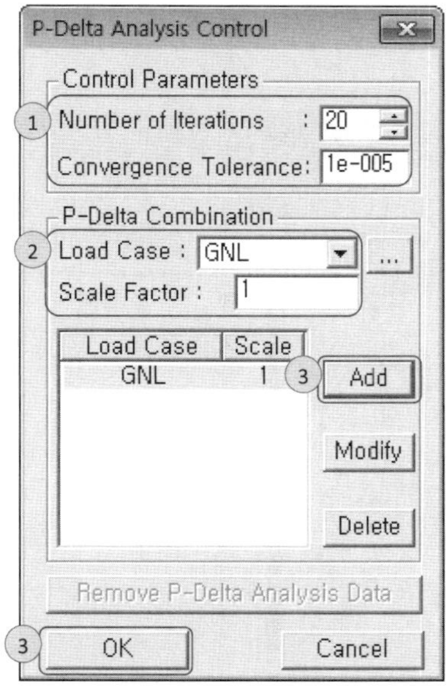

P-delta 해석을 수행한다.

Main Menu 에서 ***Analysis / Perform Analysis*** 실행

1. Message Window 에서 해석 정상 종료 메시지 확인

02.8.4 P-delta **해석에 의한 변위 및 변형**

Animation 기능을 이용하여 변형을 확인한다.

Main Menu 에서 ***Results / Deformations / Deformed Shape...***

1. Load Cases / Combinations > **ST : GNL** 선택
2. Components > **DXZ** 선택
3. Type of Display > **Undeformed, Values, Legend, Animate** (Check on)
4. **[Apply]** 클릭
5. 모델뷰 하단의 **Record** 버튼 클릭(다음 그림 참조)
   변형 형상 확인 후, **나가기** 버튼 클릭(다음 그림 참조)

▶그림 3.20
변위 및 변형 결과

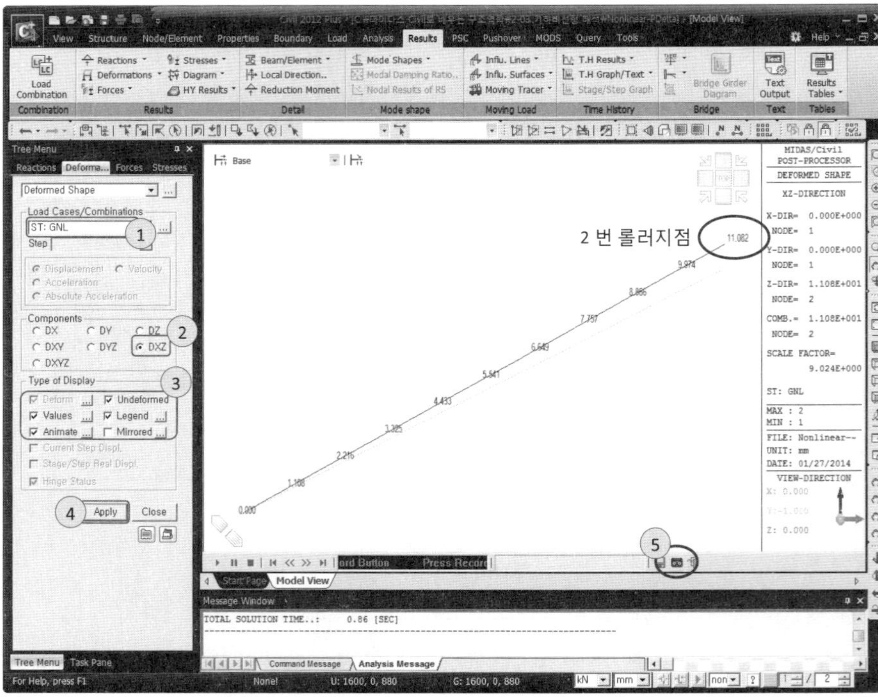

2 번 롤러지점에서 상향 11.082 mm 의 변위가 발생함을 알 수 있다.

02.8.5 P-delta 해석에 의한 부재력

부재에 작용하는 축력을 확인한다.

Main Menu 에서 ***Results / Forces / Truss Forces...***

1. Load Cases/Combinations > **ST : GNL** 선택
2. Force Filter > **All** 선택
3. Type of Display > **Contour**, **Deform** (Check off), **Value, Legend** (Check on)
4. Output Section Location > **Max** 선택
5. Values 옆의 **[...]** 버튼 클릭, Number Options > Decimal Points : **'3'** 입력, **[OK]** 클릭

▶그림 3.21
축력 결과

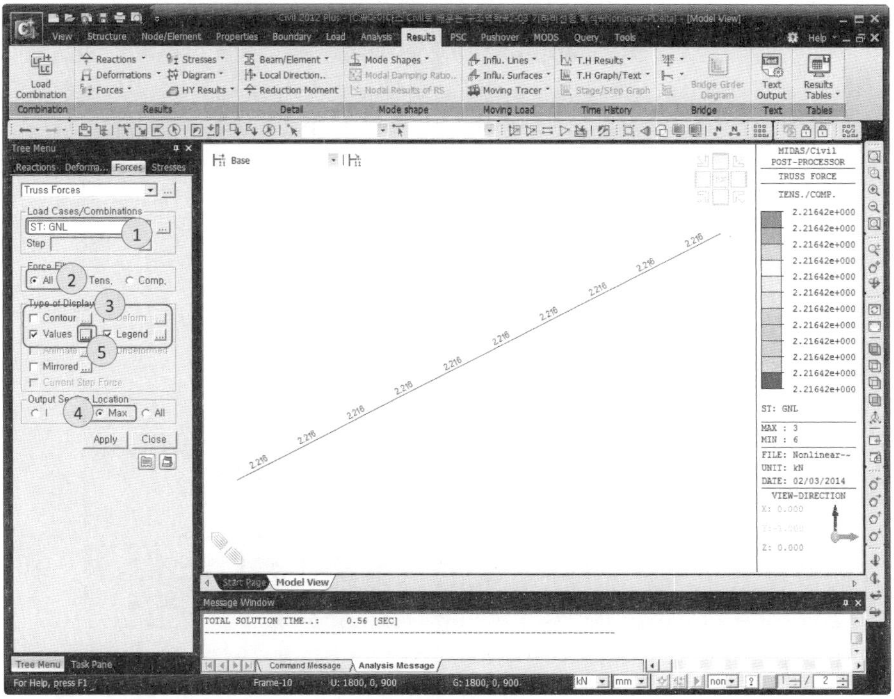

트러스 부재에 2.216 kN 의 인장력이 발생함을 알 수 있다.

02.8.6 **선형 해석 비교**

선형 해석과 비교하기 위해서 **'Nonlinear-linear.mgb'**로 저장한다.

Main Menu 에서 ***Files / SaveAs...***

1. 파일 이름 : **'Nonlinear-linear'** 입력 후 **[저장]** 클릭

선형 해석을 수행하기 위하여 P-delta 해석조건을 삭제한다.

Main Menu 에서 ***Analysis / P-Delta Analysis Control...***

2. **[Remove P-Delta Analysis Data]** 클릭

▶그림 3.22
P-delta 해석조건 삭제

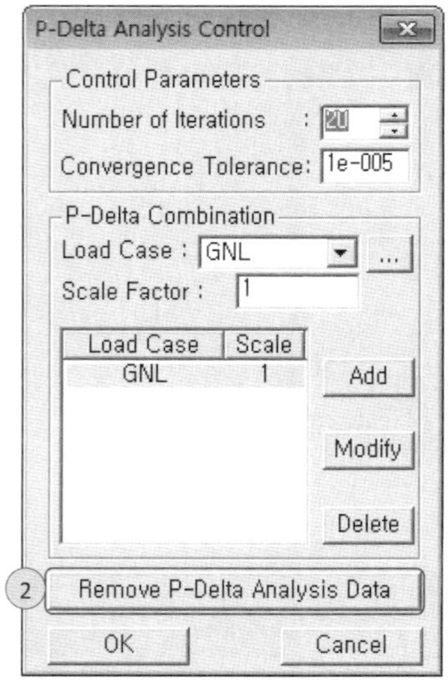

선형 해석을 수행한다.

Main Menu 에서 ***Analysis / Perform Analysis*** 실행

1. Message Window 에서 해석 정상 종료 메시지 확인

02.8.7 선형 해석에 의한 변위 및 변형

Animation 기능을 이용하여 변형을 확인한다.

Main Menu 에서 ***Results / Deformations / Deformed Shape...***

1. Load Cases / Combinations > **ST : GNL** 선택
2. Components > **DXZ** 선택
3. Type of Display > **Undeformed, Values, Legend, Animate** (Check on)
4. **[Apply]** 클릭
5. 모델뷰 하단의 **Record** 버튼 클릭 (다음 그림 참조)
   변형 형상 확인 후, **나가기** 버튼 클릭 (다음 그림 참조)

▶그림 3.23
변위 및 변형 결과

형상이 그림과 다른 경우 Analysis / Perform / Analysis Options 에서 Equation Solver 를 'Multi Frontal Sparse Gaussian' 으로 수정 후 해석하세요.

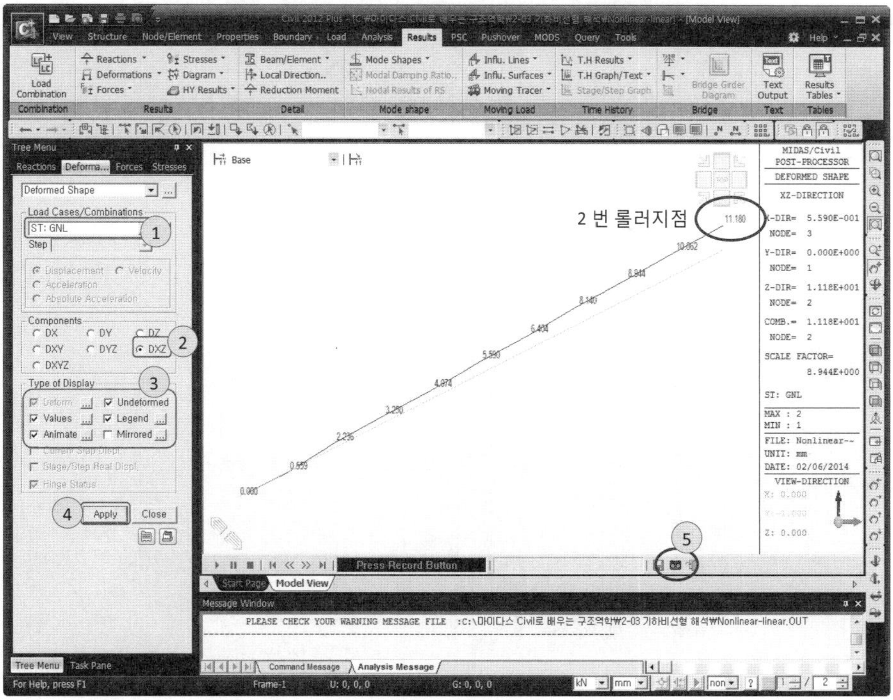

2 번 롤러지점에서 상향 11.180 mm 의 변위가 발생함을 알 수 있다.

02.8.8 **선형 해석에 의한 부재력** 부재에 작용하는 축력을 확인한다.

Main Menu 에서 ***Results / Forces / Truss Forces...***

1. Load Cases/Combinations > **ST : GNL** 선택
2. Force Filter > **All** 선택
3. Type of Display > **Contour**, **Deform** (Check off), **Value, Legend** (Check on)
4. Output Section Location > **Max** 선택
5. Values 옆의 **[...]** 버튼 클릭, Number Options > Decimal Points : **'3'** 입력, **[OK]** 클릭

▶그림 3.24
축력 결과

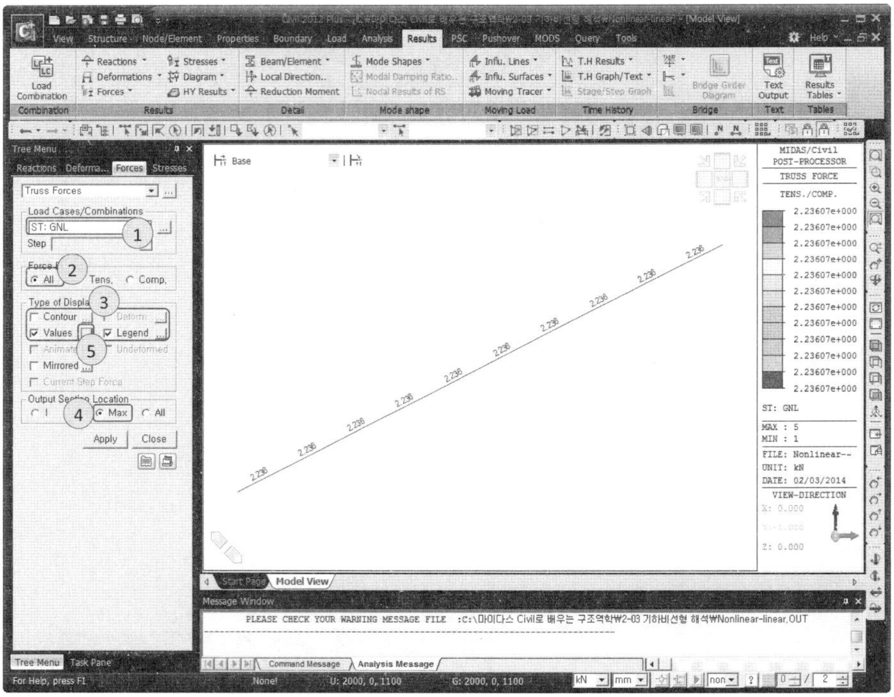

트러스 부재에 2.236 kN 의 인장력이 발생함을 알 수 있다.

03. 풀어보기

03.1 역학적 개념의 이해 및 수계산

기하비선형 해석을 수계산으로 수행하기 위하여 식 3.5 와 식 3.8 을 이용하면, 다음과 같은 조건식으로 정리된다.

$$N = \frac{EA}{\ell_o^2}\left(hw + \frac{1}{2}w^2\right),\ \text{여기서}\quad \left|N\frac{w+h}{\ell_o} - P\right| \le \text{허용오차}$$

위 식은 미지수가 2 개인 식이므로 반복계산을 통해 답을 얻을 수 있다. 변위 w 를 가정하여 N 값을 산정한 후, 우측의 오차가 허용값보다 작아질 때까지 반복계산하면 2 번 절점의 z 방향 변위 w 와 축력 N 을 구할 수 있다.

$N = 2.217\text{kN},\quad w = 11.034\text{mm}$

이상의 수계산 값은 Civil 에 의한 기하비선형 결과와 일치한다.

P-delta 해석 결과와 비교하기 위하여 1 절의 식 3.1~3.3 을 사용할 수 있다. 해석 모델에서는 우측 절점의 z 방향 자유도만 구속되어 있지 않으므로 j 단의 연직변위 w_j 만 가능하다. 따라서 다음과 같은 지배방정식이 만들어진다.

$$\left[\frac{EA}{\ell_o}\sin^2\theta_o + \frac{N}{\ell_o}\cos^2\theta_o\right]w = P$$

여기서 $\sin\alpha_o = h/\ell_o$ 과 $\cos\alpha_o = a/\ell_o \approx 1$ 인 경우에 첫 번째 항은 k_o 가 되며, 두 번째 항은 k_σ 가 됨을 알 수 있다. 따라서 P-delta 해석과 기하비선형 해석의 차이는 k_L 가 추가되는가에 있다. 위 식도 미지수가 2 개인 식이므로 반복계산을 통해 다음과 같은 답을 얻을 수 있다.

$N = 2.216\text{kN},\quad w = 11.082\text{mm}$

이상의 수계산 값은 Civil 에 의한 P-delta 결과와 일치한다.

다음 표는 선형 해석, P-delta 해석, 그리고 기하비선형 해석의 결과를 정리한 것이다.

해석 방법	L_o (mm)	L (mm)	w (mm)	N (kN)
선형	2236.07	-	11.180	2.236
P-delta(수계산 및 Civil)	2236.07	-	11.082	2.216
기하비선형(수계산 및 Civil)	2236.07	2241.02	11.034	2.217

P-delta 해석 결과와 기하비선형 해석 결과는 매우 작은 차이를 보이는 것을 알 수 있다. 이러한 차이는 변형으로 인한 구조물의 형상 변화(여기에서는 부재의 길이 및 방향의 변화)로 인해 발생한 것이다.

04. 연습문제

1. 트러스 요소를 사용하여 다음 그림과 같은 구조물의 각 지점에 발생되는 반력과 변형도를 확인하시오.

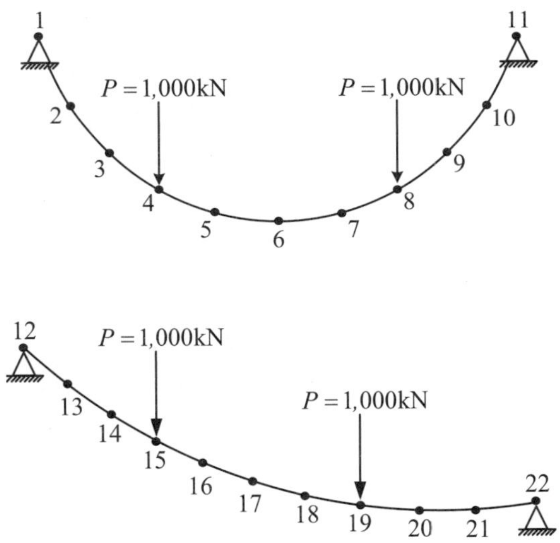

- ***Material***

  탄성계수 : $2.05 \times 10^5\ N/mm^2$

- ***Section***

  단면 형상 : 원형

  크기 : 100 mm

- ***Load***

  (-) 방향으로 집중하중 1,000 kN 재하

➢ *절점좌표*

Node	X(m)	Y(m)	Z(m)
1	0.000000	0.000000	0.000000
2	9.919920	0.000000	-10.327700
3	21.520200	0.000000	-18.724100
4	34.430200	0.000000	-24.920900
5	48.237200	0.000000	-28.720000
6	62.500000	0.000000	-30.000000
7	76.762800	0.000000	-28.720000
8	90.569800	0.000000	-24.920900
9	103.480000	0.000000	-18.724100
10	115.080000	0.000000	-10.327700
11	125.000000	0.000000	0.000000
12	0.000000	0.000000	-100.000000
13	10.874600	0.000000	-107.537000
14	22.321000	0.000000	-114.173000
15	34.264900	0.000000	-119.865000
16	46.628500	0.000000	-124.576000
17	59.331500	0.000000	-128.276000
18	72.291400	0.000000	-130.940000
19	85.423800	0.000000	-132.552000
20	98.643300	0.000000	-133.100000
21	111.864000	0.000000	-132.582000
22	125.000000	0.000000	-131.000000

4. 좌굴 해석

TABLE OF CONTENTS

01. 이해하기

01.1 좌굴 해석의 개념

01.1.1 일반 사항

세장한 기둥을 축방향으로 압축하거나 얇은 판을 면내방향으로 압축하면, 하중이 어느 크기에 도달하는 순간 갑자기 횡방향으로 과도하게 휘어지는 횡변위(lateral displacement)가 발생한다. 물체의 이러한 거동을 좌굴이라 정의하며, 이는 구조물의 안정성에 문제점을 야기시킬 수 있다.

좌굴이 발생하기 전까지 물체는 안정적 평형상태를 유지하지만, 일단 좌굴이 발생하면 횡방향으로 큰 변형(deformation)이 발생하여 더 이상의 외부 하중을 지탱할 수 없게 된다. 이러한 좌굴은 비단 세장한 기둥이나 얇은 판의 휨좌굴(flexural buckling)에만 국한되는 것은 아니다. 물체의 국부 영역에 부분적으로 발생하는 국부좌굴(local buckling), 전단력에 의하여 야기되는 전단좌굴(shear buckling), 그리고 비틀림에 의해 발생하는 비틀림좌굴(torsion buckling) 등이 있다. 한편 좌굴에 의한 물체의 변형이 구조물이 이루는 평면 내에 있느냐 아니면 바깥에 있느냐에 따라 면내좌굴(in-plane buckling)과 면외좌굴(out-of-plane buckling)로 구분하기도 한다.

▶그림 4.1
좌굴의 종류

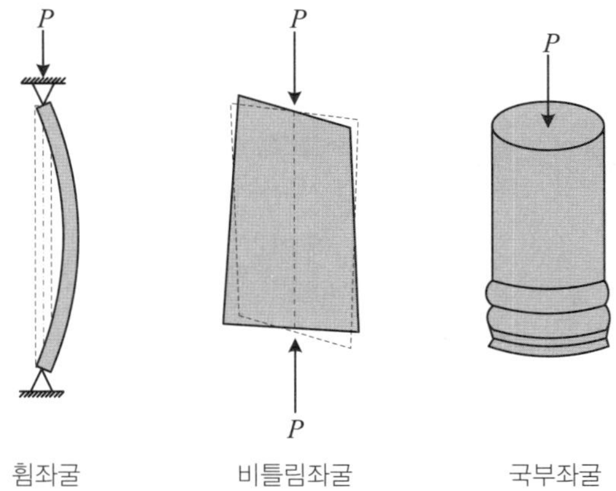

좌굴은 대부분 물체의 형상이나 하중조건의 불완전성(imperfection)에 기인한다. 예를 들어 기둥의 단면 중심에 정확히 축방향으로 집중 압축력을 가한다고 생각해 보자. 이론적으로 측면방향으로 휨을 발생시킬 하중이나 모멘트 성분이 없기 때문에 좌굴이 발생하

면 안 된다. 그러나 실제 기둥은 정확히 원형 단면이 아닐뿐더러 압축력이 작용하는 지점도 정확히 축의 중심에 위치하지 않는다. 기하학적인 불완전성과 축 중심에서 어느 정도 편심 위치에 압축력이 작용함에 따른 불완전함에 따라 횡방향으로의 변위가 발생하게 된다.

좌굴은 물체의 가느다란 정도를 나타내는 형상 종횡비(aspect ratio)가 클수록 보다 쉽게 발생한다. 다시 말해 길이가 긴 기둥이 짧은 기둥에 비해 좌굴이 보다 쉽게 발생한다. 그리고 좌굴은 동일한 재질, 형상 및 하중조건에서도 물체를 구속하는 경계조건(boundary condition)에 크게 영향을 받는다. 좌굴을 일으키는 하중의 크기를 임계하중(critical load)이라 하고, 좌굴의 가능성을 나타내는 지수로 좌굴하중계수(buckling load factor, BLF)가 주로 사용된다.

01.1.2 **해석 개념**

구조해석에서 좌굴이란 압축력을 받는 상태에서 구조물이 어떤 한 상태(상태-1)에서 다른 상태(상태-2)로 갑작스럽게 변하는 현상을 말한다. 상태-1 은 구조물이 안정적(stable)으로 힘의 평형을 유지하고 있는 상태인 반면에, 상태-2 는 임계하중(P_{cr})을 초과하는 하중에 대해서 상태-1 과는 무관하게 변형된 상태를 말한다. 좌굴 해석을 위해 구조물이 변형된 상태에서 힘의 평형 조건을 적용한다.

▶그림 4.2
임계하중에 따른 구조물의 변형

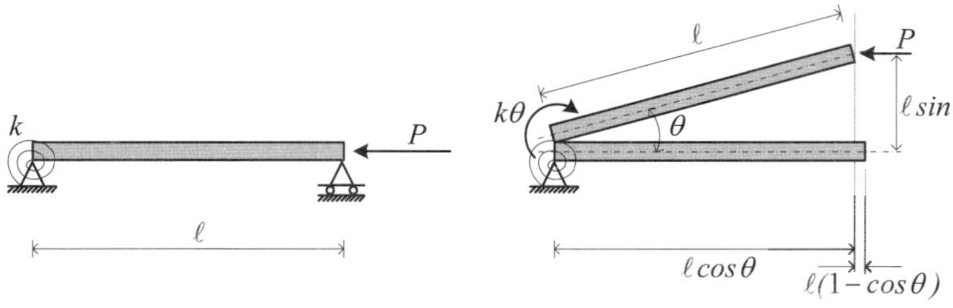

변형 전 상태(상태-1) 변형된 상태(상태-2)

상태-2 에서 스프링 위치에 대한 모멘트 평형 조건을 적용하면 다음과 같다.

▶식 4.1

$$-k\theta + P\ell \sin\theta = 0$$

미소변형의 가정을 적용하면 $\sin\theta \approx \theta$ 이므로

▶식 4.2

$$\left(-k+P\ell\right)\theta=0$$

여기에서 θ 가 영인 경우는 해석 대상이 아니므로 괄호 안의 값이 영(0)이 되는 해를 찾으면 좌굴하중이 얻어진다.

▶식 4.3

$$P_{cr}=\frac{k}{\ell}$$

따라서 좌굴 해석에서는 변형의 크기인 θ 를 구하는 것은 아니고, 좌굴 형상의 모양 및 임계하중만을 구한다.

휨강성을 가진 기둥에 대한 좌굴 해석을 위해서는 제 1 장의 식 1.4 나 식 1.5 와 같은 미분 방정식을 사용할 수 있다. 양단이 힌지인 기둥의 좌굴 해석에 대해 식 1.4 ($EIw''''+Pw''=0$)를 적용해 보자. 식 1.4 에 대한 해는 다음과 같이 표현된다.

▶식 4.4

$$w\left(x\right)=A\sin kx+B\cos kx+Cx+D$$

여기서, $k=\sqrt{\frac{P}{EI}}$

양단이 힌지인 경우이므로 다음과 같은 경계조건을 만족해야 한다.

▶식 4.5

$$\begin{aligned}
&w\left(0\right)=B+D=0\\
&w\left(\ell\right)=A\sin k\ell+B\cos k\ell+C\ell+D=0\\
&w''\left(0\right)=-Bk^2=0\\
&w''\left(\ell\right)=-Ak^2\sin k\ell-Bk^2\cos k\ell=0
\end{aligned}$$

이를 행렬식으로 나타내면 다음과 같다.

▶식 4.6

$$\begin{bmatrix} 0 & 1 & 0 & 1 \\ \sin k\ell & \cos k\ell & \ell & 1 \\ 0 & -k^2 & 0 & 0 \\ -k^2\sin k\ell & -k^2\cos k\ell & 0 & 0 \end{bmatrix}\begin{Bmatrix} A \\ B \\ C \\ D \end{Bmatrix}=\begin{Bmatrix} 0 \\ 0 \\ 0 \\ 0 \end{Bmatrix}$$

식 4.5 로부터 $B=D=0$ 임을 알 수 있으므로 다음과 같이 간략화 된다.

▶식 4.7

$$\begin{bmatrix} \sin k\ell & \ell \\ -k^2 \sin k\ell & 0 \end{bmatrix} \begin{Bmatrix} A \\ C \end{Bmatrix} = \begin{Bmatrix} 0 \\ 0 \end{Bmatrix}$$

이 식에서 계수인 A 와 C 가 영인 경우는 해석 대상이 아니므로 행렬식(determinant)이 영(0)이 되어야 한다. 따라서 행렬식이 영인 조건으로부터 다음과 같은 결과가 얻어진다.

▶식 4.8

$\sin k\ell = 0$ 혹은, $k\ell = n\pi$

여기서, n 은 자연수$(1 \sim \infty)$이다.

따라서 양단이 힌지인 기둥의 좌굴하중은 다음과 같다.

▶식 4.9

$$P_{cr} = \left(\frac{n\pi}{\ell}\right)^2 EI$$

이상의 결과는 식 1.5 를 적용해도 동일한 결과를 얻을 수 있다. 그리고 양단의 지지조건이 다른 경우에 대한 좌굴 해석의 결과는 표 4.1 에 나타내었다.

▶표 4.1
양단의 지지조건에 따른 좌굴 해석

지지조건	P_{cr} 좌굴하중	ℓ_k 좌굴장
양단 힌지	$\left(\frac{n\pi}{1.0\ell}\right)^2 EI$	1.0ℓ
양단 고정	$\left(\frac{n\pi}{0.5\ell}\right)^2 EI$	0.5ℓ
일단 힌지 타단 고정	$\left(\frac{n\pi}{0.7\ell}\right)^2 EI$	0.7ℓ
일단 고정 타단 자유	$\left(\frac{n\pi}{2.0\ell}\right)^2 EI$	2.0ℓ

▶그림 4.3

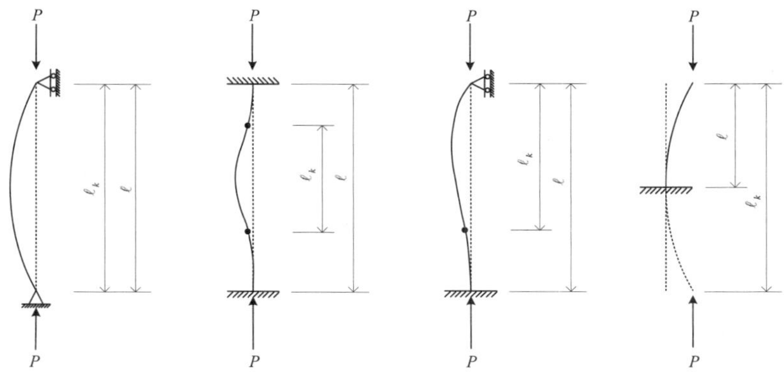

(a) $\ell_k = \ell$ (b) $\ell_k = 0.5\ell$ (c) $\ell_k = 0.7\ell$ (d) $\ell_k = 2\ell$

좌굴 해석의 식은 P-delta 해석의 식과 동일하다. 단지 P-delta 해석에서는 변위값을 직접 구하는 반면에, 좌굴 해석에서는 행렬식(determinant)이 영(0)인 조건을 이용하여 임계하중의 크기와 변형의 형상을 구한다. 좌굴 해석에서 행렬식(determinant)이 영(0)인 조건을 사용한다는 면에서는 고유치 해석과 동일하다. 수학적인 면에서 좌굴 해석의 임계하중은 고유치 해석의 고유치(eigenvalue)와 동일하며, 좌굴 형상은 고유벡터(eigenvector)와 동일하다.

02. 따라하기

02.1 모델 개요

본 예제에서는 다양한 경계조건하에서 축력을 부담하는 기둥부재의 좌굴 해석을 수행하여 좌굴모드와 임계하중을 알아본다.

▶그림 4.4
해석 모델

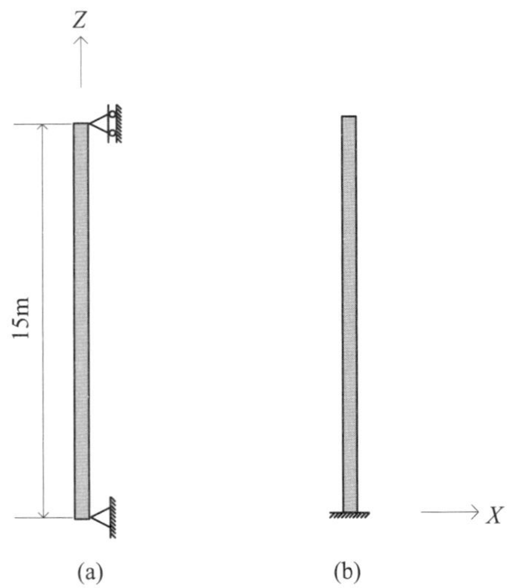

- ***Material***
  탄성계수 : 100 N / mm^2
- ***Section***
  단면적(Area) : 2.5 × 10^5 mm^2(1000 × 250)
  단면 2 차모멘트(I_{yy}) : 1.30208 × 10^9 mm^4
- ***Load***
  상부 절점에 하향 절점하중 10 kN 재하

02.2 작업환경 설정

02.2.1 **단위계 설정**

새 파일을 열고 파일명을 저장한다.

Main Menu 에서 ***/New Project...***
Main Menu 에서 ***/Save***
1. 파일 이름 : **'Buckling-a'** 입력, **[저장]** 클릭

예제에서 사용할 단위계를 설정한다.

Main Menu 에서 ***Tools/Unit System...***
2. Length > **mm**, Force(Mass) > **N** 선택
3. **[OK]** 클릭

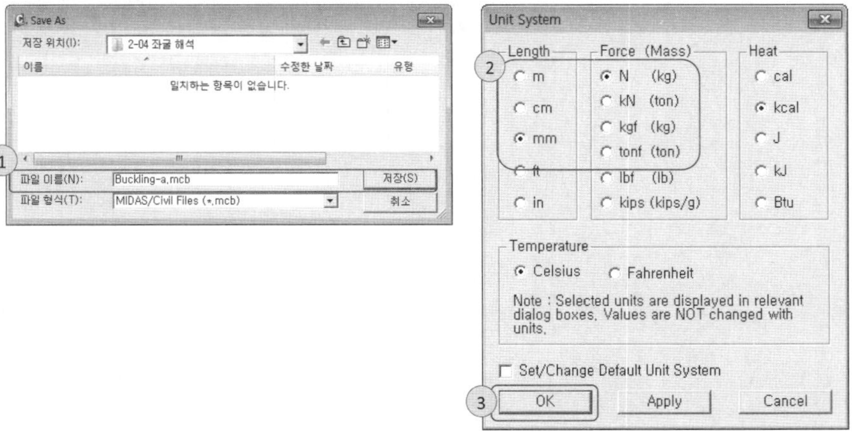

▶그림 4.5
(a) 파일 저장
(b) 단위계 설정

Tip
단위계 설정은 화면 하단 Status bar 에서도 간편하게 설정이 가능하다.

02.2.2 작업평면 설정

본 예제에서는 전체좌표계(Global Coordinate System, GCS)를 기준으로 X-Z 평면의 거동만을 허용하므로 Structure Type 을 2-D 거동 구조물(X-Z Plane)로 지정한다.

Main Menu 에서 ***Structure / Structure Type...***

1. Structure Type > **X-Z Plane** 선택
2. **[OK]** 클릭

▶그림 4.6
작업평면 설정

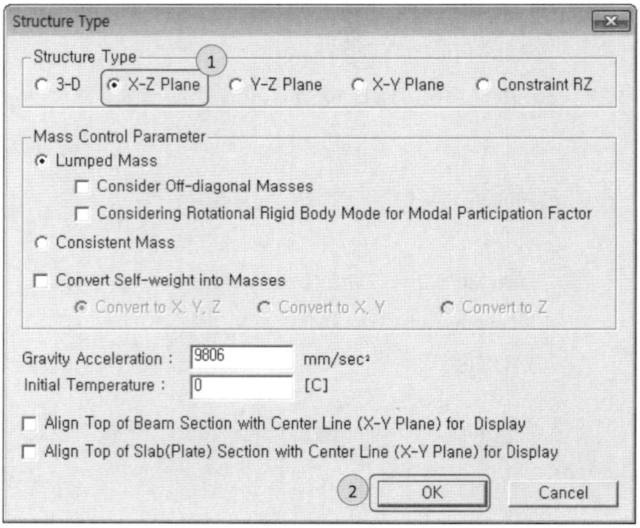

02.3 재질과 단면 정의

모델에 사용될 재질 및 단면은 해석의 편의를 위하여 사용자가 임의 값을 지정하는 user defined type 과 value type 을 이용한다.

Main Menu 에서 ***Properties / Material Properties***

1. **[Add...]** 클릭, Name : **'Mat'** 입력
2. Elasticity Data > Type of Design > **User Defined** 선택,
3. User Defined > Modulus of Elasticity : **'100'** 입력**, [OK]** 클릭
4. Section 탭 클릭, **[Add...]** 클릭, **Value** 탭 클릭
5. Section Shape 목록 > **Solid Rectangle** 선택, Name : **'Sect'** 입력
6. Size > H : **'250', B : '1000'** 입력, Section Properties > **[Calc. Section Properties]** 버튼 클릭
7. **Consider Shear Deformation** (Check off)
8. **[OK]** 클릭, **[Close]** 클릭

▶그림 4.7
(a) 재질 정의
(b) 단면 정의

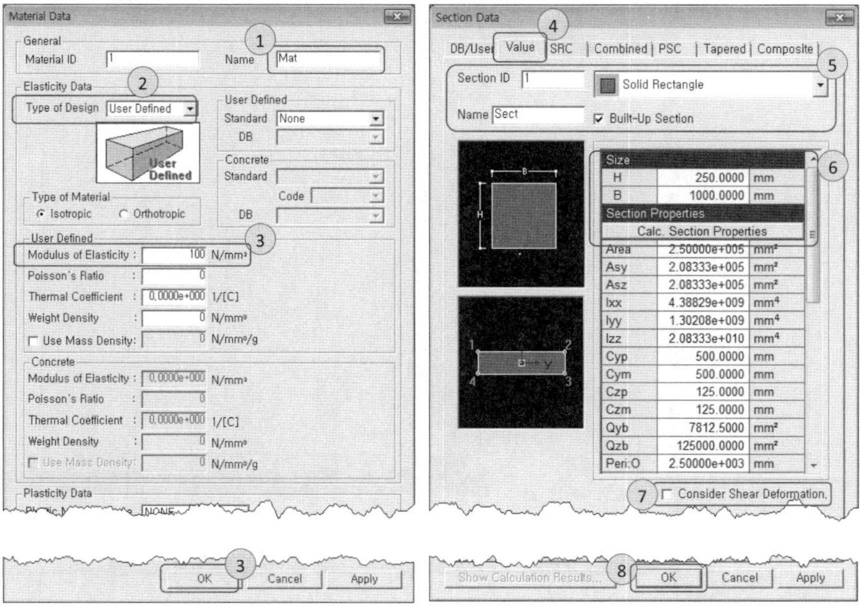

Tip

단면 Size 입력 후, [Calc. Section Properties] 버튼을 누르면 해당 단면 성능을 자동으로 계산하며, 해당 항목을 더블클릭하면 소수점 이하 자리수까지 상세히 볼 수 있다.

02.4 절점과 요소 생성

02.4.1 **절점 생성**

요소를 생성할 위치에 절점을 생성한다.

Main Menu 에서 ***Node/Element / Nodes / Create Nodes...***

1. 화면 하단 단위계를 **kN, m** 로 수정
2. Coordinates (x, y, z) : **'0, 0, 0'** 입력
   Copy 의 Number of Times: **'60'** 입력
   Distances (dx, dy, dz) : **'0,0,0.25'** 입력
3. **[Apply]** 클릭
4. **Display Node Numbers, Auto Fitting, Front View** (Toggle on)

Tip

Auto Fitting 은 모델이 전체 화면에 꽉 차게 들어오도록 실시간 자동으로 Zoom Size 를 조절한다.

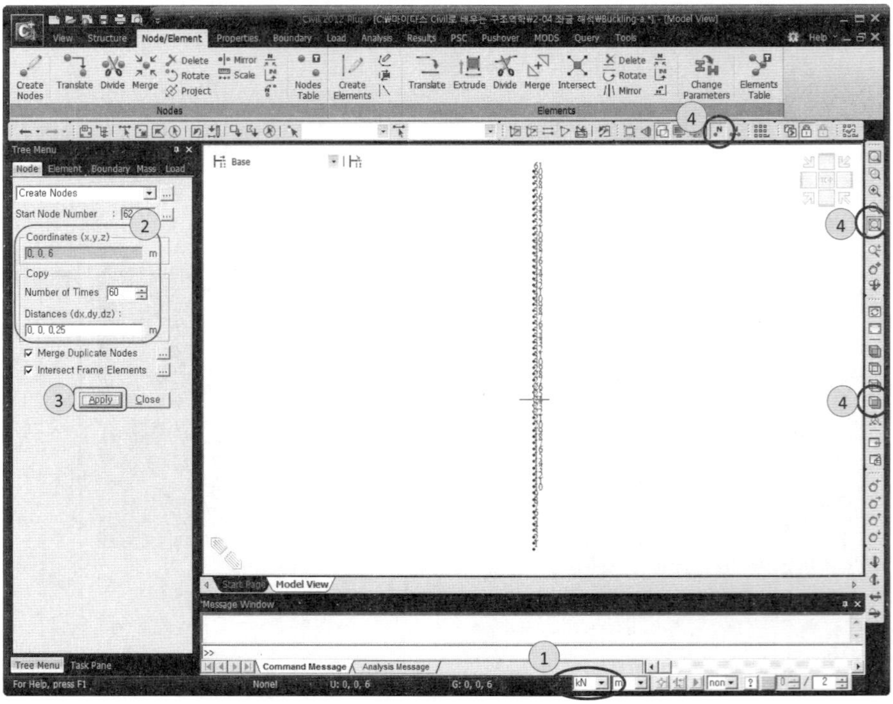

▶그림 4.8
절점 생성

02.4.2 **요소 생성** 절점을 연결하여 요소를 생성한다.

Main Menu 에서 ***Node/Element / Elements / Create Elements...***

1. Element Type > **General beam/Tapered beam** 선택
2. Material > **1:Mat** 선택, Section > **1:Sect** 선택
3. Nodal Connectivity 입력란을 클릭하여 초록색의 입력 대기 상태 확인 후 Model View 에서 **절점 1** 과 **절점 61** 을 순서대로 클릭

▶그림 4.9
요소 생성

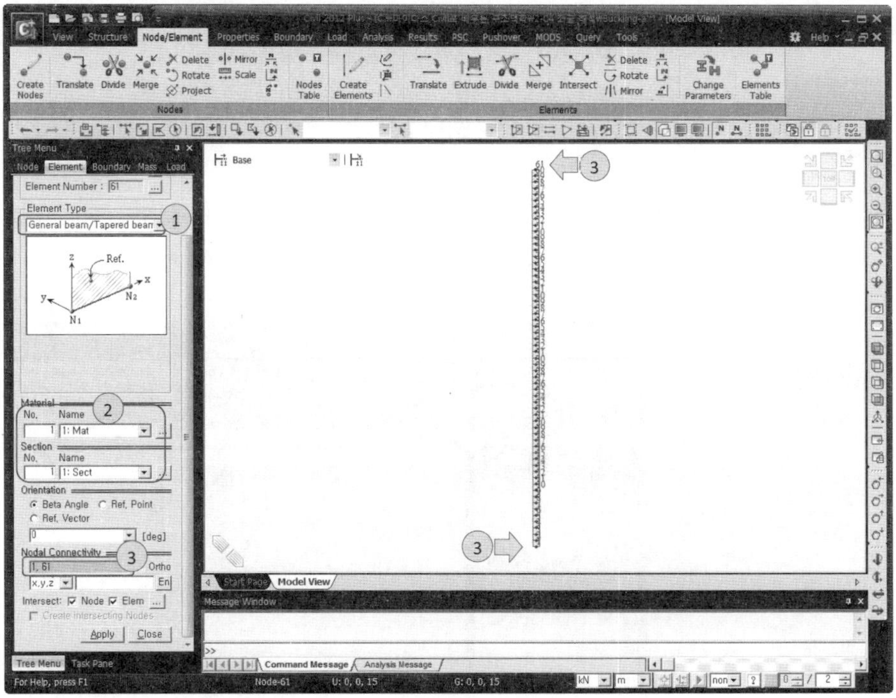

Tip

한 개의 부재를 여러 개의 요소로 나누어서 모델링하면 부재의 상세한 변형 결과를 확인할 수 있다.

02.5 경계조건 입력

기둥의 하단은 핀 지지조건, 상단은 롤러 지지조건을 입력한다.
본 예제와 같이 X-Z 평면에 관한 거동만이 허용되는 경우는 핀 지지조건으로 Dx, Dz 자유도를 구속하고, 롤러 지지조건으로는 Dx 자유도만을 구속한다.

Main Menu 에서 ***Boundary / Supports / Define Supports***

1. **Hidden** (Toggle off)
2. **Select Single** (Toggle on) 모드에서 하단의 **1 번 절점** 선택
3. Support Type > **Dx, Dz**(Check on), **[Apply]** 클릭
4. **Select Single** (Toggle on) 모드에서 상단의 **61 번 절점** 선택
5. Support Type > **Dx** (Check on), **Dz** (Check off), **[Apply]** 클릭

▶그림 4.10
지지조건 입력

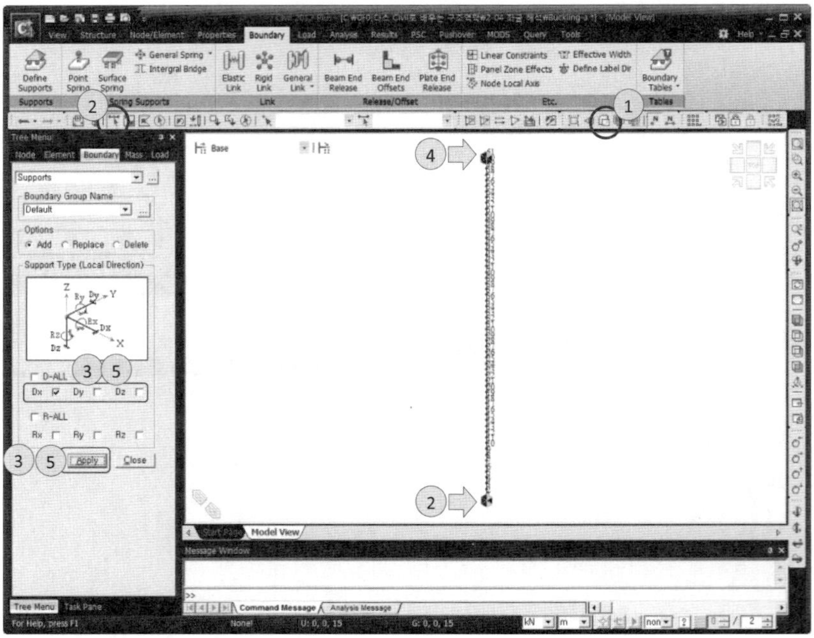

02.6 하중 입력

02.6.1 하중조건 정의

하중 입력을 위해 하중조건을 먼저 정의한다.

Main Menu 에서 ***Load / Static Loads / Static Load Cases***

1. Name : **'Case1'** 입력
   Type > **User Defined Load (USER)** 선택
2. **[Add]** 클릭, **[Close]** 클릭

▶그림 4.11
하중조건 정의

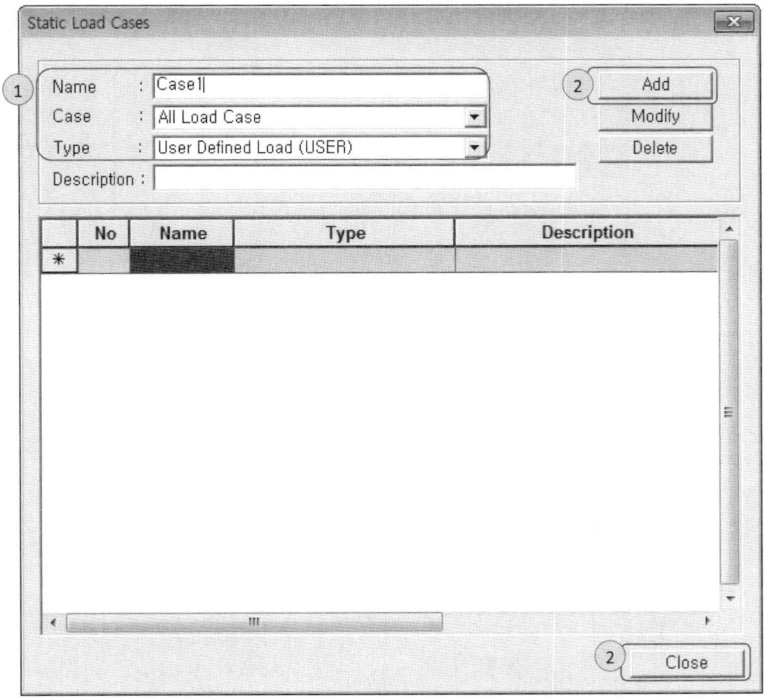

02.6.2 **하중 입력**

기둥 상단에 (-)Z 방향으로 절점하중 10 kN 을 제하한다.

Main Menu 에서 ***View / Display...***

1. **Load** 탭에서 Load Case > **Load Value** (Check on)
2. Nodal Load (Check on), **[OK]** 클릭

Main Menu 에서 ***Load /Nodal Loads...***

3. **Select Single** (Toggle on) 모드에서 **61 번 절점** 선택
4. Load Case Name > **Case1** 선택
5. Nodal Loads > FZ > **'-10'** 입력
6. **[Apply]** 클릭

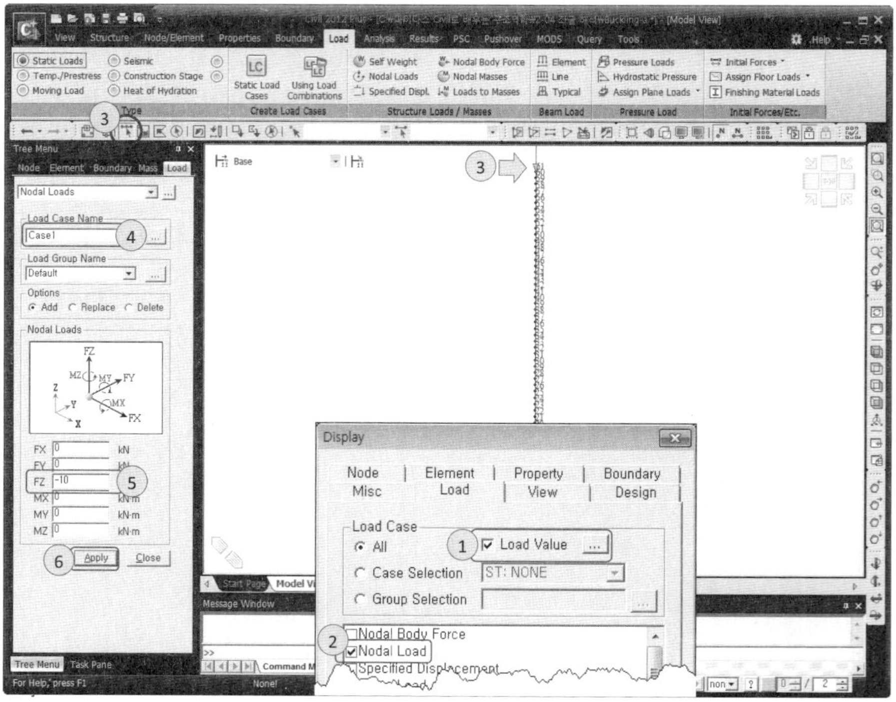

▶그림 4.12
절점하중 입력

02.7 구조해석 수행

02.7.1 좌굴 해석조건 입력

좌굴모드 수와 반복횟수 등 좌굴 해석을 수행하기 위한 기본 데이터를 입력한다.

Main Menu 에서 ***Analysis / Analysis Control / Buckling***

1. Number of Modes : **'5'** 입력
2. Load Factor Range **>** Search > From **: '0',** To **: '0'** 입력
   Buckling Combinations > Load Case > **Case1** 선택, Scale Factor : **'1'** 입력
3. **[Add]** 클릭
4. **[OK]** 클릭

▶그림 4.13 Buckling Analysis Control

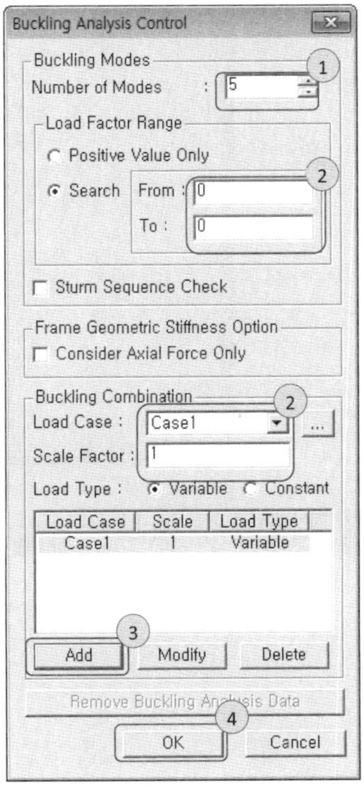

02.7.2 **좌굴 해석 수행** 입력을 마치고 좌굴 해석을 수행한다.

Main Menu 에서 ***Analysis / Perform Analysis*** 실행

1. Message Window 에서 해석 정상 종료 메시지 확인

해석 결과 검토의 편의를 위해 화면에 출력된 텍스트를 정리한다.

Main Menu 에서 ***View / Display...***

2. Load 탭에서 Nodal Load (Check off), **[OK]** 클릭

3. **Display Node Numbers** (Toggle off)

▶그림 4.14
해석 정상 종료 메시지

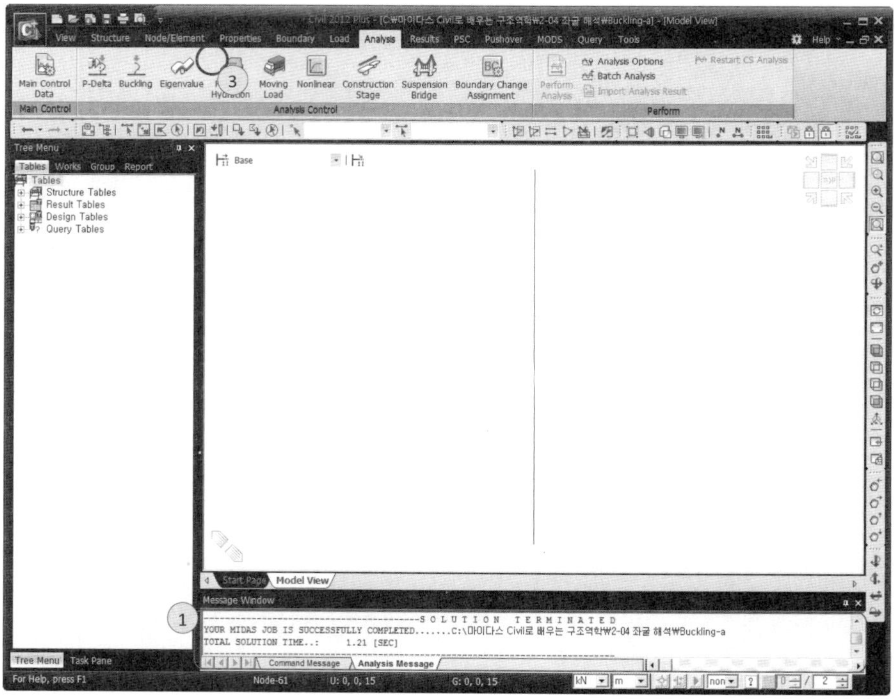

02.8 해석 결과 확인

02.8.1 좌굴모드

상하단 횡변위가 구속된 경우의 좌굴모드 형상을 확인한다.

Main Menu 에서 ***Results / Mode Shapes / Buckling Mode Shapes...***

1. Load Cases(Mode Numbers) > **Mode 1** 선택
2. Components > **Md-XYZ** 선택
3. Type of Display > **Undeformed, Legend** (Check on)
4. **[Apply]** 클릭
5. **CRITICAL LOAD FACTOR = 5.712E-001** 확인

▶그림 4.15
좌굴모드 형상

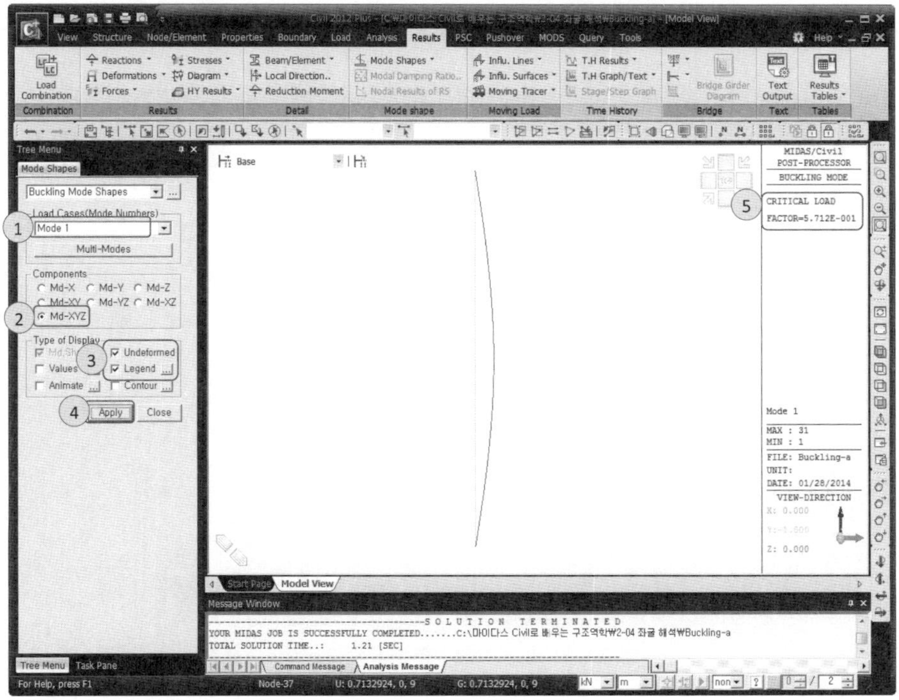

02.8.2 **임계하중 계산** 임계하중을 계산하기 위한 고유치 결과를 확인한다.

Main Menu 에서 ***Results / Results Tables / Buckling Mode Shape...***

1. Records Activation Dialog > Buckling Mode > **Mode1,2,3,4,5** (Check on)
2. **[OK]** 클릭
3. 모드별 **Eigenvalue** 값 확인

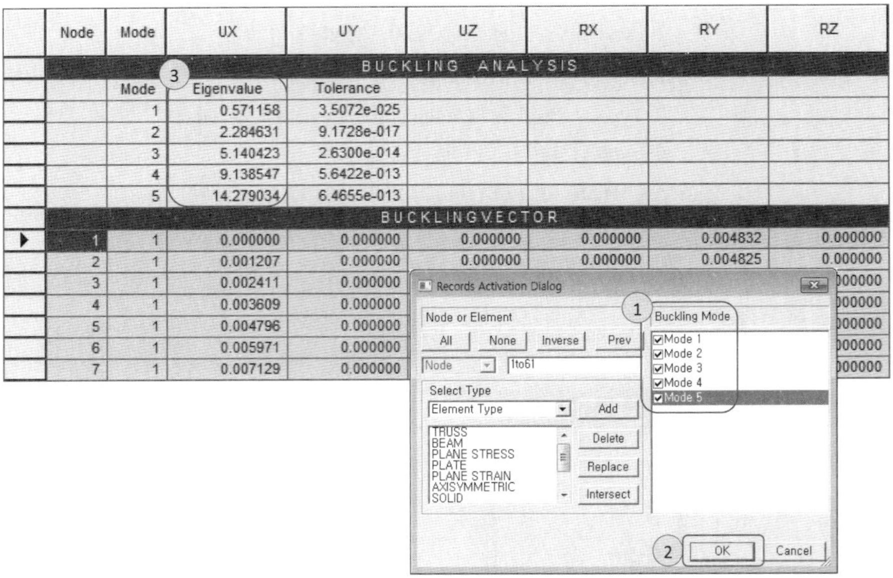

▶그림 4.16
고유치 해석 결과

02.8.3 **경계조건에 따른 결과 비교**

횡변위가 구속되지 않았을 경우와 비교하기 위하여 파일을 다른 이름으로 저장하고, 부재 상단 61 번 절점의 경계조건을 자유단으로 수정한다.

Main Menu 에서 ***Files / Save As...***

1. 파일 이름 : **'Buckling-b'** 입력, **[저장]** 클릭

2. Tree Menu> Works 탭 클릭
3. Works>Boundaries>Supports : 2 > Type 1 에서 마우스 우 클릭 후, **Properties** 선택
   Support Type > **Dx, Dz, Ry** (Check on), **[Apply]** 클릭, **[Close]** 클릭
4. Works>Boundaries>Supports : 2 > Type 2 에서 마우스 우 클릭 후, Properties 선택
   Support Type > **Dx, Dy, Dz, Rx, Ry, Rz** (Check off), **[Apply]** 클릭, **[Close]** 클릭

▶그림 4.17
경계조건 수정

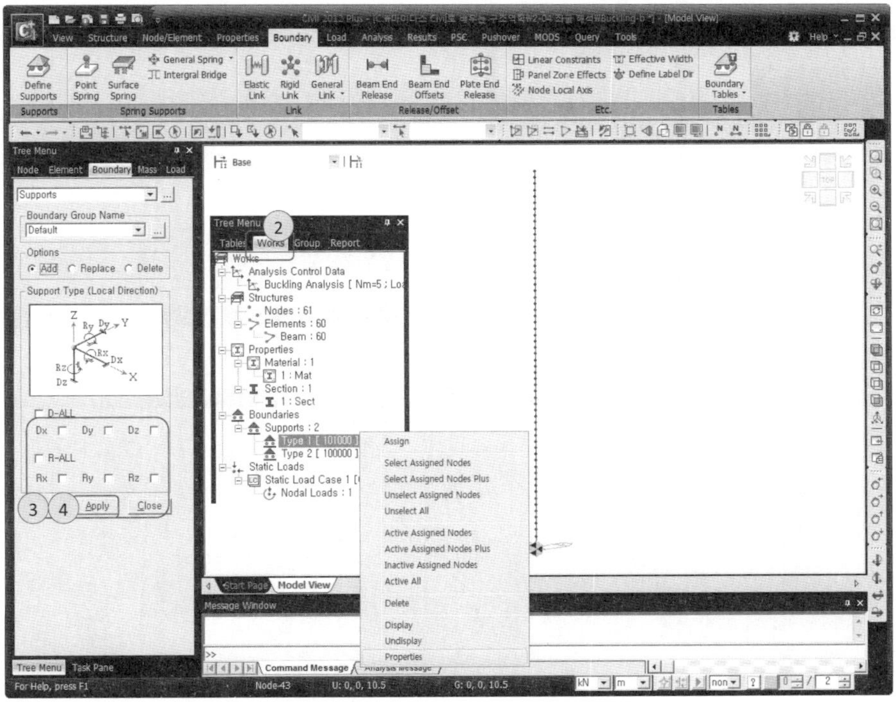

변경된 경계조건으로 좌굴 해석을 수행하고 좌굴모드와 임계하중을 확인한다.

Main Menu 에서 ***Analysis / Perform Analysis*** 실행

1. Message Window 에서 해석 정상 종료 메시지 확인

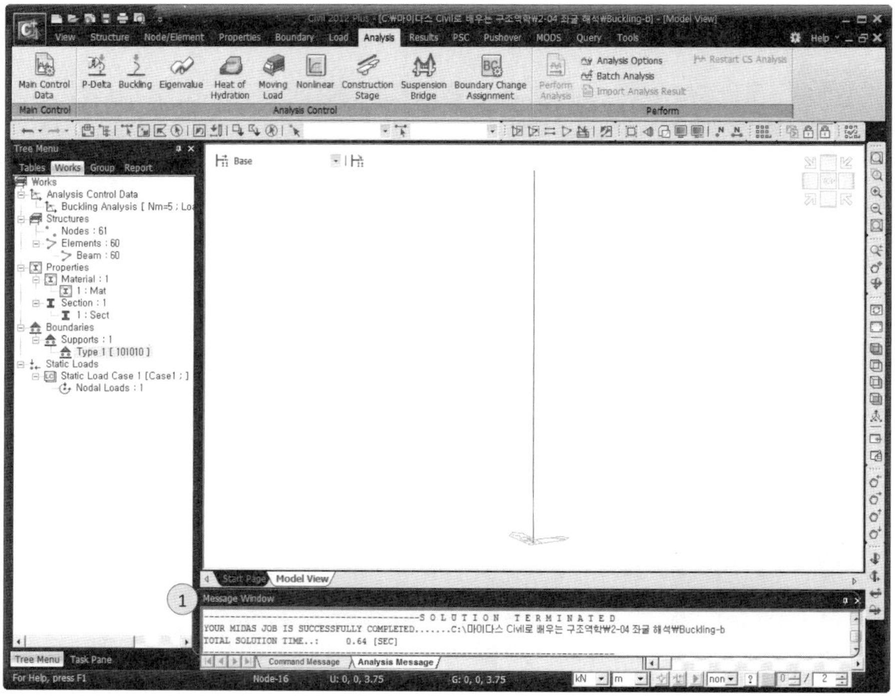

▶그림 4.18
해석 정상 종료

02.8.4 **좌굴모드** 상단 횡변위가 구속되지 않은 경우의 좌굴모드 형상을 확인한다.

Main Menu 에서 ***Results / Buckling Mode Shapes...***

1. Load Cases(Mode Numbers) > **Mode 1** 선택
2. Components > **Md-XYZ** 선택
3. Type of Display > **Undeformed, Legend** (Check on)
4. **[Apply]** 클릭
5. **CRITICAL LOAD FACTOR = 1.428E-001** 확인

▶그림 4.19
좌굴모드 형상

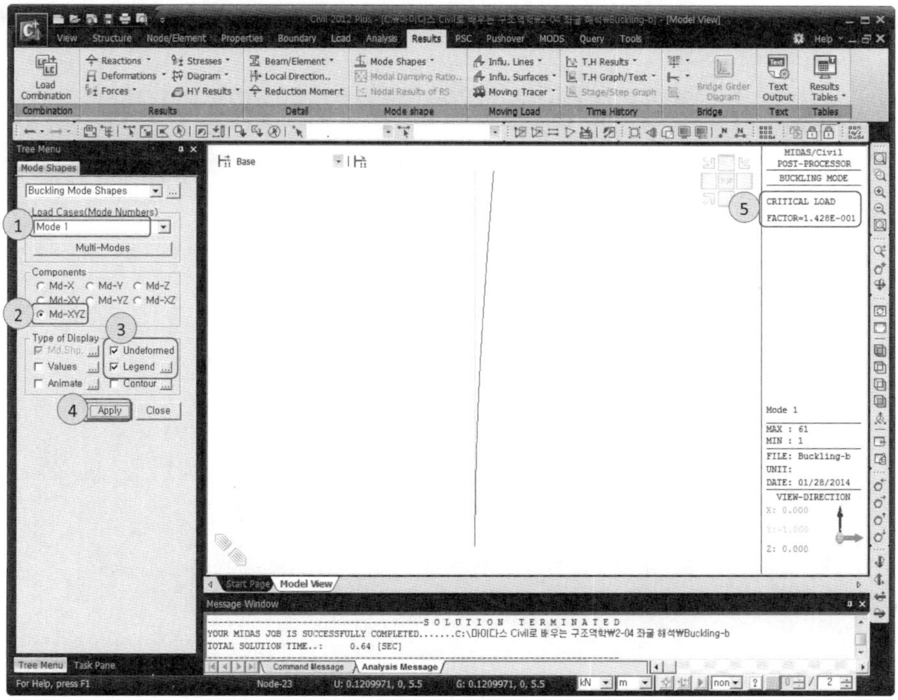

02.8.5 **임계하중 계산** 임계하중을 계산하기 위하여 좌굴 해석 결과 테이블에서 고유치를 확인한다.

Main Menu 에서 ***Results / Results Tables / Buckling Mode Shape...***

1. Records Activation Dialog > Buckling Mode > **Mode1,2,3,4,5** (Check on)
2. **[OK]** 클릭
3. 모드별 **Eigenvalue** 값 확인

▶그림 4.20
고유치 해석 결과

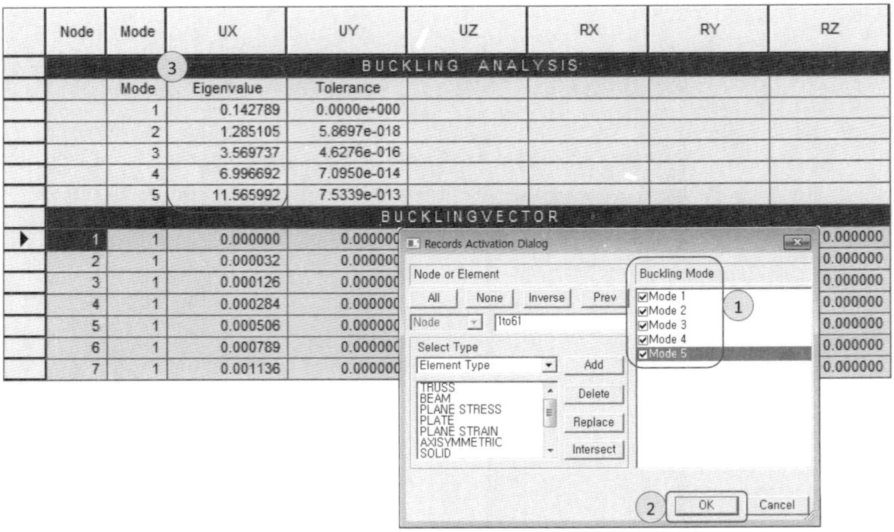

03. 풀어보기

03.1 역학적 개념의 이해 및 수계산

예제 구조는 단부가 힌지이므로 1 장의 식 1.1 로부터 다음과 같은 식을 얻을 수 있다.

▶식 4.10

$$w'' + \frac{P}{EI} w = 0$$

미분방정식의 해인 w 의 형상은 다음과 같이 가정 된다.

▶식 4.11

$$w(x) = A_1 \sin\left(\sqrt{\frac{P}{EI}} x\right) + A_2 \cos\left(\sqrt{\frac{P}{EI}} x\right)$$

미분방정식에 $w(x)$를 대입하고 경계조건($w(0)=0,\ w(\ell)=0$)을 적용하면, 다음과 같은 최종 결과가 얻어진다.

▶식 4.12

$$\sin\left(\sqrt{\frac{P}{EI}} \ell\right) = 0 \qquad \text{혹은} \qquad \sqrt{\frac{P}{EI}} \ell = n\pi$$

따라서 좌굴하중은 다음과 같이 구할 수 있다.

▶식 4.13

$$P_{cr} = n^2 \frac{\pi^2 EI}{(k\ell)^2}$$

여기에서 k 는 변형 형상을 표현하는 계수이며, 횡변위가 구속된 단순지지 형상은 $k = 1.0$, 횡변위가 구속되지 않은 캔틸레버 형상은 $k = 2.0$ 이다. 그리고 $k = 1.0$ 이고 $n = 1$ 인 경우의 좌굴하중을 오일러하중이라고 하기도 한다. 해석 결과의 비교를 위하여 좌굴하중을 고유치로 표현하면 다음과 같다.

▶식 4.14

$$\text{고유치} = \frac{P_{cr}}{\text{작용하중}} = \frac{P_{cr}}{10\text{kN}}$$

다음 표는 위와 같은 방법으로 얻어진 값을 해석 결과와 비교하여 나타낸 것이다.

▶표 4.2
수계산 결과 비교

	n	k	좌굴하중 (kN)	고유치 (Eigenvalue)	고유치 해석 결과 (Critical Load)
횡변위 구속 있음	1	1	5.7116	0.57116	0.57120
	2	1	22.8463	2.28463	2.28464
	3	1	51.4042	5.14042	5.14045
	4	1	91.3852	9.13855	9.13859
	5	1	142.7903	14.27903	14.27911
횡변위 구속 없음	1	2	1.4279	0.14279	0.14279

▶그림 4.21
좌굴 해석 결과

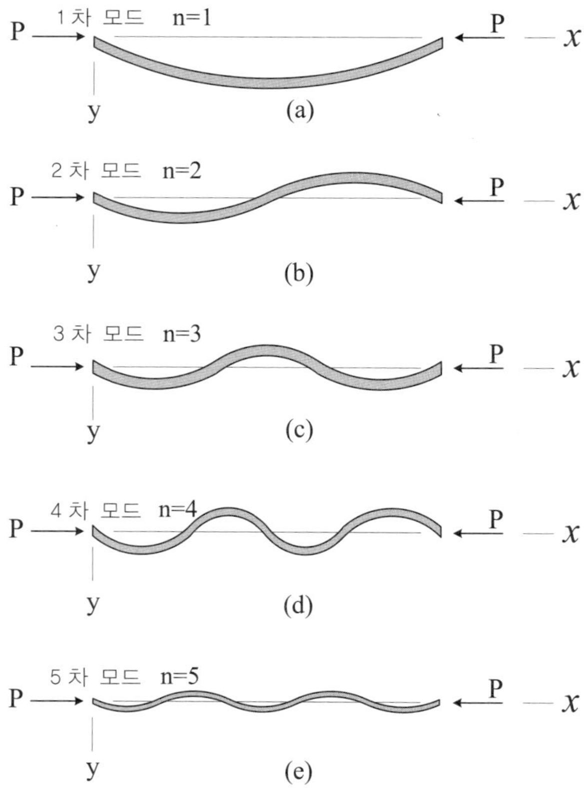

P-delta 해석에서 유도된 방법으로 좌굴 해석을 수행하고 그 결과를 비교해 보자. 2 장의 식 2.4 에 경계조건을 적용하면 다음과 같은 식이 된다.

▶식 4.15

$$\lambda = -\frac{P\ell^2}{30EI}$$

$$\begin{bmatrix} \frac{12EI}{\ell^3} & \frac{6EI}{\ell^2} \\ \frac{6EI}{\ell^2} & \frac{4EI}{\ell} \end{bmatrix} \begin{Bmatrix} w_1 \\ \theta_1 \end{Bmatrix} + \lambda \frac{EI}{\ell^2} \begin{bmatrix} \frac{36}{\ell} & 3 \\ 3 & 4\ell \end{bmatrix} \begin{Bmatrix} w_1 \\ \theta_1 \end{Bmatrix} = \frac{EI}{\ell^3} \begin{bmatrix} 12+36\lambda & 6\ell+3\ell\lambda \\ 6\ell+3\ell\lambda & 4\ell^2+4\ell^2\lambda \end{bmatrix} \begin{Bmatrix} w_1 \\ \theta_1 \end{Bmatrix} = \begin{Bmatrix} 0 \\ 0 \end{Bmatrix}$$

우측 항이 영(0)이 되어야 하므로 행렬식(determinant)이 영(0)이 되어야 한다.

$$\lambda = -0.08287 = -\frac{P\ell^2}{30EI}$$

$$P_{cr} = 2.4861\frac{EI}{\ell^2} \qquad \left(exact = \frac{n^2\pi^2 EI}{(kL)^2} = \frac{\pi^2 EI}{(2L)^2} = 2.4674\frac{EI}{L^2} \right)$$

이상과 같이 오일러 하중에 비해 차이가 발생하는 이유는 좌굴변형의 형상에 대한 가정이 다르기 때문이다. 오일러 하중은 변형 형상을 삼각함수(sin 함수)로 가정한 반면에, P-delta 해석에서 유도된 좌굴 해석에서는 변형 형상을 3 차식으로 가정한다. 오일러 하중보다 P-delta 해석의 가정에 의한 값이 크게 발생한 이유는 sin 함수가 3 차식보다 에너지가 더 적게 소요되는 변형 형상일 것이라고 설명할 수 있다.

좌굴 해석에서 P-δ 효과를 무시한 P-Δ 효과만을 고려하고자 한다면, 트러스 요소에 대한 P-Δ 효과 식을 사용할 수 있다. 그림 4.3 에서 횡변위 w 가 발생했을 때 횡반력의 크기는 $3EI/\ell^3$ 이므로 좌굴이 발생할 때 모멘트에 대한 평형방정식은 다음과 같이 나타낼 수 있다.

▶식 4.16

$$\left(\frac{3EI}{\ell^3}w\right)\ell - P_{cr}w = 0 \qquad \therefore \quad \left[\frac{3EI}{\ell^2} - P_{cr}\right]w = 0$$

위 식이 영이 되기 위해서는 좌굴하중이 다음과 같아야 한다.

$$\frac{3EI}{\ell^2} - P_{cr} = 0 \qquad \therefore \quad P_{cr} = 3.0\frac{EI}{\ell^2}$$

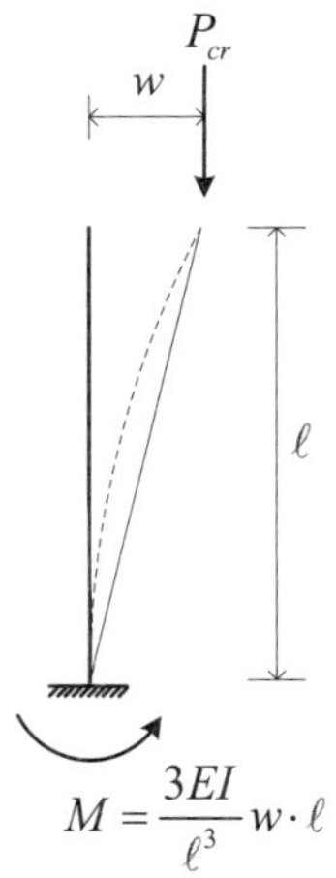

▶그림 4.22
좌굴 해석

좌굴 해석에서 P-δ 효과를 무시한 P-Δ 효과만을 고려한 경우에도 약 21.5% 정도의 오차로 좌굴하중을 예측함을 알 수 있다.

04. 연습문제

1. 아래 그림과 같은 경계조건을 가진 기둥부재의 좌굴모드 형상과 임계하중을 구하시오.

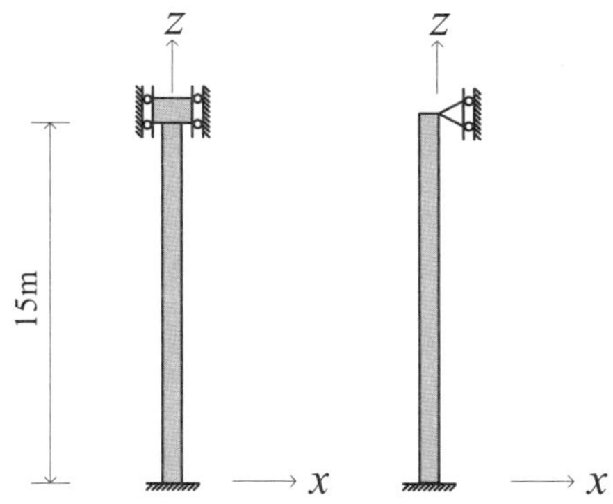

- ***Material***
  탄성계수 : 100 N / mm^2
- ***Section***
  단면 형상 : 직사각형
  단면 크기 : B × H = 1000mm × 250mm
- ***Load***
  상부 절점에 하향 절점하중 10 kN 재하

5. 고유치 해석

TABLE OF CONTENTS

01 이해하기

02 따라하기

03 풀어보기

01. 이해하기

01.1 고유치 해석의 개념

01.1.1 **일반사항**

고유치 해석은 구조물 고유의 동적 특성을 분석하는데 사용되며 자유진동해석(free vibration analysis)이라고도 한다. 구조물의 동적 특성을 나타내는 지표인 고유진동수와 모드 형상을 계산하는 방법으로서 Civil 에서는 고유벡터 해석과 리츠(Ritz)벡터 해석의 두 가지 방법을 지원하고 있다. 두 방법 모두 구조물의 고유치 문제의 특성방정식을 구성하고 그 해를 구하는 방법이지만, 후자의 경우는 사용자가 설정한 하중 방향과 연관된 고유모드를 구하기 때문에 응답스펙트럼 해석이나 시간이력 해석에서 보다 높은 효율성을 갖는 것으로 알려져 있다.

고유치 해석을 통해 구해지는 구조물의 주요한 동적 특성은 고유모드(또는 모드형상), 고유주기(또는 고유진동수), 그리고 모드기여계수(modal participation factor) 등이며, 이들은 구조물의 질량과 강성에 의해 결정된다.

고유모드는 구조물이 자유진동(또는 변형)할 수 있는 일종의 고유 형상이며, 주어진 모양으로 변형시키기 위해 소요되는 에너지(또는 힘)가 제일 적은 것부터 순차적으로 1 차 모드 형상(또는 기본 진동 형상), 2 차모드 형상,⋯, n 차모드 형상이라고 한다. 그림 5.1 은 외팔보의 진동모드를 저차부터(적은 에너지로 변형시킬 수 있는 모양부터) 순차적으로 나타낸 것이다.

고유주기는 고유모드와 일대일 대응되는 고유한 값으로 구조물이 자유진동 상태에서 해당 모드형상으로 1 회 진동하는데 소요되는 시간을 의미한다.

▶그림 5.1
균일단면을 가진 외팔보의 고유모드

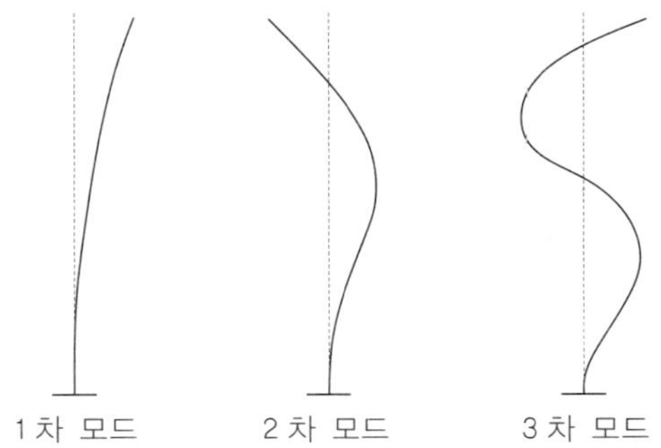

일반 내진설계기준에서는 해석에 포함되는 모드별 유효질량(effective modal mass)의 합이 전체 질량의 90% 이상을 확보하도록 요구하고 있다. 이는 해석 결과에 영향을 주는 대부분의 주요 모드를 포함하도록 하기 위한 것이다.

01.1.2 해석 개념

고유치는 1 장의 식 1.6 을 사용하여 해를 구할 수 있다. 즉 그림 1.3 에서 하중항이 없는 경우에 대하여 힘의 평형 조건을 적용하면 된다.

▶식 5.1

$$EIw'''' + m\ddot{w} = 0$$

위 식은 고유치 해석을 위한 식이므로 하중항은 포함하고 있지 않으므로 고유치 해석은 수학적인 면에서 좌굴 해석과 동일하다. 보의 시간에 따른 처짐 $w(x,\ t)$를 거리와 시간의 함수로 분리하면 $w(x,t)=\phi(x)Y(t)$가 되며, 미분방정식은 다음과 같이 정리된다.

▶식 5.2

$$\frac{\phi''''(x)}{\phi(x)} + \frac{m}{EI}\frac{\ddot{Y}(t)}{Y(t)} = 0$$

여기서 $\phi(x)$는 고유모드의 형상을 의미하며, $Y(t)$는 시간의 함수로 고유주기 등을 산정하게 해 준다. 식 5.2 를 만족시키기 위해서는 각각의 항이 상수가 되어야 하므로 다음과 같이 가정할 수 있다.

▶식 5.3

$$\frac{\phi''''(x)}{\phi(x)} \equiv a^4, \qquad -\frac{m}{EI}\frac{\ddot{Y}(t)}{Y(t)} \equiv a^4$$

각각의 미분방정식은 다음과 같이 표현된다.

▶식 5.4

$$\phi''''(x) - a^4\phi(x) = 0$$

▶식 5.5

$$\ddot{Y}(t) + \omega^2 Y(t) = 0$$ 여기서, $\omega \equiv a^2\sqrt{\frac{EI}{m}}$, 혹은 $a^2 = \omega\sqrt{\frac{m}{EI}}$

위의 식 5.4 에 대한 일반 해는 다음과 같이 나타낼 수 있으며, 계수 A_i 는 경계조건에 따라 구해진다.

▶식 5.6

$$\phi(x) = A_1 \cos ax + A_2 \sin ax + A_3 \cosh ax + A_4 \sinh ax$$

식 5.5 에서 a 가 구해지면 고유모드의 형상을 알 수 있게 되며, 식 5.6 을 통해서 고유치인 ω 를 산정할 수 있다. 식 5.5 와 식 5.6 에 의한 고유치 해를 구하는 과정은 3 절의 풀어보기에 예제와 함께 설명되어 있다.

02. 따라하기

02.1 모델 개요

다음 그림과 같이 단순지지된 샤프트(shaft)에 대하여 고유치 해석을 수행한다.
사용된 shaft 모델은 밀도(γ)가 0.0001 N·sec^2/mm^4 인 Model 1 과 밀도(γ)가 0.0002 N·sec^2/mm^4 인 Model 2 의 두 가지이며, 밀도(γ)에 따른 고유진동수의 변화를 살펴본다.

▶그림 5.2
(a) 단순지지 shaft
(b) 해석 모델

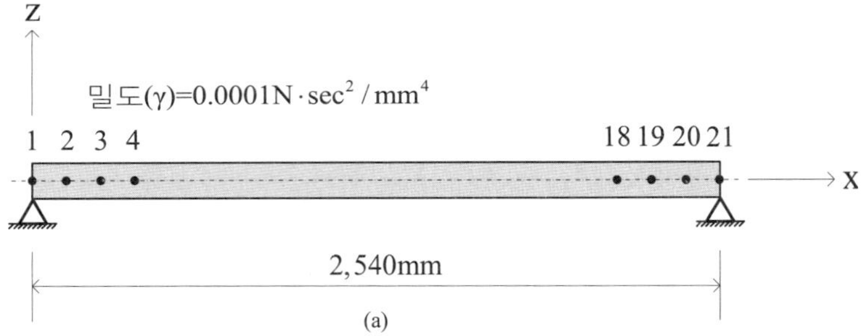

(a)

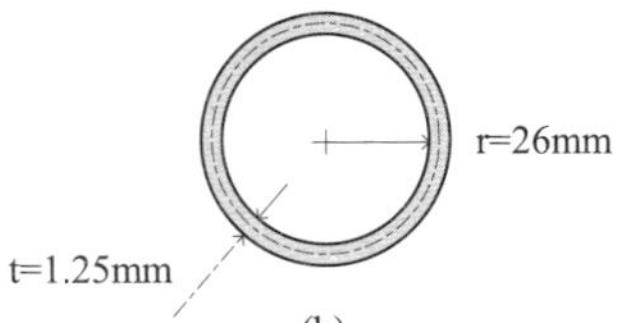

(b)

- ***Material***
  탄성계수 : 2.0×10^5 N / mm^2
- ***Section***
  단면적(Area) : 200 mm^2
  단면 2 차모멘트(I_{yy}) : 65,000 mm^4
  반지름(radius) : 26 mm
  두께(thickness) : 1.25 mm
  중력가속도(g) : 9,806 mm/sec^2

02.2 작업환경 설정

02.2.1 **단위계 설정**

새 파일을 열고 파일명을 저장한다.

Main Menu 에서 ***File / New Project...***
Main Menu 에서 ***File / Save***
1. 파일 이름 : **'Eigenvalue 1'** 입력 후 **[저장]** 클릭

예제에서 사용할 단위계를 설정한다.

Main Menu 에서 ***Tools / Unit System...***
2. Length > **mm**, Force(Mass) > **N** 선택
3. **[OK]** 클릭

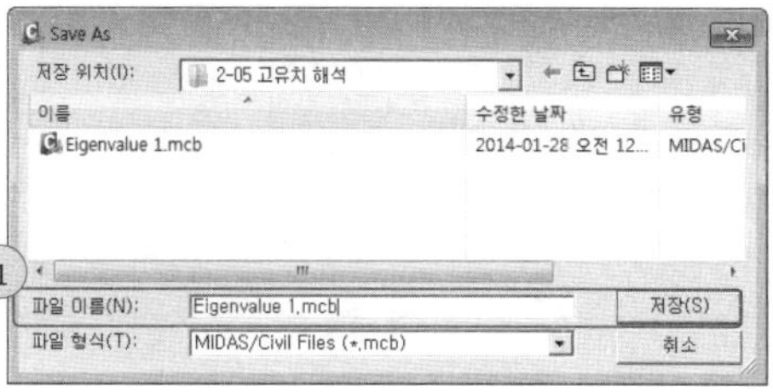

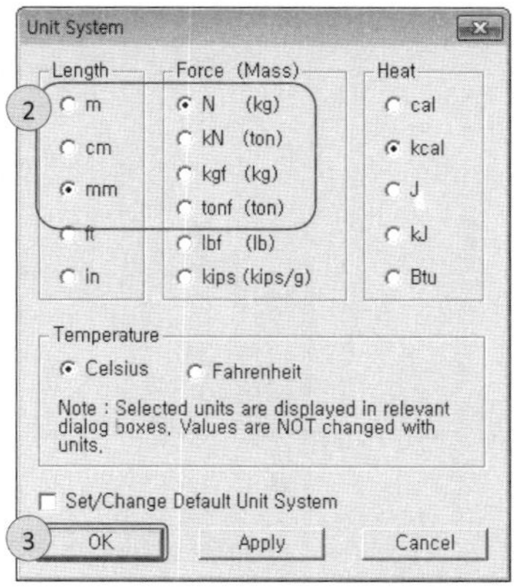

▶그림 5.3
(a) 파일 저장
(b) 단위계 설정

Tip
단위계 설정은 화면 하단 Status bar 에서도 간편하게 설정이 가능하다.

02.2.2 작업 평면 설정

본 예제에서는 전체좌표계(Global Coordinate System, GCS)를 기준으로 X-Z 평면의 거동만을 허용하므로 Structure Type 을 2-D 거동 구조물(X-Z Plane)로 지정한다.
자중이 절점질량으로 자동 치환되도록 설정한다.

Main Menu 에서 ***Structure / Structure Type...***

1. Structure Type > **X-Z Plane** 선택
2. Convert Self-weight into Masses (Check on) > **Convert to Z** 선택
3. **[OK]** 클릭

▶그림 5.4
작업 평면 설정

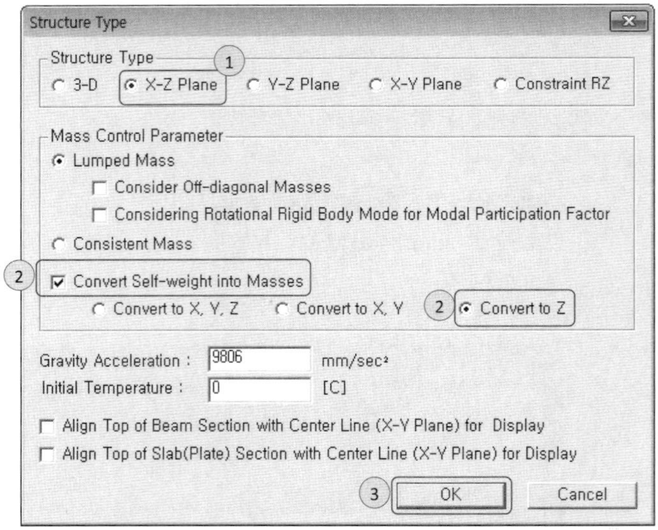

02.3 재질과 단면 정의

모델에 사용될 재질 및 단면은 해석의 편의를 위하여 사용자가 임의 값을 지정하는 User Defined Type 과 Value Type 을 이용한다.

Main Menu 에서 ***Properties / Material Properties***

1. **[Add...]** 클릭, Name : **'Mat'** 입력
2. Elasticity Data > Type of Design > **User Defined** 선택,
3. User Defined > Modulus of Elasticity : **'2.0e5'**, Weight Density : **'0.0001'** 입력**, [OK]** 클릭
4. **Section** 탭 클릭, **[Add...]** 클릭, **Value** 탭 클릭
5. Section Shape 목록 > **Pipe** 선택, Name : **'Sect'** 입력
6. Size > D : **'52'**, tw : **'1.25'** 입력, Section Properties > Area : **'2.0e2'**, I_{yy} : **'6.5e4'** 입력
7. **Consider Shear Deformation** (Check off)
8. **[OK]** 클릭, **[Close]** 클릭

▶그림 5.5
(a) 재질 정의
(b) 단면 정의

Tip

단면 Size 입력 후, [Calc. Section Properties] 버튼을 누르면 해당 단면 성능을 자동으로 계산하며, 해당 항목을 더블클릭하면 소수점 이하 자리수까지 상세히히히하게 볼 수 있다.

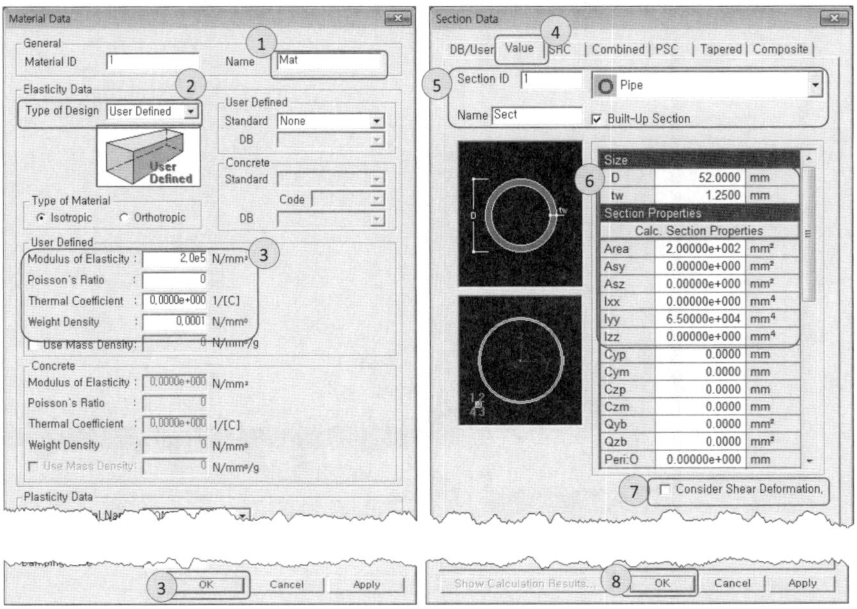

02.4 절점과 요소 생성

02.4.1 **절점 생성**

요소를 생성할 위치에 절점을 생성한다.

Main Menu 에서 ***Node/Element / Nodes / Create Nodes...***

1. Coordinates (x, y, z) : **'0, 0, 0'** 입력
2. Copy 의 Number of Times: **'20'** 입력
   Distances (dx, dy, dz) : **'127,0,0'** 입력
3. **[Apply]** 클릭
4. **Display Node Numbers, Auto Fitting, Front View** (Toggle on)

Tip
Auto Fitting 은 모델이 전체 화면에 꽉 차게 들어오도록 실시간 자동으로 Zoom Size 를 조절한다.

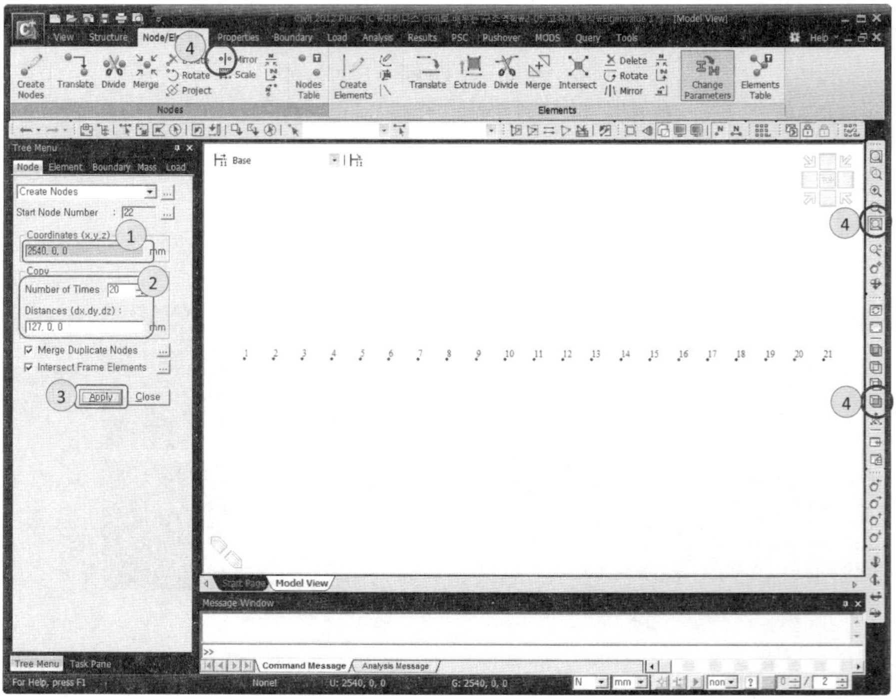

▶그림 5.6
절점 생성

02.4.2 **요소 생성** 절점을 연결하여 요소를 생성한다.

Main Menu에서 ***Node/Element / Elements / Create Elements...***

1. Element Type > **General beam/Tapered beam** 선택
2. Material > **1:Mat** 선택, Section > **1:Sect** 선택
3. Nodal Connectivity 입력란을 클릭하여 초록색의 입력 대기 상태 확인 후 Model View에서 **절점 1**과 **절점 21**을 순서대로 클릭

▶그림 5.7
요소 생성

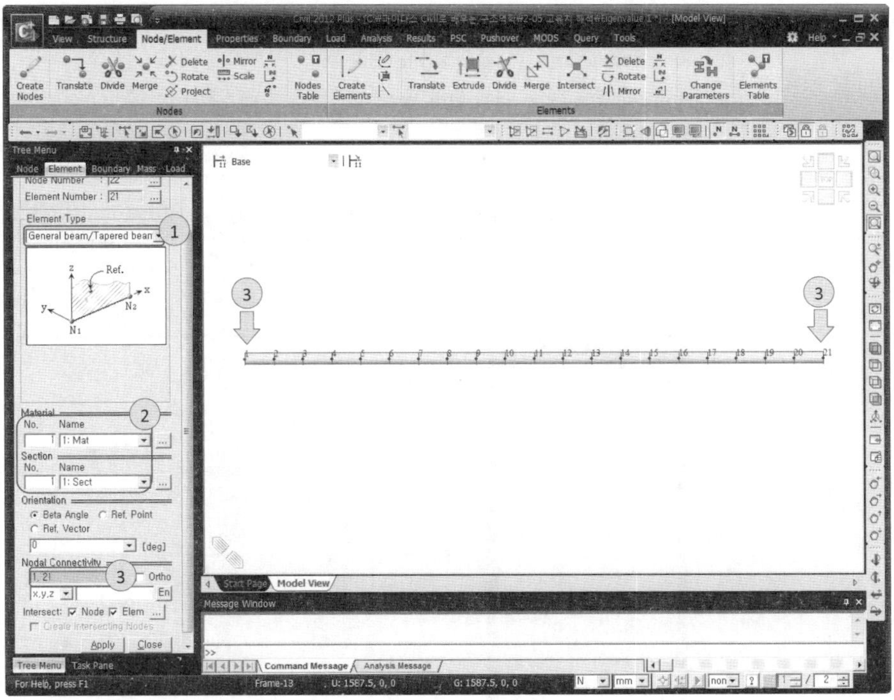

Tip

한 개의 부재를 여러 개의 요소로 나누어서 모델링하면 부재의 상세한 변형 결과를 확인할 수 있다.

02.5 경계조건 입력

본 예제와 같이 X-Z 평면에 관한 거동만이 허용되는 경우는 핀 지지조건으로 Dx, Dz 자유도를 구속하고 롤러 지지조건으로는 Dz 자유도만을 구속한다.

Main Menu 에서 ***Boundary / Supports / Define Supports***

1. **Hidden** (Toggle off)
2. **Select Single** (Toggle on) 모드에서 양 단부 지점 **1, 21 번 절점** 선택
3. Support Type > **Dx, Dz**(Check on)
4. **[Apply]** 클릭

▶그림 5.8
지지조건 입력

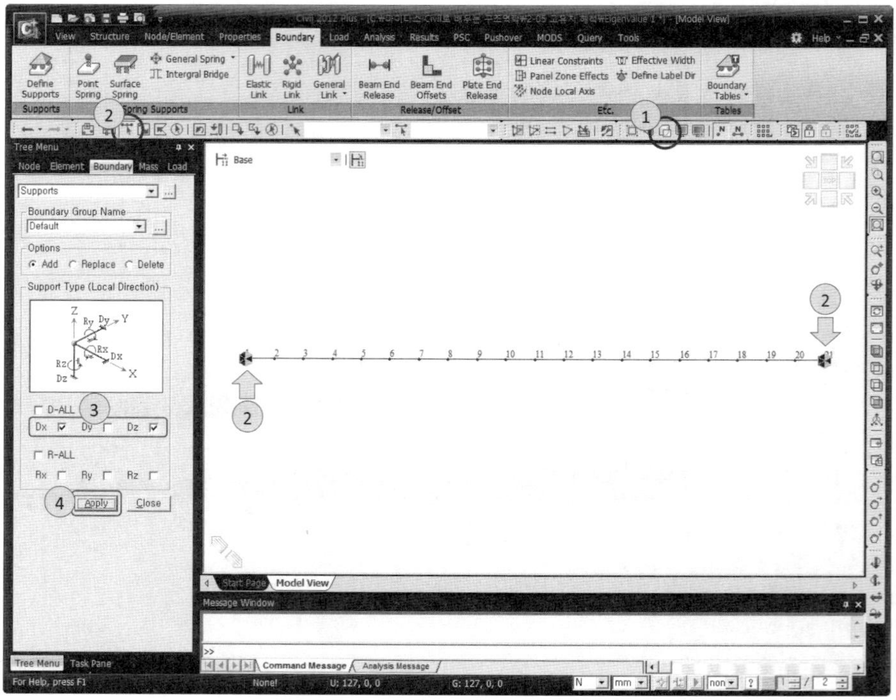

02.6 하중 입력

02.6.1 **고유치 입력**

고유치 해석을 위해 해석 데이터를 입력한다.

Main Menu에서 ***Analysis / Analysis Control / Eigenvalue***

1. Type of Analysis > Eigen Vectors > **Subspace Iteration** 선택
2. Eigen Vectors > Number of Frequencies : **'6'** 입력
3. Eigenvalue Control Parameters > Number of Iteration : **'20'** 입력
   Subspace Dimension : **'0'** 입력, Convergence Tolerance : **'1e-006'** 입력
4. **[OK]**

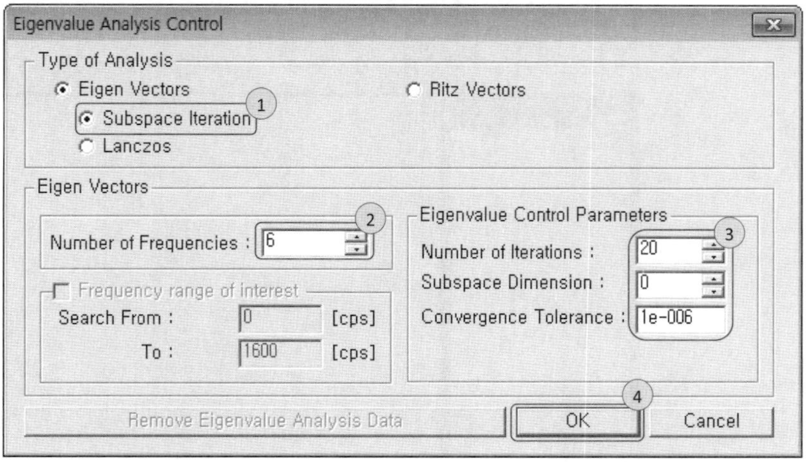

▶그림 5.9
고유치 해석 데이터 입력

02.7 구조해석 수행

모델 생성 및 고유치 해석 정보 입력을 마치고 해석을 수행한다.

Main Menu 에서 ***Analysis / Perform Analysis*** 실행

1. Message Window 에서 해석 정상 종료 메시지 확인

해석 결과 검토의 편의를 위해 화면에 출력된 텍스트를 정리한다.

2. **Display Node Numbers** (Toggle off)

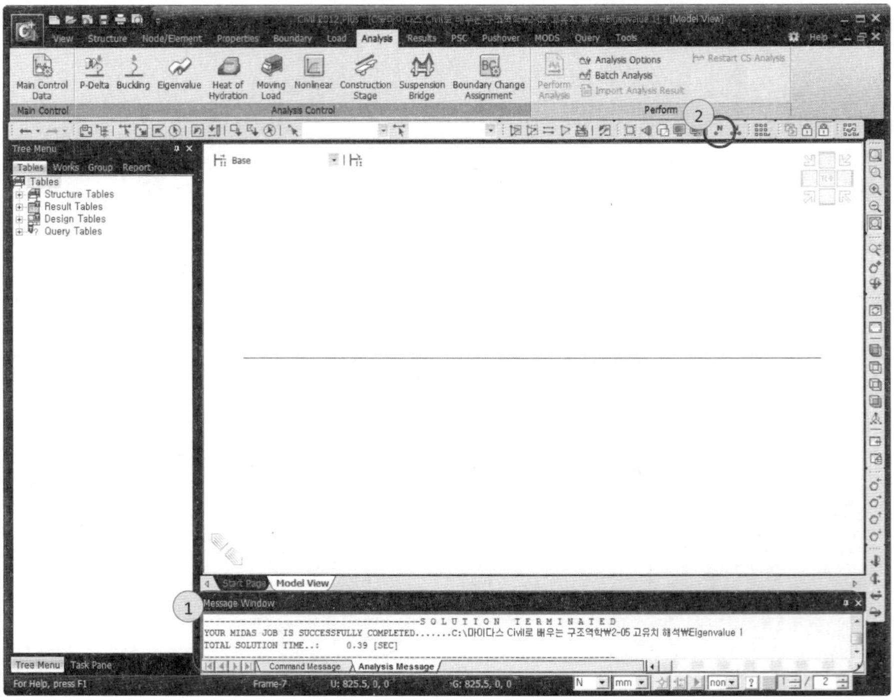

▶그림 5.10
해석 정상 종료 메시지

02.8 해석 결과 확인

02.8.1 고유치 결과 확인

본 예제에서는 ***Result Tables***를 이용하여 고유치 해석의 결과를 확인한다.

고유진동수(natural frequency)는 구조물에 외력과 감쇠(damping)가 작용하지 않은 상태에서 구조물의 강성과 질량에 의해 발생하는 자유진동(free vibration)의 진동수를 말한다. 이는 구조물이 갖는 고유의 동적 특성이며 구조물의 동적 거동을 판단하는 지표가 된다.

Main Menu 에서 ***Results / Result Tables / Vibration Mode Shape...***

1. Records Activation Dialog 대화창, **[OK]** 클릭
2. 테이블에서 모드별 주기 등 고유치 결과 확인

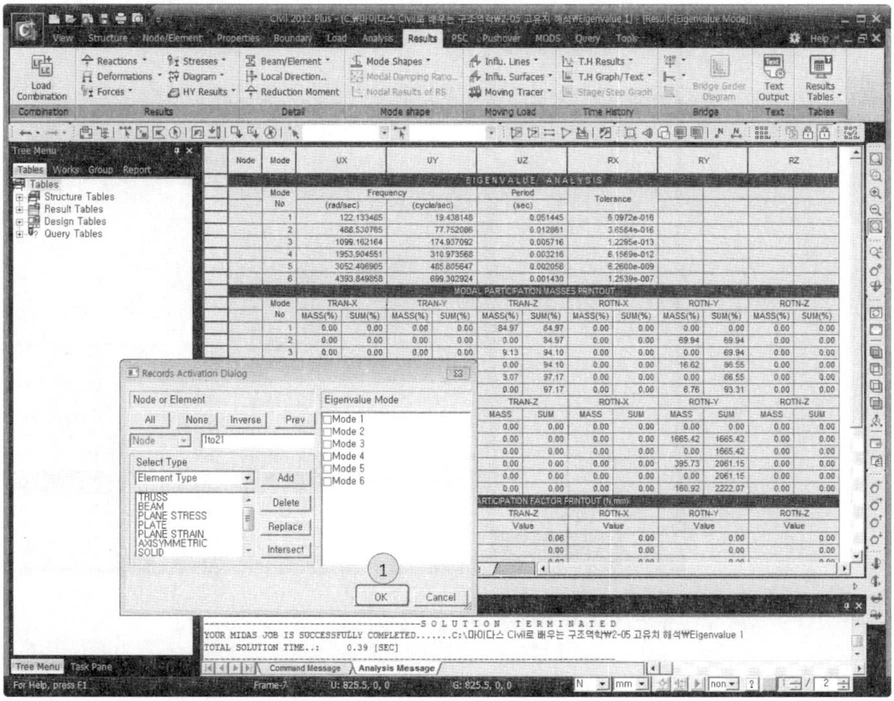

▶그림 5.11
고유치 해석 결과 테이블

02.8.2 **모드 형상 확인** 1 차모드에 대한 모드 형상(mode shape)과 고유진동수를 확인한다.

Model View 탭 클릭

Main Menu 에서 ***Results / Mode Shapes / Vibration Mode Shapes...***

1. Load Cases(Mode Numbers) > **Mode 1** 선택
2. Components > **Md-XZ** 선택
3. Type of Display > **Legend** (Check on)
4. Md.Shp. 옆의 **[...]**클릭

   Mode Shape Scale Factor : **'1.5'** 입력
5. **[OK]** 클릭

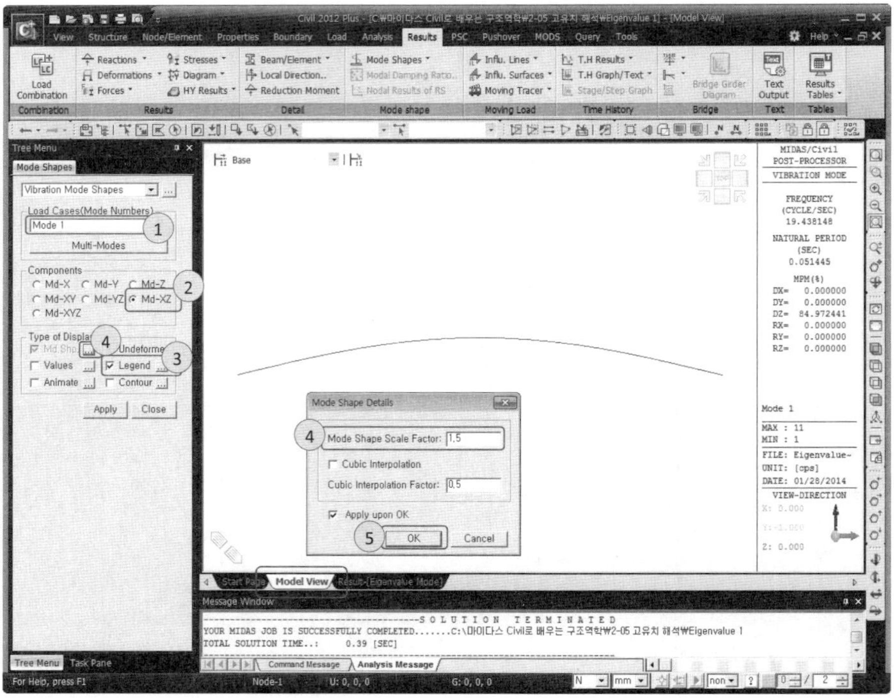

▶그림 5.12
1 차모드 형상

02.8.3 **모드별 결과 확인**

여러 가지 모드의 형상(mode shape)을 동시에 확인한다.

Main Menu 에서 ***Results / Mode Shapes / Vibration Mode Shapes...***

1. Type of Display > **Legend** (Check off)
2. **[Multi-Modes]** 클릭
3. Mode Numbers 항목에서 마우스를 Drag 하여 **Mode 1~Mode 6** 선택
4. **Tile Vertically** 선택
5. **[OK]** 클릭

▶그림 5.13
1~6 차 모드형상

우측 화면은 Start Page 화면을 닫고 6 개 모드별 결과 화면만 배치 후, 각 화면을 클릭하여 Front View 로 조정한 상태이다.

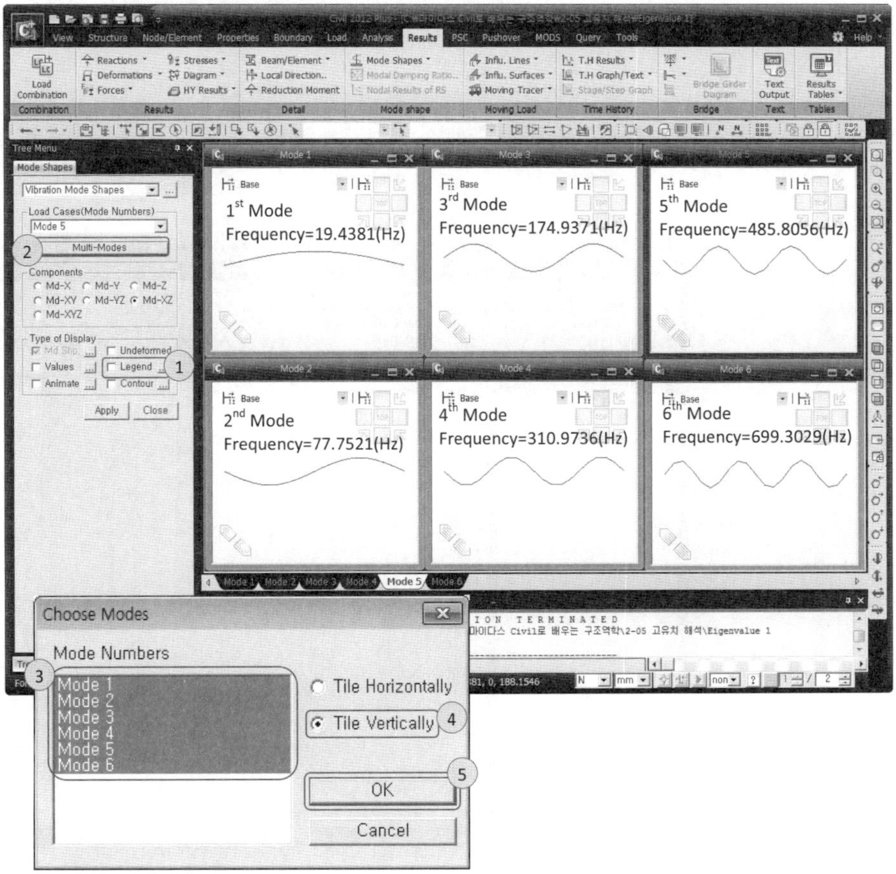

02.8.4 Model2 **생성**

Save As 기능을 이용하여 새 파일을 **'Eigenvalue 2.mgb'**로 저장한다.

Main Menu 에서 ***File / Save As...***

1. 파일 이름 : **'Eigenvalue 2'** 입력, **[저장]** 클릭
2. Model View 를 제외한 나머지 작업창 닫기, 창확대 아이콘 클릭, **Zoom Fit** 클릭

▶그림 5.14
Model 2 새 이름 저장

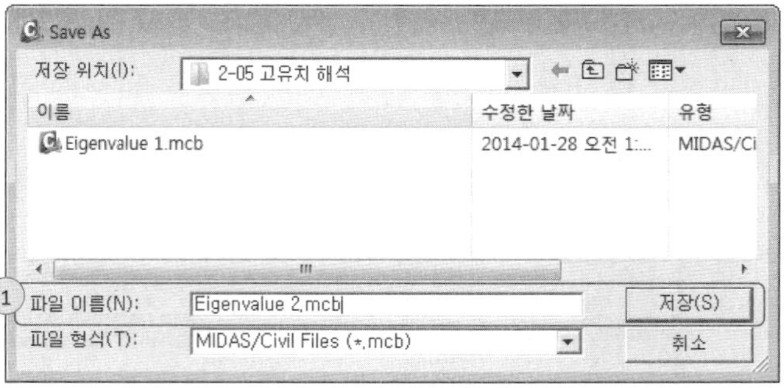

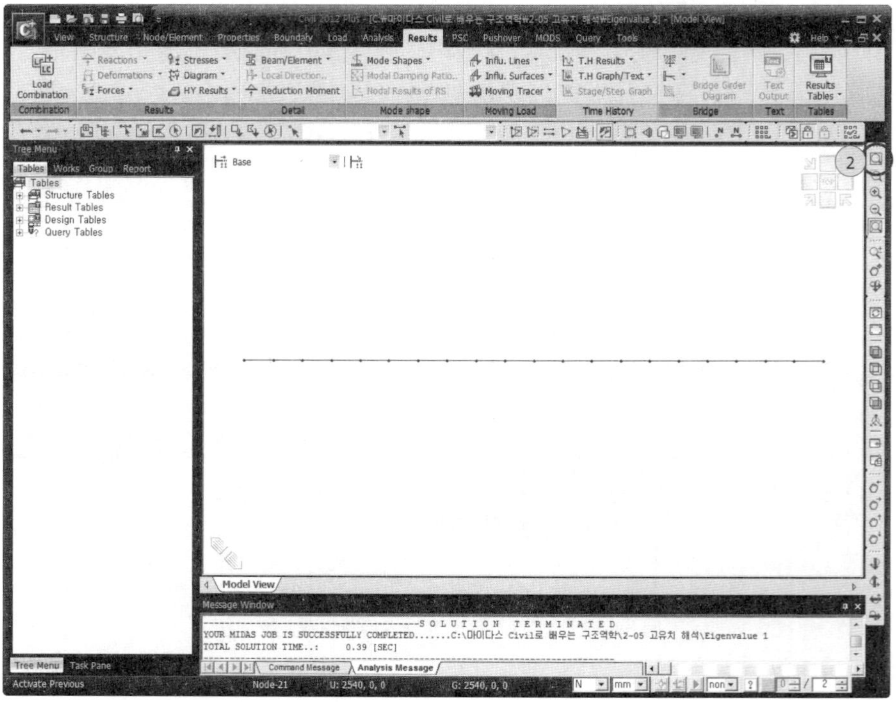

02.8.5 **재질 변경**

기존에 입력된 재질의 밀도를 0.0002 로 변경한다.

Main Menu 에서 ***Properties / Material / Material Properties***

1. 기존에 입력된 리스트에서 **Mat** 더블 클릭
2. Weight Density : **'0.0002'** 입력
3. **[OK]** 클릭
4. **[Close]** 클릭

▶그림 5.15
재질 정보 변경

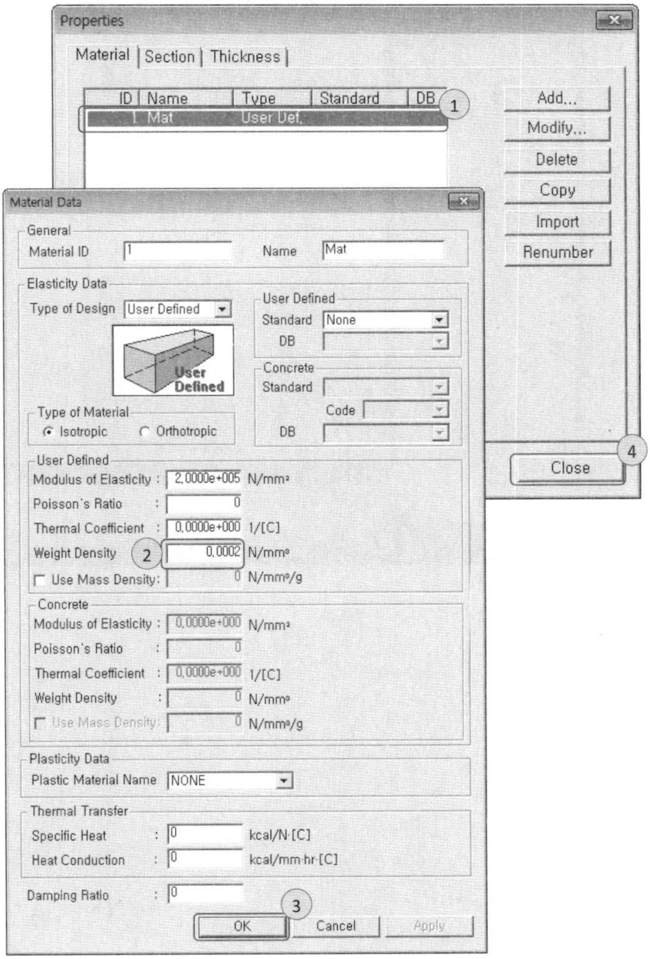

02.8.5 **구조해석 수행** Model 2 생성을 마치고 구조해석을 수행한다.

Main Menu 에서 ***Analysis / Perform Analysis*** 실행

1. Message Window 에서 해석 정상 종료 메시지 확인

▶그림 5.16
해석 정상 종료 메시지 확인

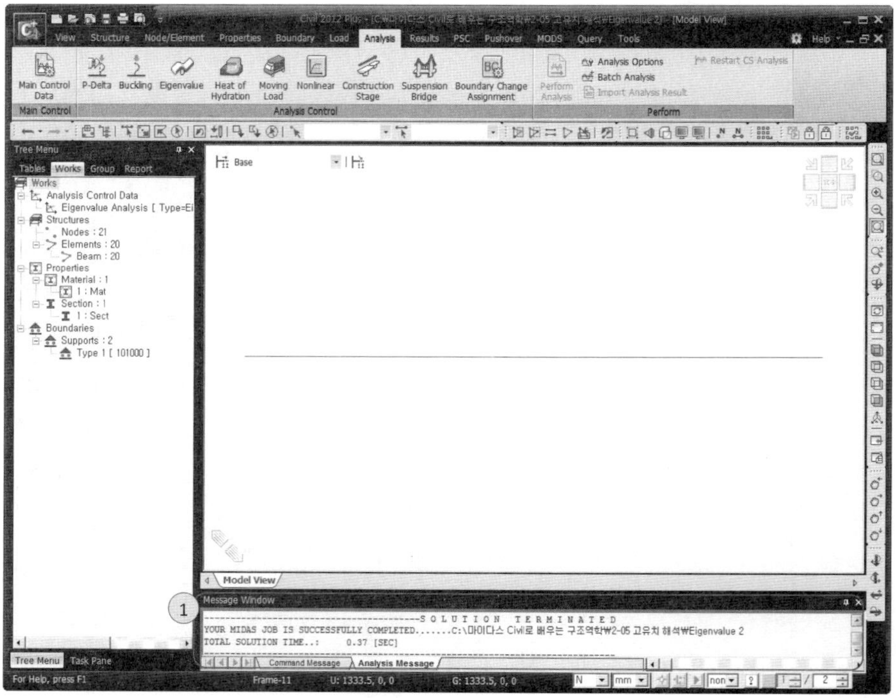

02.8.7 **고유치 결과 확인**

모드별 고유치 결과를 테이블을 이용하여 확인한다.

Main Menu 에서 ***Results / Result Tables / Vibration Mode Shape...***

1. Records Activation Dialog 대화창, **[OK]** 클릭
2. 테이블에서 모드별 주기 등 고유치 결과 확인

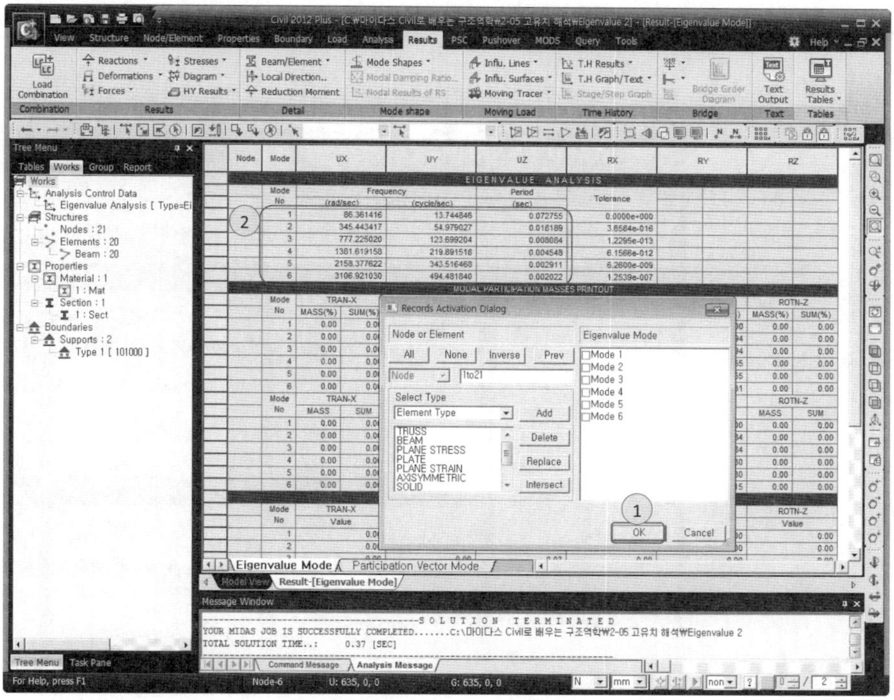

▶그림 5.17
고유치 해석 결과 테이블

02.8.8 모드별 결과 확인

여러 가지 모드의 형상(mode shape)을 동시에 확인한다.

Model View 탭 클릭

Main Menu 에서 ***Results / Mode Shapes / Vibration Mode Shapes...***

1. **[Multi-Modes]** 클릭
2. Mode Numbers 항목에서 마우스를 Drag 하여 **Mode 1~Mode 6** 선택
3. **Tile Vertically** 선택
4. **[OK]** 클릭

▶그림 5.18
1~6 차 모드형상

우측 화면은 Start Page 화면을 닫고 6 개 모드별 결과 화면만 배치 후, 각 화면을 클릭하여 Front View 로 조정한 상태이다.

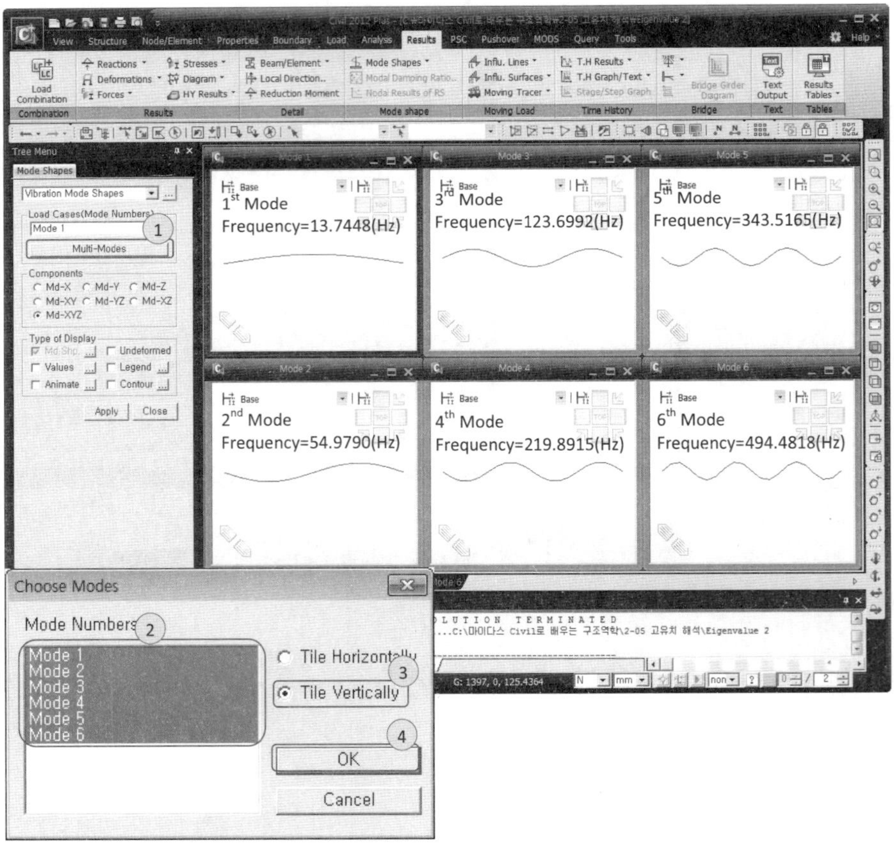

03. 풀어보기

03.1 역학적 개념의 이해 및 수계산

단순보는 단부에서 변위와 모멘트가 영(0)이므로 식 5.6 에 다음과 같은 경계조건을 적용할 수 있다.

▶식 5.7

$$\phi(0)=0,\quad EI\phi''(0)=0,\quad \phi(\ell)=0,\quad EI\phi''(\ell)=0$$

그 결과 다음과 같은 해가 얻어진다.

▶식 5.8

$$\sin a\ell = 0$$

sin 함수가 영(0)이 되려면 $a=\dfrac{n\pi}{\ell}$ 가 되어야 하므로 식 5.4 로부터 고유치 해는 다음과 같이 산정된다.

▶식 5.9

$$\omega=\left(\frac{n\pi}{\ell}\right)^2\sqrt{\frac{EI}{m}}\ \text{(단위 = rad/sec)}$$

식 5.9 에서 구해진 값 ω 는 각속도라고 하며, 진동수 f 및 주기 T 와의 관계는 다음과 같다.

▶식 5.10

$$f=\frac{\omega}{2\pi}\ \text{(단위 = rad/sec)},\qquad T=\frac{1}{f}=\frac{2\pi}{\omega}\ \text{(단위 = sec)}$$

여기서 n 은 모드 번호, m 은 단위길이당 질량을 나타낸다. 이때 밀도가 체적에 대한 무게비로 주어졌으므로 질량밀도(체적에 대한 질량비)로 환산하면 다음과 같다.

Model 1 의 경우 (밀도= $0.0001\,\text{N/mm}^3$)

▶식 5.11

$$\gamma=\frac{1.0\times10^{-4}\ \text{N/mm}^3}{g}=\frac{1.0\times10^{-4}\ \text{N/mm}^3}{9806\ \text{mm/sec}^2}=1.01978\times10^{-8}\ \text{N}\cdot\text{sec}^2/\text{mm}^4$$

$$m = 1.01978 \times 10^{-8}\ \text{N} \cdot \text{sec}^2/\text{mm}^4 \times 200\ \text{mm}^2 = 2.03957 \times 10^{-6}\ \text{N} \cdot \text{sec}^2/\text{mm}^2$$

두 가지 모델의 고유 진동수 f 에 대한 수계산과 Civil 해석 결과를 비교하여 표 5.1 에 나타내었으며, 모드형상은 그림 5.19 에 나타내었다.

▶ 표 5.1
수계산 결과 비교

[단위: Hz]

	model 1		model 2	
	수계산	Civil	수계산	Civil
1 차모드	19.4382	19.4381	13.7449	13.7448
2 차모드	77.7526	77.7521	54.9794	54.9790
3 차모드	174.9434	174.9371	123.7037	123.6992
4 차모드	311.0105	310.9736	219.9176	219.8915
5 차모드	485.9539	485.8056	343.6213	343.5165
6 차모드	699.7736	699.3029	494.8147	494.4818

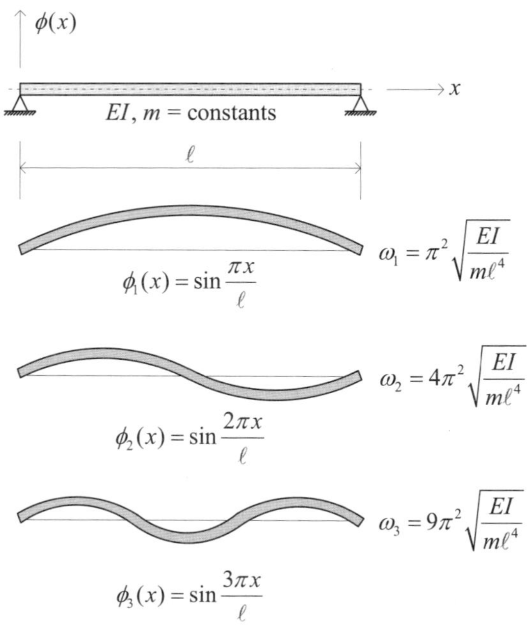

▶ 그림 5.19
모드별 고유치

고유치 해석을 통해 구해진 고유치의 의미를 생각해 보기 위하여 대상 구조물을 그림 5.20 과 같이 단순화한 모델을 생각해 볼 수 있다.

▶ 그림 5.20
고유치 해석 단순화 모델

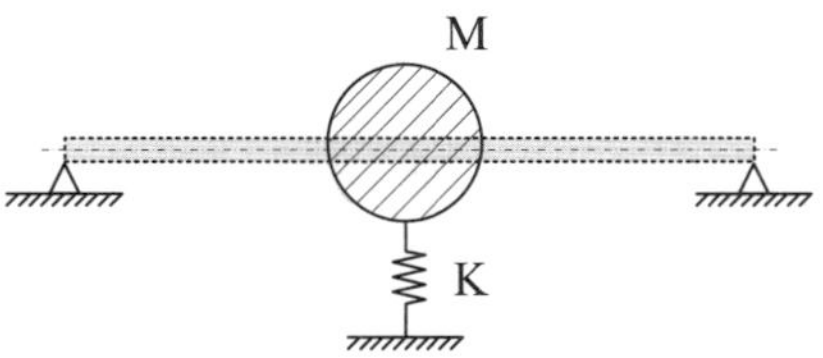

단순화 모델에서 보의 질량은 중앙에 집중되도록 하였으며, 보의 휨변형에 대한 연직방향의 강성을 스프링으로 치환하였다. 스프링의 강성은 보의 중앙부에서 단위처짐(처짐값이 1.0)이 발생하게 하는 집중하중의 크기로 가정했다. 따라서 보의 질량과 스프링의 강성은 다음과 같이 표현된다.

▶ 식 5.12

$$M = \frac{m\ell}{2}, \qquad K = \frac{48EI}{\ell^3}$$

스프링의 변형을 Y 로 나타내고, 평형방정식을 적용하면 다음과 같다.

▶ 식 5.13

$$\ddot{Y} + \omega^2 Y = 0$$

여기서 $\omega^2 = K/M$ 이므로 식 5.13 은 식 5.5 와 유사한 형태임을 알 수 있다. 따라서 단순화 모델에 대한 1 차모드의 각속도는 식 5.14 와 같이 계산된다.

▶ 식 5.14

$$\omega = \sqrt{\frac{K}{M}} = \sqrt{\frac{48EI/\ell^3}{m\ell/2}} = \left(\frac{3.13}{\ell}\right)^2 \sqrt{\frac{EI}{m}}$$

단순화 모델에 의한 1 차모드의 고유치를 식 5.9 에서 n 이 1.0 인 경우에 대한 값과 비교해 보았을 때 거의 정확한 값이 얻어지는 것을 알 수 있다.

04. 연습문제

1. 다음 그림과 같이 단순지지된 shaft를 동일한 조건에서 탄성계수만 변경하여 Model 1과 Model 2의 고유치 해석 결과를 비교하시오(Model 1은 본문 모델과 동일함).

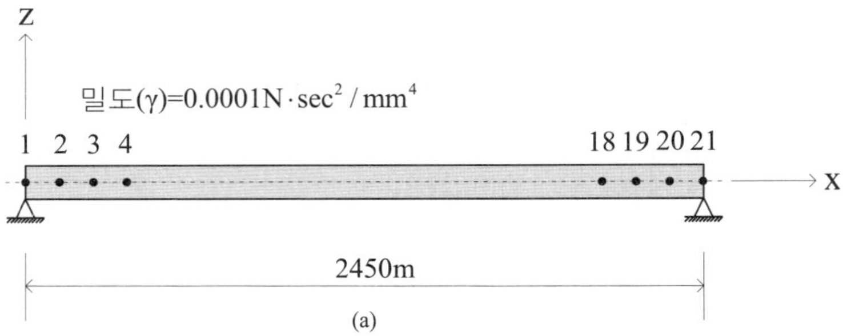

(a)

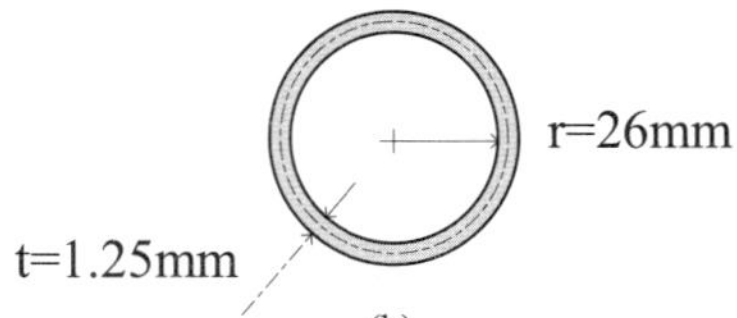

(b)

- ***Material***

  탄성계수 : Model 1 : 2.0×10^5 N / mm^2

  Model 2 : 4.0×10^5 N / mm^2

- ***Section***

  단면적(Area) : 200 mm^2

  단면 2차모멘트(I_{yy}) : 65,000 mm^4

  반지름(radius) : 26 mm

  두께(thickness) : 1.25 mm

  중력가속도(g) : 9,806 mm/sec^2

6. 시간이력 해석

TABLE OF CONTENTS

01. 이해하기

01.1 시간이력 해석의 개념

01.1.1 **일반 사항**

물체가 외력을 받아 시간에 따라 움직이는 모양은 주기적인 것에서부터 매우 불규칙적인 것까지 다양하다. 주파수 측면에서 살펴본다면 주기적인 반응(periodic response)은 하나의 진동수를 가진 동응답인 반면, 매우 불규칙적인 거동은 무한 개의 주기적 반응의 조합으로 생각할 수 있다. 이러한 경우, 어느 진동수를 가진 반응이 지배적인가는 외부 동하중의 진동수, 크기 및 물체의 특성에 따라 달라진다.

한편 물체의 동적 거동은 시간적인 측면, 그리고 주파수적인 측면에서 분석이 가능한데, 전자를 시간응답 해석이라고 하고, 후자를 주파수응답 해석(frequency response analysis)이라고 부른다. 전자의 경우는 어느 시점에서 최대 응답이 발생하는가 그리고 시간에 따라 거동이 어떠한 변화를 나타내는가를 보여 준다면, 후자는 물체가 어떠한 주파수에 민감한 반응을 나타내는가 그리고 공진(resonance)현상이 발생하는가 등을 보여 준다. 이러한 구분된 특성 때문에 대부분의 경우 두 가지 방법이 모두 사용되고 있다.

▶그림 6.1
시간이력 해석

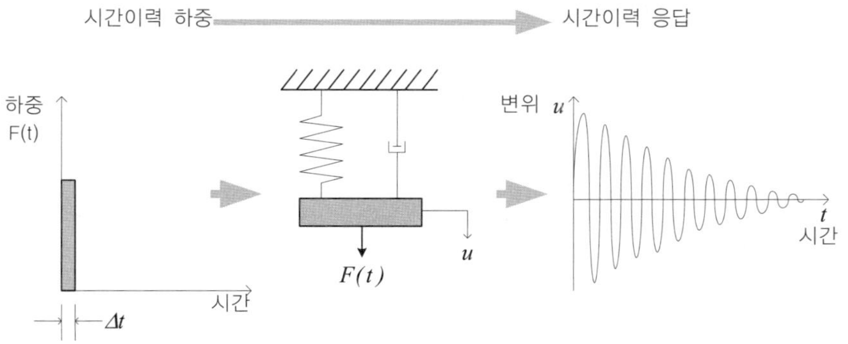

01.1.2 **해석 개념**

지반의 운동에 대한 1 자유도 시스템의 운동방정식(미분방정식)은 다음과 같으므로 식 1.7 과 유사한 형태가 된다.

▶식 6.1

$$m(\ddot{u}_g + \ddot{u}) + c\dot{u} + ku = 0 \quad \text{혹은} \quad m\ddot{u} + c\dot{u} + ku = f = -m\ddot{u}_g$$

여기서 (상대)변위, 속도, 가속도 등은 시간의 함수로 나타내지만, 수식을 간략히 표현하기 위하여 $u, \dot{u}, \ddot{u}$ 등으로 나타내었다.

▶그림 6.2

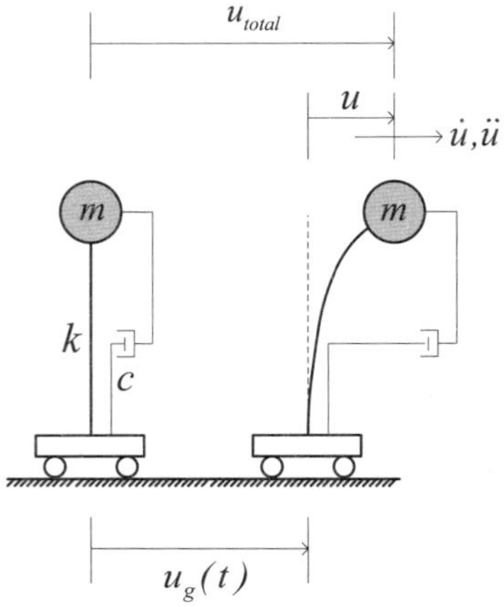

미분방정식의 해는 직접적분법(direct integration)이나 모드중첩법(modal superposition)에 수치적분법(numerical integration)을 적용하여 변위, 속도, 가속도 등을 산정할 수 있다. 수치적분법은 지반 가속도를 시간 간격을 $h(=\Delta t)$로 세분하고, 각각의 구간에 대하여 값을 산정하여 누적시켜 가는 방법이다. 수치적분법에는 여러 방법이 있으나 개념은 모두 동일하므로 여기에서는 중앙차분법(central difference method)과 뉴마크-베타법(Newmark-beta method), 그리고 선형가속법(linear acceleration method)을 소개한다.

중앙차분법에서는 다음과 같은 테일러 시리즈(Taylor series) 확장식을 사용한다.

▶식 6.2

$$u_{i+1} = u_i + h\dot{u}_i + \frac{h^2}{2}\ddot{u}_i + \ldots\ldots$$

▶식 6.3

$$u_{i-1} = u_i - h\dot{u}_i + \frac{h^2}{2}\ddot{u}_i + \ldots\ldots$$

두 식의 합과 차이에 의해 다음과 같은 결과가 얻어진다.

▶식 6.4
$$\dot{u}_i \approx \frac{1}{2h}\left(u_{i+1} - u_{i-1}\right)$$

▶식 6.5
$$\ddot{u}_i \approx \frac{1}{h^2}\left(u_{i+1} - 2u_i + u_{i-1}\right)$$

중앙차분법에서는 먼저 i 번째 단계에서의 식 6.4 와 식 6.5 를 식 6.1 에 대입하여, 다음 단계인 i+1 번째의 변위값을 산정한다.

▶식 6.6
$$\left(\frac{m}{h^2} + \frac{c}{2h}\right)u_{i+1} = f_i - \left(k - \frac{2m}{h^2}\right)u_i - \left(\frac{m}{h^2} - \frac{c}{2h}\right)u_{i-1}$$

이어서 i 번째의 식 6.4 와 식 6.5 를 이용하여 속도 및 가속도를 산정한다. 이때 u_{i-1} 의 값이 필요하므로 u_{i-1} 값은 식 (6.4)와 식 (6.5)에서 u_{i+1} 을 소거하여 만들 수 있다.

▶식 6.7
$$u_{i-1} = u_i - h\dot{u}_i + 0.5h^2\ddot{u}_i$$

중앙차분법에서 시간 간격 h (혹은 time increment)를 너무 크게 하면 안정적인 해를 얻을 수 없으므로 h 는 다음과 같이 제한한다.

▶식 6.8
$$h \le T_{\min}/\pi$$

여기서 $T_{\min}$ 은 구조물의 고유주기 중 최소값을 의미한다.

뉴마크-베타법(newmark-beta)은 다음과 같은 근사적 관계식을 사용한다.

▶식 6.9
$$\dot{u}_{i+1} \approx \dot{u}_i + \left[\left(1-\alpha\right)\ddot{u}_i + \alpha\ddot{u}_{i+1}\right]h$$

▶식 6.10
$$u_{i+1} \approx u_i + \dot{u}_i h + \left[\left(\frac{1}{2} - \beta\right)\ddot{u}_i + \beta\ddot{u}_{i+1}\right]h$$

여기서 $\alpha = 0.5,\ \ \beta = 0.25$ 이면, 다음과 같은 결과가 된다.

▶식 6.11

$$\dot{u}_{i+1} = \dot{u}_i + \frac{h}{2}\left(\ddot{u}_i + \ddot{u}_{i+1}\right)$$

▶식 6.12

$$u_{i+1} = u_i + h\dot{u}_i + \frac{h^2}{4}\left(\ddot{u}_i + \ddot{u}_{i+1}\right)$$

뉴마크-베타법을 사용하면 시간간격 h (혹은 time increment)에 무관하게 안정적인 해를 얻을 수 있으며, 적정 시간 간격은 다음과 같다.

▶식 6.13

$$h = T_{\min}/10$$

뉴마크-베타법에서 $\alpha = 0.5,\ \ \beta = 1/6$ 인 경우를 선형가속법이라고 한다. 이상의 수치적 분법들은 1 자유도 시스템에 대한 예이지만, 다자유도 시스템의 경우도 다르지 않다.

운동방정식에서 고유치의 정확한 개수를 알고 있거나, 어느 한계까지의 고유치만을 반영하는 것이 가능하다면 모드중첩법을 사용할 수도 있다. 모드중첩법을 다음과 같은 2 자유도 시스템을 예로 설명해 보자.

▶식 6.14

$$M\ddot{u} + C\dot{u} + Ku = -M\ddot{u}_g$$

$$\begin{bmatrix} m_{11} & m_{12} \\ m_{21} & m_{22} \end{bmatrix}\begin{Bmatrix} \ddot{u}_1 \\ \ddot{u}_2 \end{Bmatrix} + \begin{bmatrix} c_{11} & c_{12} \\ c_{21} & c_{22} \end{bmatrix}\begin{Bmatrix} \dot{u}_1 \\ \dot{u}_2 \end{Bmatrix} + \begin{bmatrix} k_{11} & k_{12} \\ k_{21} & k_{22} \end{bmatrix}\begin{Bmatrix} u_1 \\ u_2 \end{Bmatrix} = -\begin{bmatrix} m_{11} & m_{12} \\ m_{21} & m_{22} \end{bmatrix}\begin{Bmatrix} 1 \\ 1 \end{Bmatrix}\ddot{u}_g$$

위 식에서는 2 개의 고유치가 있을 수 있으므로 운동방정식의 해를 다음과 같이 나타낼 수 있다.

▶식 6.15

$$u = \phi_1 y_1 + \phi_2 y_2 = \begin{Bmatrix} \phi_{11} \\ \phi_{21} \end{Bmatrix} y_1 + \begin{Bmatrix} \phi_{12} \\ \phi_{22} \end{Bmatrix} y_2 \qquad \text{혹은} \quad u = \Phi y = \begin{bmatrix} \phi_{11} & \phi_{12} \\ \phi_{21} & \phi_{22} \end{bmatrix}\begin{Bmatrix} y_1 \\ y_2 \end{Bmatrix}$$

여기서 $\boldsymbol{\varphi}_i$ 는 i 차모드의 변형형상을 나타내는 고유벡터이며, y_i 는 시간에 따른 변위의 크기이다.

고유벡터의 직교성(orthogonality) 특성을 이용하고, 고유벡터를 질량에 대해 무차원화 하면, 다음과 같은 관계가 얻어진다.

▶식 6.16

$$\phi_i^T M\phi_j = \begin{cases} 0 & (i \neq j) \\ m_i^* & (i = j) \end{cases} \qquad \phi_i^T K\phi_j = \begin{cases} 0 & (i \neq j) \\ k_i^* & (i = j) \end{cases} \qquad \phi_i^T C\phi_j = \begin{cases} 0 & (i \neq j) \\ c_i^* & (i = j) \end{cases}$$

여기에서 감쇠(damping) 행렬 $\mathbf{C}$ 를 가정하는 방법은 여러 가지가 있다.

- 질량 및 강성에 비례(mass and stiffness proportion): $C = \alpha M + \beta K$
- 변형에너지 비례(strain energy proportion)
- 요소의 질량 및 강성에 비례(element mass and stiffness proportion)

식 6.16 은 식 6.14 에 i 차모드의 고유벡터를 곱하면 i 차모드가 아닌 모드의 기여도는 모두 영(0)이 된다는 의미를 가지고 있다. 따라서 식 6.14 의 다자유도 시스템은 각각의 모드들이 중첩되지 않는 전체 모드 수만큼의 1 자유도 시스템들로 분할할 수 있다. 여기에서의 예제와 같은 2 자유도 시스템인 경우에는 두 개의 독립적인 1 자유도 시스템들로 분할된다.

▶식 6.17

$$\begin{bmatrix} m_1^* & 0 \\ 0 & m_2^* \end{bmatrix} \begin{Bmatrix} \ddot{y}_1 \\ \ddot{y}_2 \end{Bmatrix} + \begin{bmatrix} c_1^* & 0 \\ 0 & c_2^* \end{bmatrix} \begin{Bmatrix} \dot{y}_1 \\ \dot{y}_2 \end{Bmatrix} + \begin{bmatrix} k_1^* & 0 \\ 0 & k_2^* \end{bmatrix} \begin{Bmatrix} y_1 \\ y_2 \end{Bmatrix} = -\begin{bmatrix} \boldsymbol{\varphi}_1^T \\ \boldsymbol{\varphi}_2^T \end{bmatrix} \begin{bmatrix} m_{11} & m_{12} \\ m_{21} & m_{22} \end{bmatrix} \begin{Bmatrix} 1 \\ 1 \end{Bmatrix} \ddot{u}_g$$

▶식 6.18

$$m_1^*\ddot{y}_1 + c_1^*\dot{y}_1 + k_1^* y_1 = -\Gamma_1 \ddot{u}_g$$
$$m_2^*\ddot{y}_2 + c_2^*\dot{y}_2 + k_2^* y_2 = -\Gamma_2 \ddot{u}_g$$

여기서 Γ_i 는 모드 참여계수라고 하며, 다음과 같은 식으로 나타낸다.

▶식 6.19

$$\Gamma_i = \frac{\phi_i^T M1}{\phi_i^T M\phi_i}, \qquad 1 = \begin{Bmatrix} 1 \\ 1 \end{Bmatrix}$$

각각의 1 자유도 시스템은 수치적분법을 통하여 y_1 과 y_2 를 산정하고, 식 (6.16)에 따라 $\mathbf{u}$ 를 구할 수 있다. 그리고 모드중첩법은 계산된 모드를 대상으로 운동방정식을 분할하기 때문에 계산된 고유치의 개수가 충분해야 정확한 값을 얻을 수 있다.

02. 따라하기

02.1 모델 개요

15,000 mm/sec 의 속도로 이동하는 하중을 부담하는 단순보에 대한 시간이력 해석을 통해 동적 하중에 대한 반응의 확대 효과에 대해 파악하고, 하중 주기를 변화하여 공진(resonance)의 영향을 검토해 본다.

▶그림 6.3
해석 모델
(a) 이동하중을 부담하는 단순보
(b) 시간이력 하중 함수

(a)

(b)

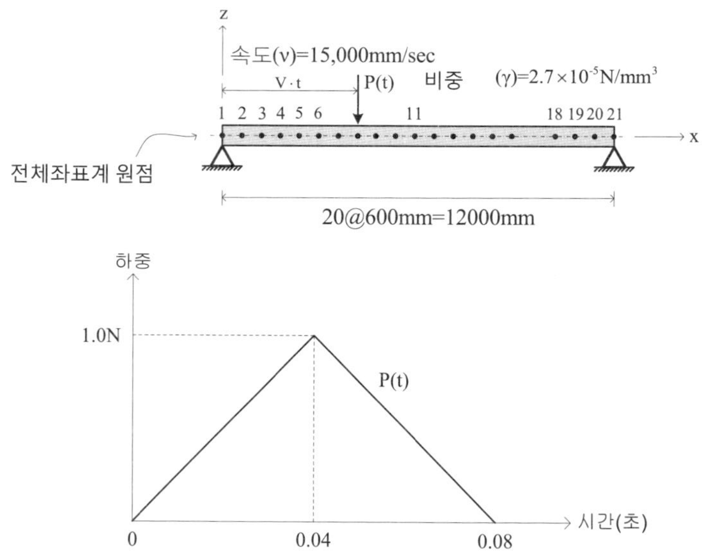

➢ ***Material***

탄성계수 : 4.0×10^6 N/mm^2

비중(γ) : 2.7×10^{-5} N/mm^3

➢ ***Section***

단면적(Area) : 645 mm^2

단면 2 차모멘트(I_{yy}) : 36,000 mm^4

지름(diameter) : 250 mm

두께(thickness) : 50 mm

중력가속도(g) : 9,806 mm/sec^2

02.2 작업환경 설정

02.2.1 단위계 설정

새 파일을 열고 파일명을 저장한다.

Main Menu 에서 / ***New Project...***
Main Menu 에서 / ***Save***
1. 파일 이름 : **'TH 1'** 입력, **[저장]** 클릭

예제에서 사용할 단위계를 설정한다.

Main Menu 에서 ***Tools / Unit System...***
2. Length > **mm**, Force(Mass) > **N** 선택
3. **[OK]** 클릭

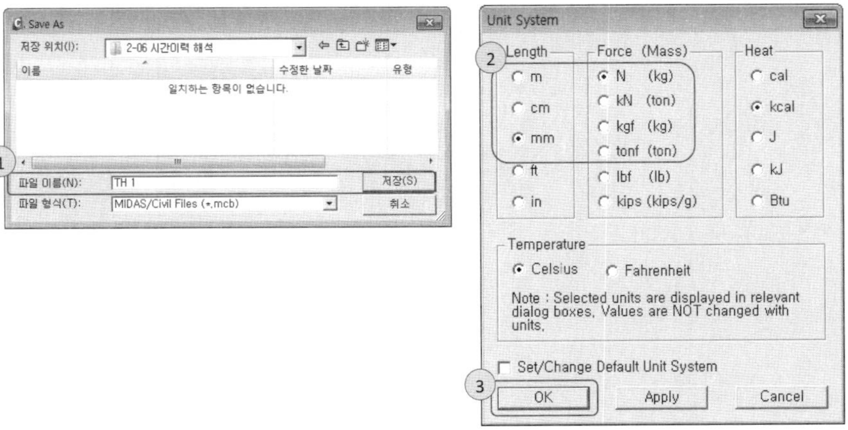

▶그림 6.4
(a) 파일 저장
(b) 단위계 설정

Tip
단위계 설정은 화면 하단 Status bar 에서도 간편하게 설정이 가능하다.

02.2.2 작업 평면 설정

본 예제에서는 전체좌표계(Global Coordinate System, GCS)를 기준으로 X-Z 평면의 거동만을 허용하므로 Structure Type 을 2-D 거동 구조물(X-Z Plane)로 지정한다.
자중이 절점질량으로 자동치환되도록 설정한다.

Main Menu 에서 ***Structure / Type / Structure Type...***

1. Structure Type > **X-Z Plane** 선택
2. Convert Self-weight into Masses > **Convert to X, Y, Z** 선택
3. Gravity Acceleration : **'9806'** 입력
4. **[OK]** 클릭

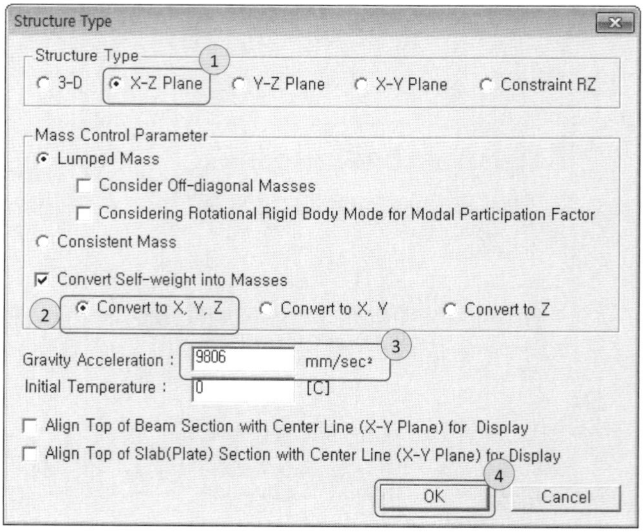

▶그림 6.5
작업평면 설정

02.3 재질과 단면 정의

모델에 사용될 재질 및 단면은 해석의 편의를 위하여 사용자가 임의 값을 지정하는 user defined type 과 value type 을 이용한다.

Main Menu 에서 ***Properties / Material / Material Properties...***

1. **[Add...]** 클릭, Name : **'Mat'** 입력
2. Elasticity Data > Type of Design > **User Defined** 선택,
3. User Defined > Modulus of Elasticity : **'4.0e6'**, Weight Density : **'2.7e-5'** 입력**, [OK]** 클릭
4. **Section** 탭 클릭, **[Add...]** 클릭, **Value** 탭 클릭
5. Section Shape 목록 > **Pipe** 선택, Name : **'Sect'** 입력
6. Size > D : **'250'**, tw : **'50'** 입력, Section Properties > Area : **'645'**, I_{yy} : **'36000'** 입력
7. **Consider Shear Deformation** (Check off)
8. **[OK]** 클릭, **[Close]** 클릭

▶그림 6.6
(a) 재질 정의
(b) 단면 정의

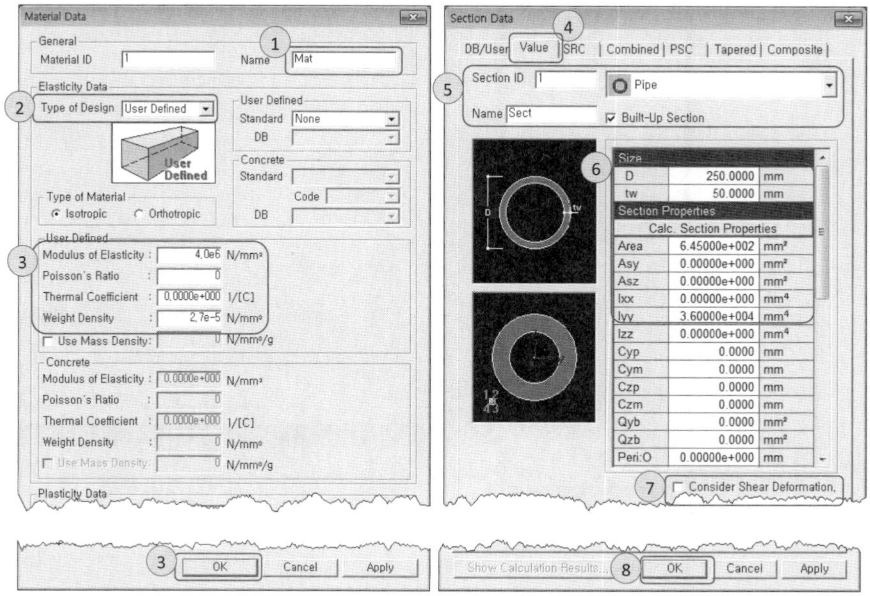

02.4 절점과 요소 생성

02.4.1 **절점 생성**

요소를 생성할 위치에 절점을 생성한다.

Main Menu 에서 ***Node/Element / Nodes / Create Nodes...***

1. Coordinates (x, y, z) : **'0, 0, 0'** 입력
2. Copy 의 Number of Times: **'20'** 입력
3. Distances (dx, dy, dz) : **'600,0,0'** 입력
4. **[Apply]** 클릭
5. **Display Node Numbers, Auto Fitting, Front View** (Toggle on)

Tip

Auto Fitting 은 모델이 전체 화면에 꽉 차게 들어오도록 실시간 자동으로 Zoom Size 를 조절한다.

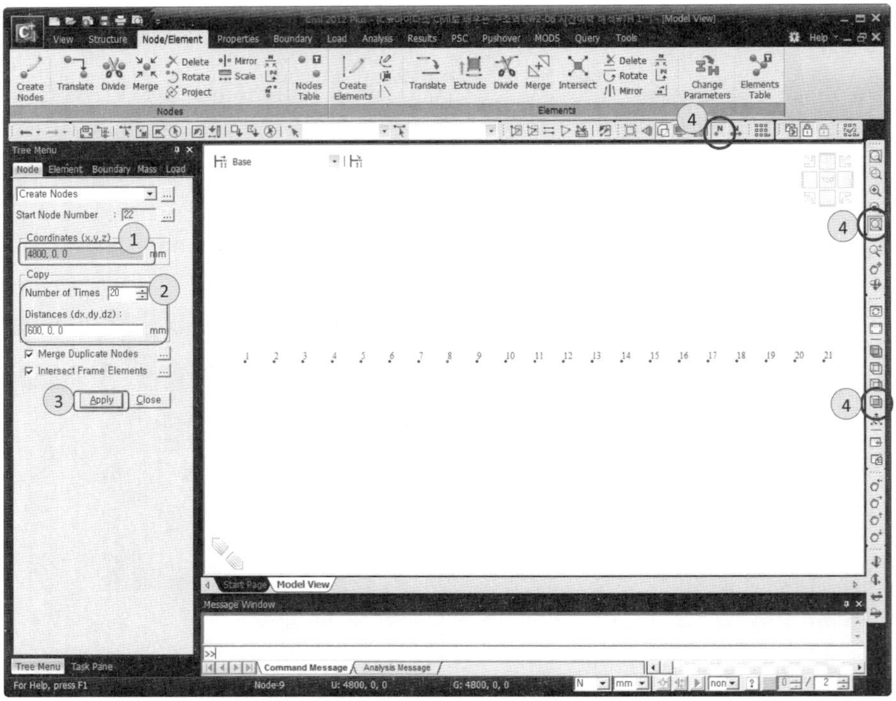

▶그림 6.7
절점 생성

02.4.2 **요소 생성** 절점을 연결하여 요소를 생성한다.

Main Menu 에서 ***Node/Element / Elements / Create Elements...***

1. Element Type > **General beam/Tapered beam** 선택
2. Material > **1:Mat** 선택, Section > **1:Sect** 선택
3. Nodal Connectivity 입력란을 클릭하여 초록색의 입력 대기 상태 확인 후 Model View 에서 **절점 1** 과 **절점 21** 을 순서대로 클릭

▶그림 6.8
요소 생성

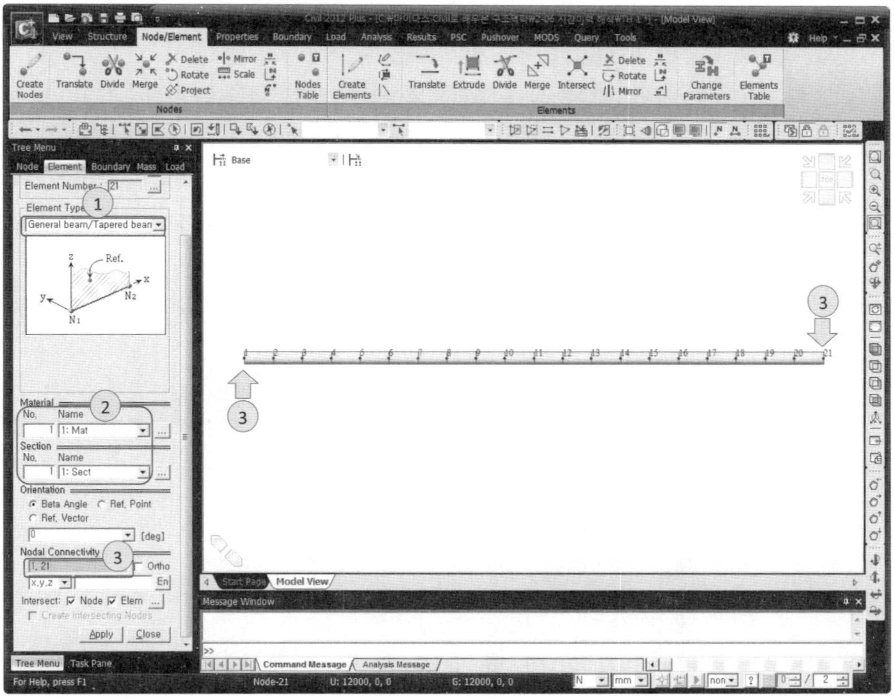

Tip
한 개의 부재를 여러 개의 요소로 나누어서 모델링 하면 부재의 상세한 변형 결과를 확인할 수 있다.

02.5 경계조건 입력

단순보 양단에 지지조건을 입력한다. 좌측 지점(절점 1)은 핀 지지조건, 우측 지점(절점 21)은 롤러 지지조건으로 지정한다.

Main Menu 에서 ***Boundary / Supports / Define Supports***

1. **Hidden** (Toggle off)
2. **Select Single** (Toggle on) 모드에서 **1 번 절점** 선택
3. Support Type > **Dx, Dz** (Check on), **[Apply]** 클릭
4. **Select Single** (Toggle on) 모드에서 **21 번 절점** 선택
5. Support Type > **Dx** (Check off), **Dz** (Check on), **[Apply]** 클릭

▶그림 6.9
지지조건 입력

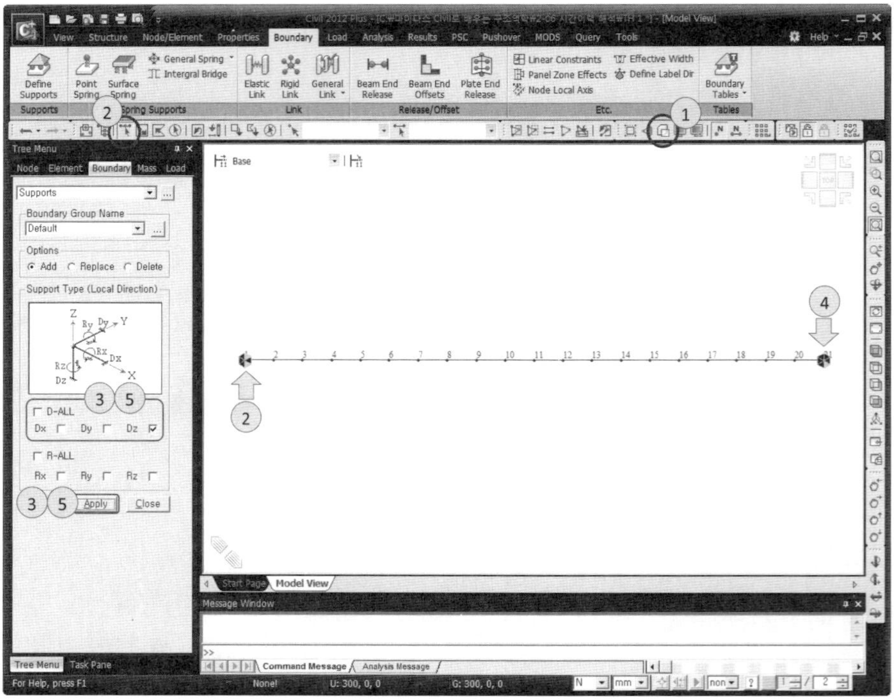

02.6 하중 입력

02.6.1 고유치 해석 조건 입력

고유치 해석을 수행하기 위한 데이터를 입력한다.

시간이력 해석을 수행하기 위해서는 먼저 고유치 해석을 수행하여 구조물의 동적 특성을 파악하여야 한다. 본 예제에서는 구조물의 1 차모드의 영향만을 고려하여 시간이력 해석을 수행한다.

Main Menu 에서 ***Analysis / Analysis Control / Eigenvalue***

1. Type of Analysis > Eigen Vectors > **Subspace Iteration** 선택
2. Eigen Vectors > Number of Frequencies : **'1'** 입력
3. Eigenvalue Control Parameters > Number of Iteration : **'20'** 입력
   Subspace Dimension : **'1'** 입력, Convergence Tolerance : **'1e-010'** 입력
4. **[OK]** 클릭

▶그림 6.10
고유치 해석 조건 입력

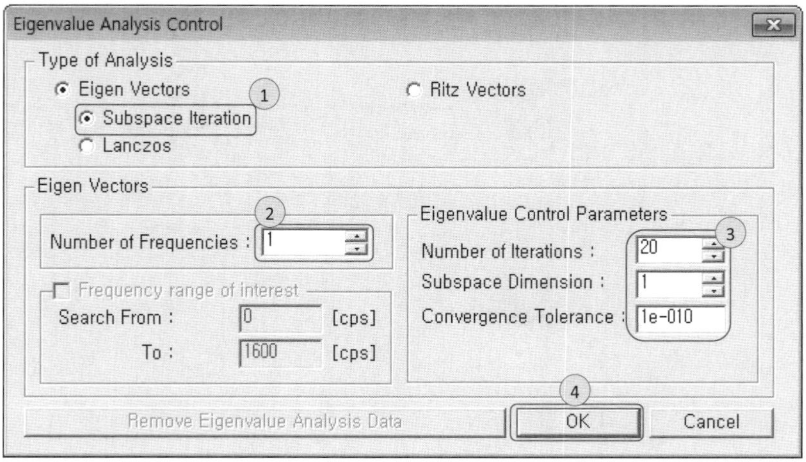

02.6.2 시간이력 하중함수 입력

시간이력 해석에 적용할 시간이력 하중을 정의한다. 하중의 지속시간은 분할된 요소의 길이와 속도에 따라 결정된다.

$$t = 600 / 15000 = 0.04 \text{ sec}$$

Main Menu 에서 ***Load / Seismic / Time History Functions***

1. **[Add Time Function]** 클릭
2. Function Name : **'FUNC'** 입력
3. Time Function Data Type > **Force** 선택, Scale Factor : **'1'** 입력
4. 테이블에서
   Time(sec) : **'0.00'**, Function(N) : **'0.0'** 입력
   Time(sec) : **'0.04'**, Function(N) : **'1.0'** 입력
   Time(sec) : **'0.08'**, Function(N) : **'0.0'** 입력, 아래 행 클릭하여 우측 그래프 확인
5. **[OK]** 클릭, **[Close]** 클릭

▶그림 6.11
시간이력 하중함수 입력

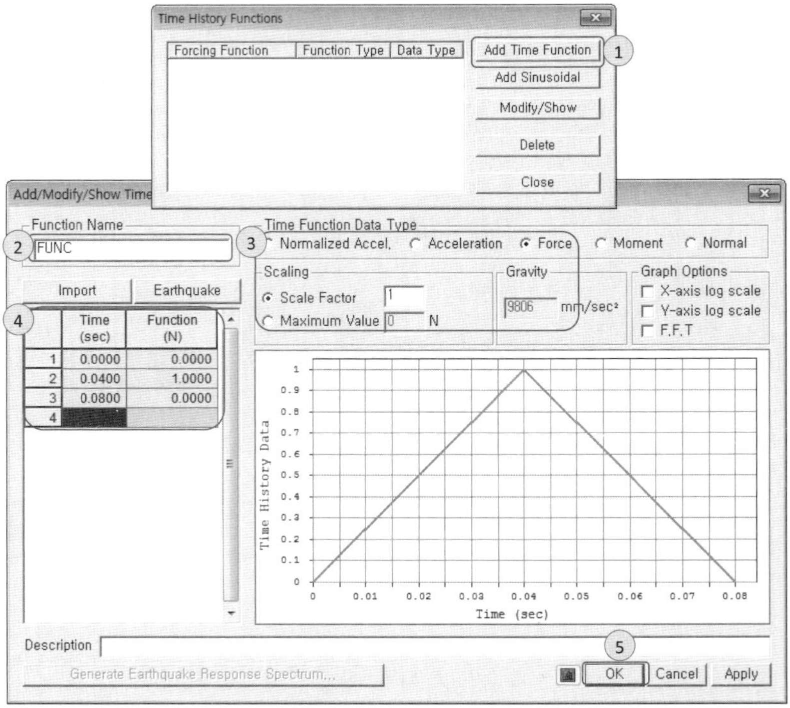

Tip

테이블에 값을 입력할 때에는 해당 셀에 값을 입력 후 다른 행을 클릭해주면 입력이 완료되는 것을 확인 할 수 있다.

02.6.3 **시간이력 하중조건 입력**

시간이력 해석의 하중조건을 입력한다.

해석시간(End of Time)은 이동하중이 절점 1 에서 재하되기 시작하여 절점 21 에 도달(12000/15000=0.8sec)한 후, 일정시간 자유진동을 고려하여 2.0sec 로 입력한다. 시간증분(time increment)은 일반적으로 고려하려는 모드 또는 하중주기 중 작은 값의 1/10 정도면 적당하다고 본다. 본 예제에서는 고유치 해석 수행 전이므로 충분히 작은 간격(0.001 초)을 입력하고, 감쇠는 고려하지 않는다.

Main Menu 에서 ***Load / Seismic / (Time History) Load Cases***

1. **[Add]** 클릭
2. General > Name : **'Time'** 입력
3. End Time : **'2.0'** 입력, Time Increment : **'0.001'** 입력
   Step Number Increment for Output : **'1.0'** 입력
4. **[OK]** 클릭, **[Close]** 클릭

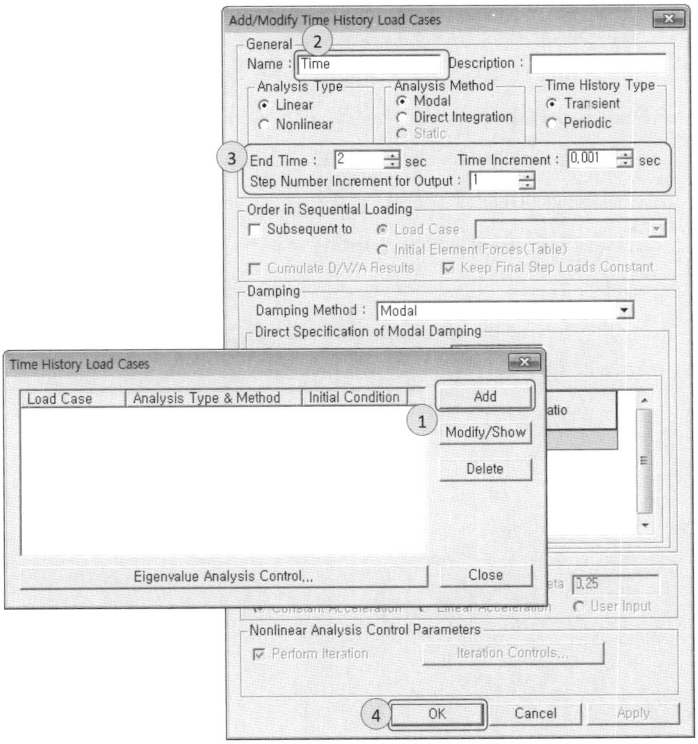

▶그림 6.12
시간이력 하중조건 입력

02.6.4 **동적 절점하중 입력**

동적 절점하중은 정의된 시간이력 하중함수가 적용될 절점을 지정하는 절차이다. 본 예제에서는 동적하중의 이동을 묘사하여야 하므로 도달시간(arrival time)을 이용하여 시간의 흐름에 따른 동적하중의 재하위치(절점)를 지정한다.
도달시간(arrival time)은 시간이력 해석이 개시된 후 해당 절점에 시간이력 하중이 작용하는 시간을 의미한다.

Main Menu 에서 ***Load / Seismic / Dynamic Nodal Loads***

1. Load Case Name > **Time** 선택
2. Function and Direction > Function Name > **FUNC** 선택, Direction > **Z** 선택
   Scale Factor : **'-4.0'** 입력
3. Select Single(Toggle on), Model View 에서 **2 번 절점** 선택
   Arrival Time : **'0'** 입력, **[Apply]** 클릭
4. Select Single(Toggle on), **3 번 절점** 선택
   Arrival Time : **'0.04*1'** 입력, **[Apply]** 클릭
5. Select Single(Toggle on), **4 번 절점** 선택
   Arrival Time : **'0.04*2'** 입력, **[Apply]** 클릭
6. Select Single(Toggle on), **5 번 절점** 선택
   Arrival Time : **'0.04*3'** 입력, **[Apply]** 클릭
7. Select Single(Toggle on), **6 번 절점** 선택
   Arrival Time : **'0.04*4'** 입력, **[Apply]** 클릭
   동일 방식으로 절점 7,...19 에 Arrival Time 을 증분하면서 입력
8. Select Single(Toggle on), **20 번 절점** 선택
   Arrival Time : **'0.04*18'** 입력, **[Apply]** 클릭

증감계수(scale factor) **–4.0** 은 단순보의 중앙에 재하되었을 때 최대변위 1mm 를 발생시키는 집중하중의 크기이며, 다음과 같이 계산할 수 있다.

$$\delta_{\max} = \frac{PL^3}{48EI} = 1$$

$$\therefore P = 4.0$$

▶그림 6.13
동적 절점하중 입력

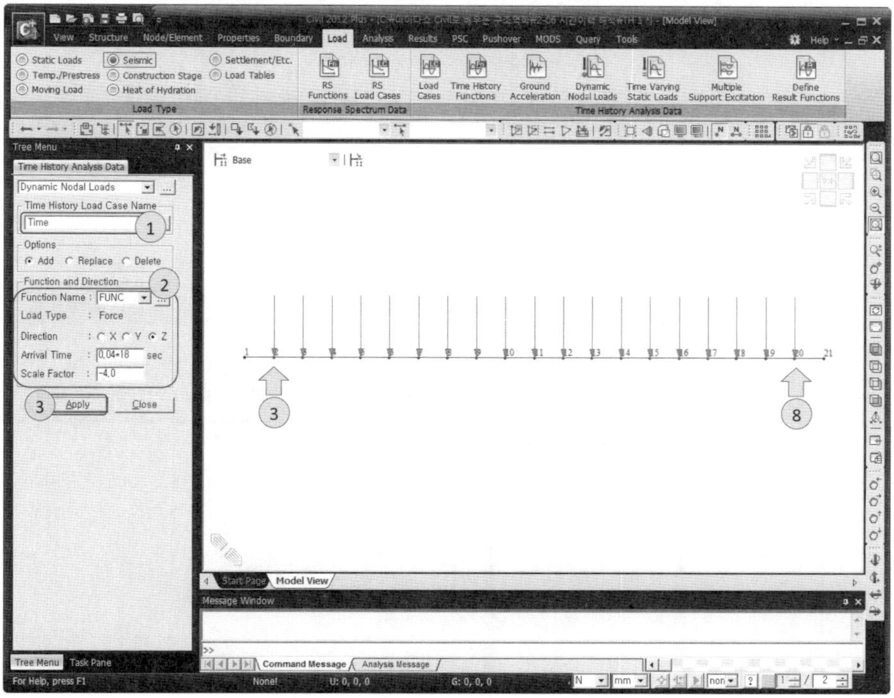

02.7 구조해석 수행

모델 생성 및 시간이력 해석을 위한 정보 입력을 마치고 해석을 수행한다.

Main Menu 에서 ***Analysis / Perform Analysis*** 실행

1. Message Window 에서 해석 정상 종료 메시지 확인

해석 결과 검토의 편의를 위해 화면을 정리한다.

2. **Display Node Numbers** (Toggle off)

▶그림 6.14
해석 정상 종료 메시지

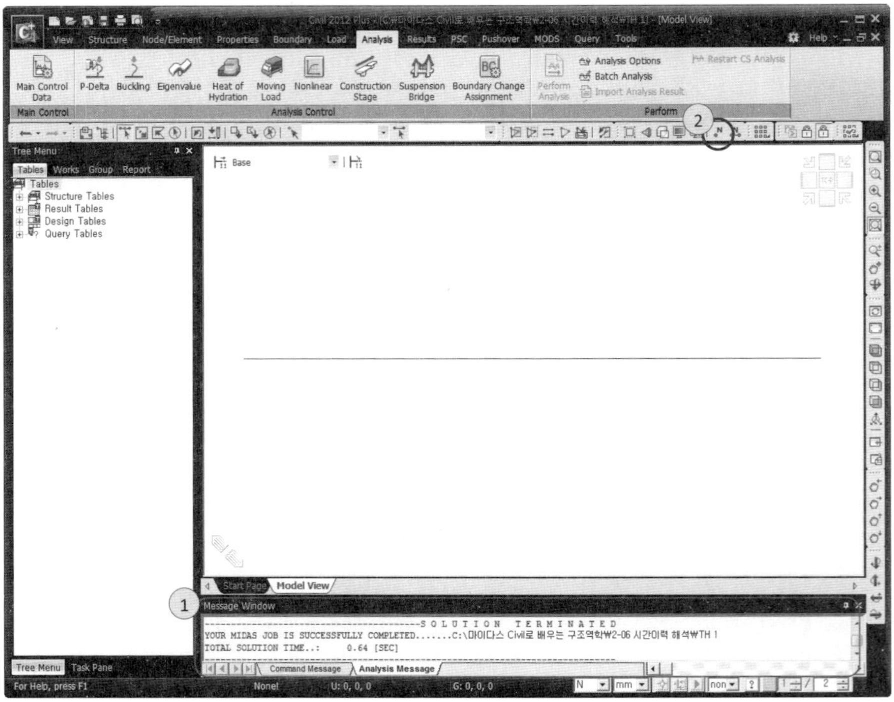

02.8 해석 결과 확인

02.8.1 **고유치 결과 확인**

먼저 고유치 해석 결과에서 해석 모델의 고유진동수를 확인한다.

Main Menu 에서 ***Results / Result Tables / Vibration Mode Shape...***

1. Records Activation Dialog 대화창, **[OK]** 클릭

2. 1 차모드의 고유진동수 **19.5165** rad/sec, **3.1062** cycle/sec, 주기 **0.3219** 확인

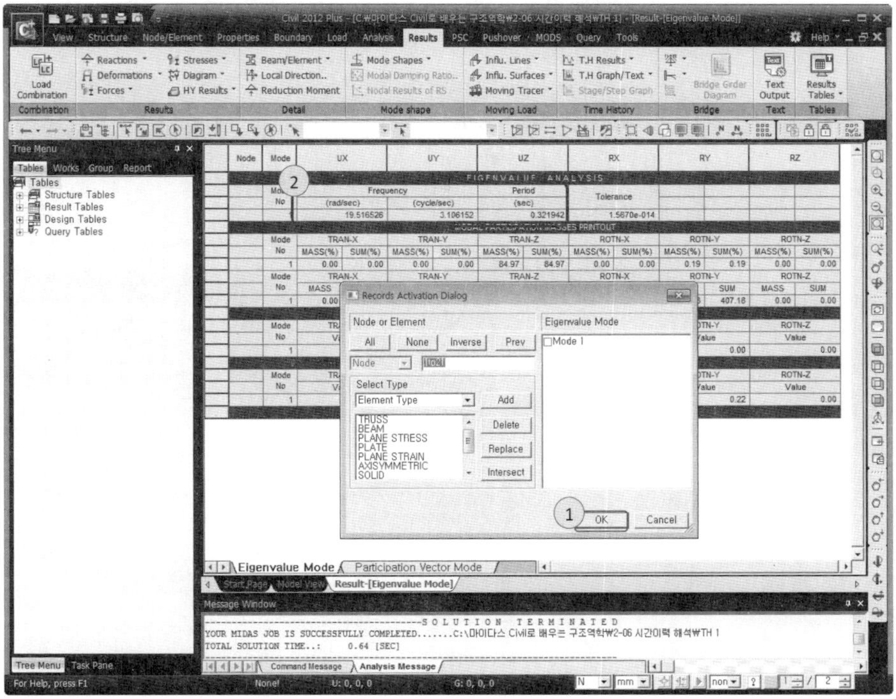

▶그림 6.15
고유치 해석 결과 테이블

02.8.2 시간이력 해석 결과 그래프 정의

중앙부 절점에서 변위와 가속도의 시간이력을 확인한다. 먼저 시간이력 그래프를 정의한다.

Model View 탭 클릭

Main Menu 에서 ***Results / Time History Graph/Text / Time History Graph...***

1. **[Define/Modify Function]** 클릭
2. Define Function > **Displ/Vel/Accel** 선택
3. **[Add New Function]** 클릭
4. Displ/Vel/Accel > Name : **'Node 11 Z-Displ'** 입력, Node Number : **'11'** 입력
5. Type of Result > **Displ.** 선택
6. Components > **DZ** 선택, Time History Load Case > **Time** 선택
7. **[Apply]** 클릭
8. Displ/Vel/Accel > Name : **'Node 11 Z-Accel'** 입력, Node Number : **'11'** 입력
9. Type of Result > **Accel** 선택
10. Components > **DZ** 선택, Time History Load Case > **Time** 선택
11. **[OK]** 클릭

▶그림 6.16
Time History Graph 정의

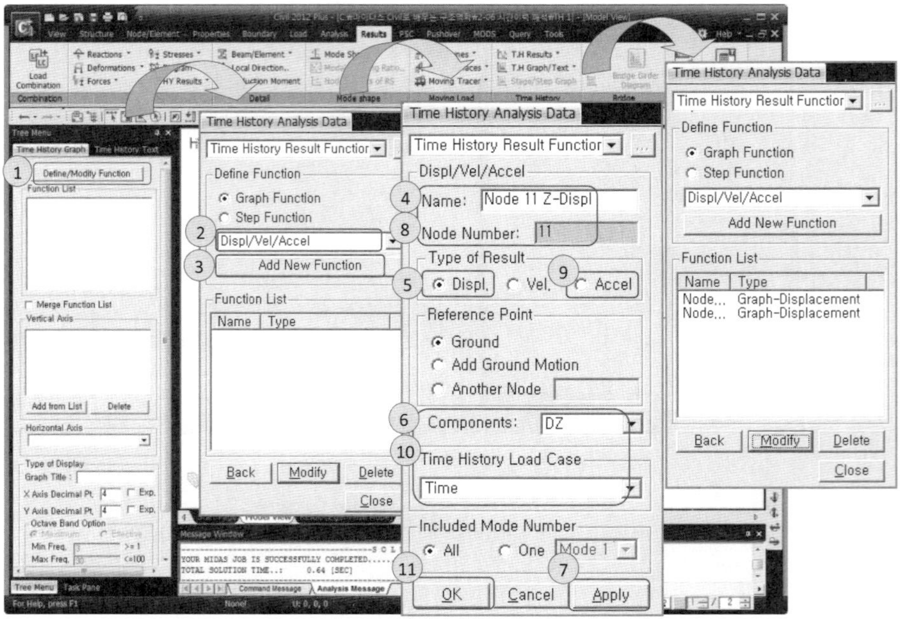

02.8.3 **시간이력 해석 결과 변위 확인**

0.0 초부터 0.8 초까지 단순보에 이동하중이 작용할 경우, 중앙(절점 11)에서의 변위 시간이력 그래프를 출력한다. 하중 재하가 완료된 후의 자유진동까지 확인하기 위하여 그래프 진동시간(출력시간)을 2.0 초로 하였다.
이때, 절점 11 에서의 최대변위는 0.266 초일 때 1.07mm 가 발생하는 것을 알 수 있다.

Main Menu 에서 ***Results / Time History Results / Time History Graph...***

1. Functions List > **Node 11 Z-Displ** (Check on)
2. Vertical Axis > **[Add from List]** 클릭
3. Type of Display > Graph Title : **'Displacement'** 입력
   Type of Display > X Axis Decimal Pt. : **'1'**, Y Axis Decimal Pt. : **'1'** 입력
4. Type > **Time History Graph** 선택
5. **[Graph]** 클릭
6. 절대 최대 변위는 0.266sec 에서 **1.07mm** 확인

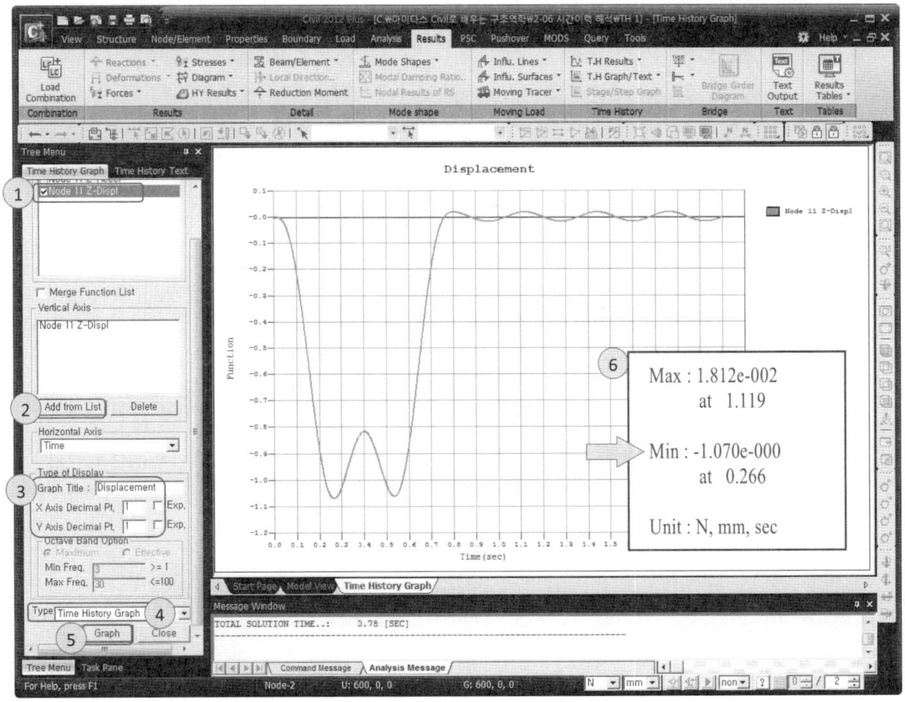

▶그림 6.17
변위 시간이력 그래프

02.8.4 **시간이력 해석 결과 가속도 확인**

다음은 0.0 초부터 0.8 초까지 단순보에 이동하중이 작용할 경우, 중앙(절점 11)에서의 가속도 시간이력 그래프를 출력한다.

1. Vertical Axis > Node 11 Z-Displ 선택, **[Delete]** 클릭
2. Functions List > **Node 11 Z-Accel** (Check on) , Vertical Axis > **[Add from List]** 클릭
3. Graph Title : **'Acceleration'** 입력
4. **[Graph]** 클릭
5. 최대 가속도는 0.244sec 에서 **91.69 mm/sec²** 확인

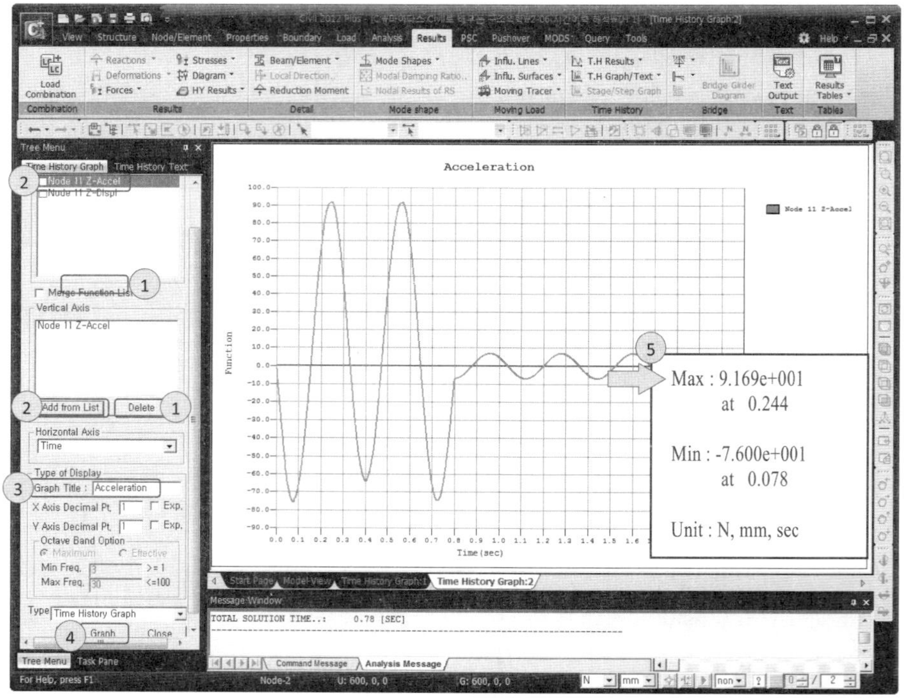

▶그림 6.18
가속도 시간이력 그래프

가속도의 시간이력을 주파수 영역으로 변환하여 검토한다.

Acceleration 그래프창에서 마우스 우측 버튼을 클릭한 후 **Time ↔ Freq** 를 실행하면 FFT(Fast Fourier Transform) 알고리즘을 이용하여 시간이력 그래프를 주파수 이력으로 변환한다.

▶그림 6.19
주파수 그래프

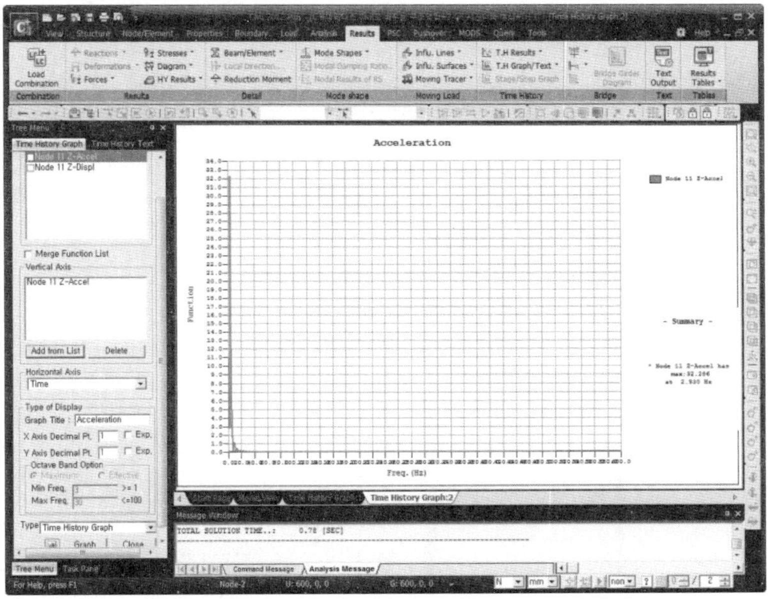

마우스 우 클릭으로 **'Define Graph Orign/Resolution/Range... '**대화창을 호출하여 출력 범위를 설정한다.

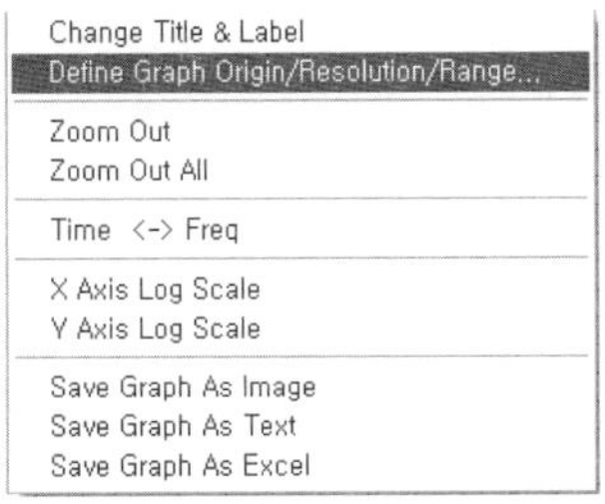

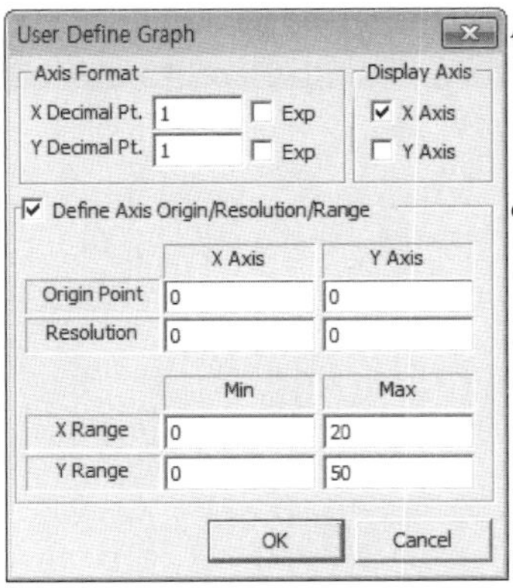

Axis Format
- X Decimal Pt. : 1
- Y Decimal Pt. : 1

Define Axis Origin~ : Check on
- X Range
  - Min : 0
  - Max : 20
- Y Range
  - Min : 0
  - Max : 50

주파수 영역(frequency domain)에서 반응을 검토함으로써 반응값의 주파수 특성을 파악할 수 있다. 최대 반응이 발생되는 고유진동수는 그림 6.13 의 단순보 고유진동수(3.1062 Hz)와 비슷한 2.93Hz 가 나오는 것을 알 수 있다.

만약 주기적으로 반복되는 하중이 단순보에 작용하고, 그 하중의 주기가 구조물의 고유주기와 일치한다면 동일한 크기의 하중에서 더 큰 반응값이 유발될 것이 예상된다. 예제 모델 2 에서 하중을 변경하여 이를 확인해 보자.

▶그림 6.20
가속도 주파수 이력 그래프

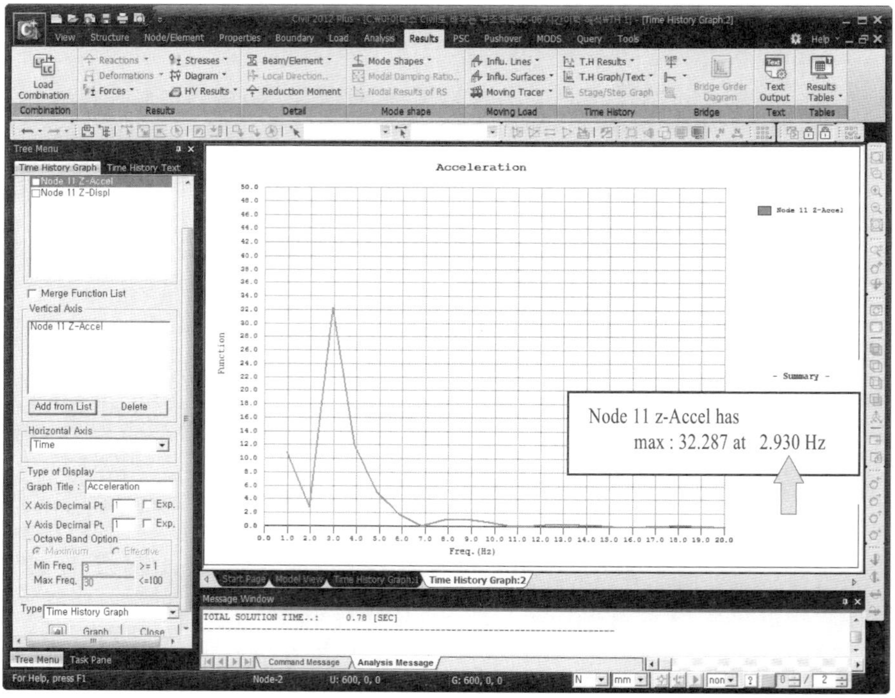

02.8.5 **주기하중 모델의 생성**

해석 모델을 다른 이름으로 저장한다.

Main Menu 에서 ***File / Save As...***

1. 파일 이름 : **'TH 2'** 입력, **[저장]** 클릭

02.8.6 **시간이력 함수 추가**

구조물 고유주기(0.3219)와 동일한 주기의 반복 시간이력 하중을 추가한다.

Main Menu 에서 ***Load / Seismic / Time History Functions***

2. **[Add Time Function]** 클릭
3. Function Name : **'FUNC 2'** 입력
4. Time Function Data Type > **Force** 선택, Scale Factor : **'1.0'** 입력
5. 테이블에서

   Time(sec) : **'0.0000'**, Function(N) : **'1.0'** / Time(sec) : **'0.3219'**, Function(N) : **'0.0'** 입력

   Time(sec) : **'0.3220'**, Function(N) : **'1.0'** / Time(sec) : **'0.6438'**, Function(N) : **'0.0'** 입력

   Time(sec) : **'0.6439'**, Function(N) : **'1.0'** / Time(sec) : **'0.9657'**, Function(N) : **'0.0'** 입력

   Time(sec) : **'0.9658'**, Function(N) : **'1.0'** / Time(sec) : **'1.2876'**, Function(N) : **'0.0'** 입력

   Time(sec) : **'1.2877'**, Function(N) : **'1.0'** / Time(sec) : **'1.6095'**, Function(N) : **'0.0'** 입력

   Time(sec) : **'1.6096'**, Function(N) : **'1.0'** / Time(sec) : **'1.9314'**, Function(N) : **'0.0'** 입력

   아래 행 클릭하여 그래프 출력 확인.
6. **[OK]** 클릭, **[Close]** 클릭

Tip
테이블에 값을 입력할 때에는 해당 셀에 값을 입력 후 다른 행을 클릭하여 입력이 완료되는 것을 확인한 후 종료해야 한다.

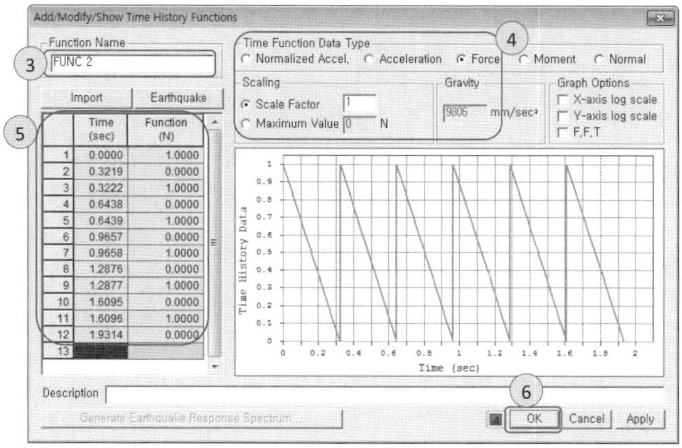

▶그림 6.21
시간이력 하중의 추가 입력

02.8.7 **시간이력 하중조건 추가**

시간이력 해석의 하중조건을 추가한다.

Main Menu 에서 ***Load / Seismic / (Time History) Load Cases***

1. **[Add]** 클릭
2. General > Name : **'Time 2'** 입력
3. End Time : **'2.0'** 입력, Time Increment : **'0.001'** 입력
   Step Number Increment for Output : **'1.0'** 입력
4. **[OK]** 클릭, **[Close]** 클릭

▶그림 6.22
시간이력 하중조건 수정

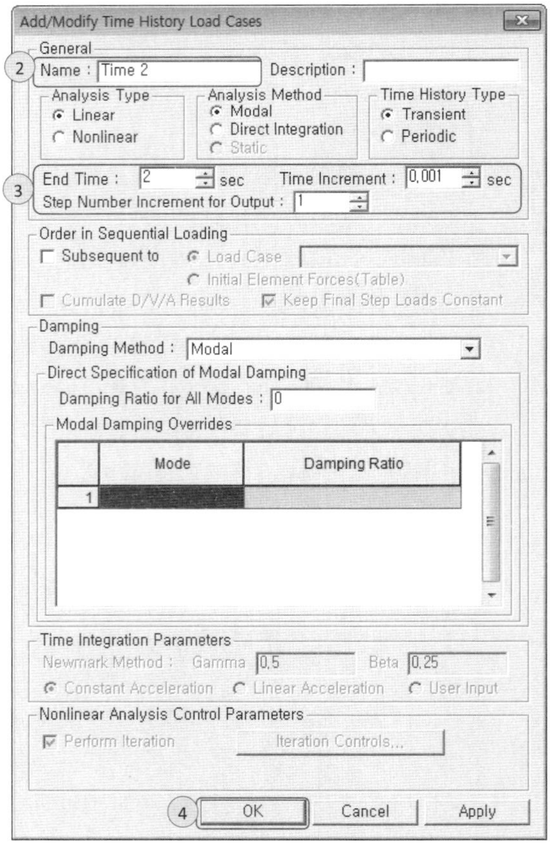

02.8.8 **동적 절점하중 수정**

동적 절점하중 테이블을 이용하여 집중하중의 위치 및 도달시간(arrival time)을 수정한다.

Main Menu 에서 ***Load / Load Tables / Time History Analysis / Dynamic Nodal Loads...***

1. **11 번 절점하중**을 제외한 나머지 하중 [Delete]키로 삭제
2. LoadCase 항목 클릭하여 **Time 2** 로 수정
   Function 항목 클릭하여 **FUNC 2** 로 수정
   Arrival Time(sec) : **'0'** 입력
   아래 행 클릭 후, 최종 입력값 확인

Tip

하중이 이동하중으로 작용된다면 시간대별로 하중을 작용시키지만, 여기에서는 중앙 절점에 한 번 입력하므로 Arrival Time 을 0sec 로 입력한다

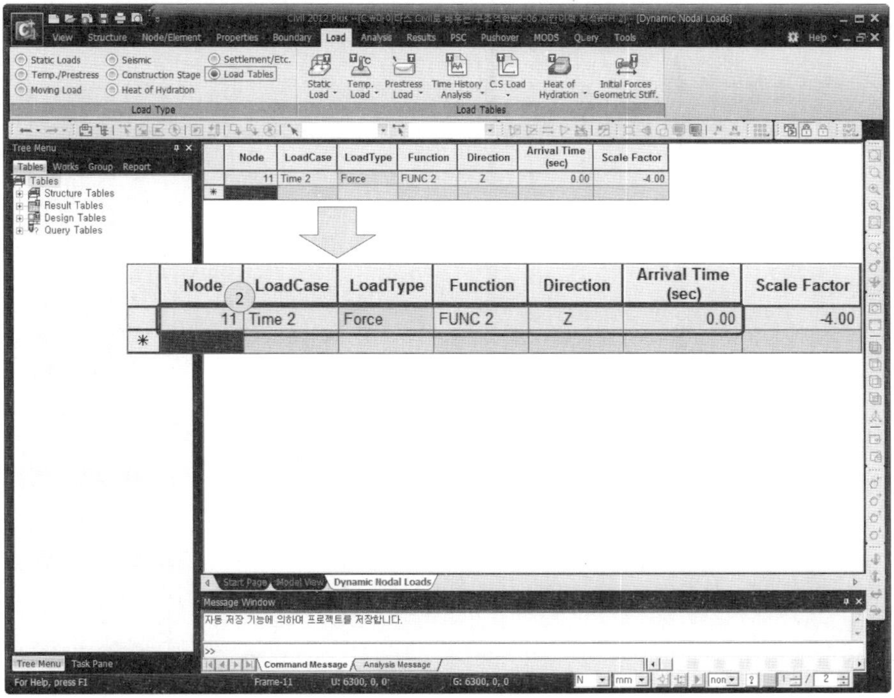

Node	LoadCase	LoadType	Function	Direction	Arrival Time (sec)	Scale Factor
11	Time 2	Force	FUNC 2	Z	0.00	-4.00

Node	LoadCase	LoadType	Function	Direction	Arrival Time (sec)	Scale Factor
11	Time 2	Force	FUNC 2	Z	0.00	-4.00

▶그림 6.23
동적 절점하중 수정

02.8.9 **구조해석 수행** 하중과 시간이력 해석 조건 수정을 마치고 구조해석을 수행한다.

Main Menu 에서 ***Analysis / Perform Analysis*** 실행

1. Message Window 에서 해석 정상 종료 메시지 확인
2. Model View 탭 클릭

▶그림 6.24
해석 정상 종료 메시지

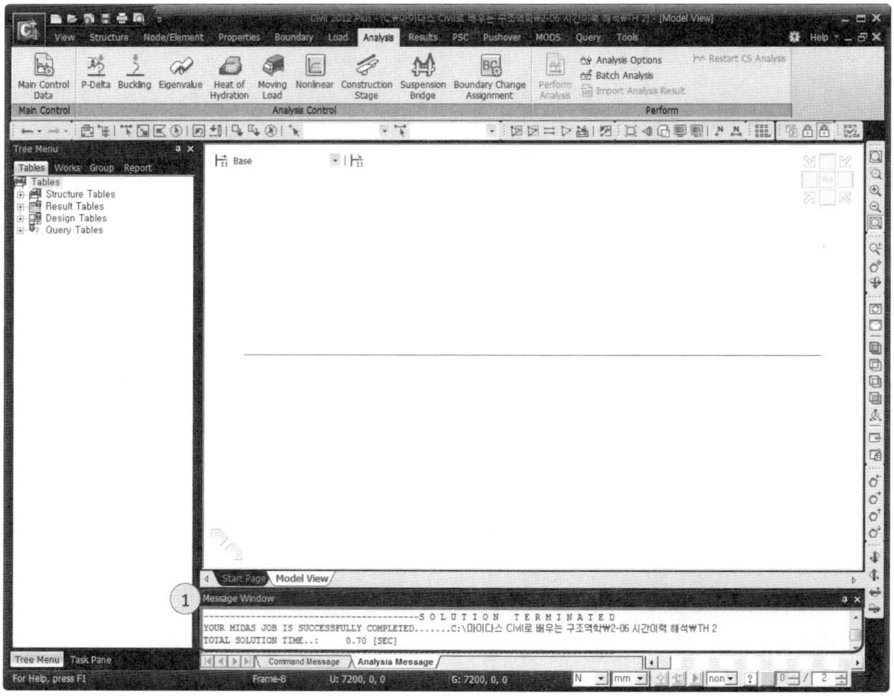

02.8.10 시간이력 그래프 정의 구조물 고유주기와 동일한 주기의 하중과 비교하기 위하여 시간이력 그래프 출력 내용을 정의한다.

Main Menu 에서 ***Results / Time History Graph/Text / Time History Graph...***

1. Vertical Axis > **Node 11 Z-Accel** 선택, **[Delete]** 클릭
2. **[Define/Modify Function]** 클릭
3. Define Function > **Displ/ Vel /Accel** 선택, **[Add New Function]** 클릭
4. Displ/Vel/Accel > Name : **'Node 11_1.0Tn'** 입력, Node Number : **'11'** 입력
5. Type of Result > **Displ.** 선택
6. Components > **DZ** 선택, Time History Load Case > **Time 2** 선택
7. **[OK]** 클릭

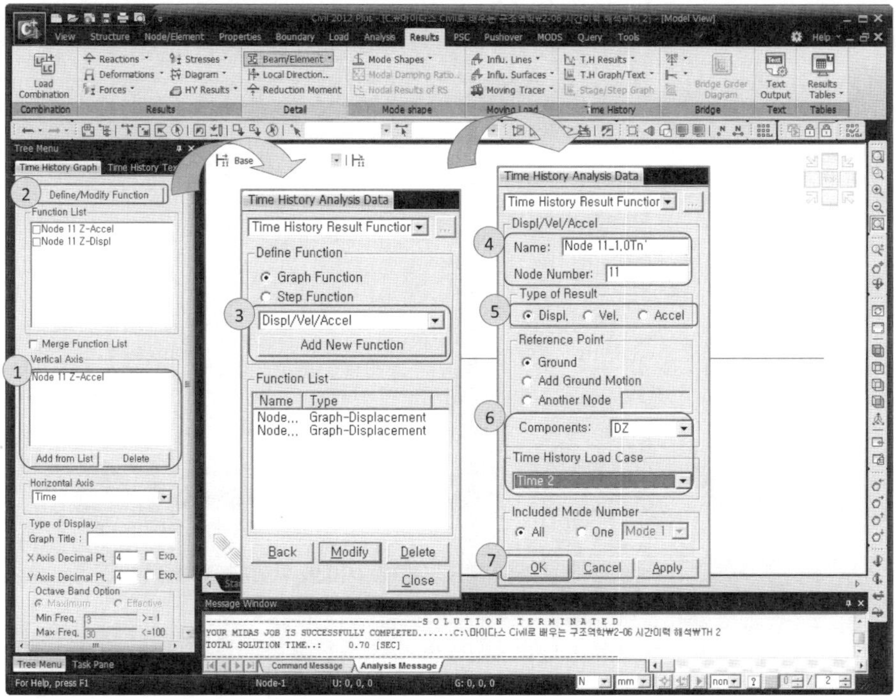

▶그림 6.25
시간이력 그래프 정의

02.8.11 시간이력 해석 결과 변위 확인

절점 11 에 Dynamic Nodal Load 가 작용할 경우의 변위 그래프를 출력한다.

Main Menu 에서 ***Results / Time History Results / Time History Graph...***

1. Functions List > **Node 11_1.0Tn** (Check on)
2. Vertical Axis > **[Add from List]** 클릭
3. Horizontal Axis > **Time** 선택
4. Type of Display > Graph Title : **'Displacement'** 입력
   Type of Display > X Axis Decimal Pt. : **'1'**, Y Axis Decimal Pt. : **'1'** 입력
5. Type > **Time History Graph** 선택
6. **[Graph]** 클릭

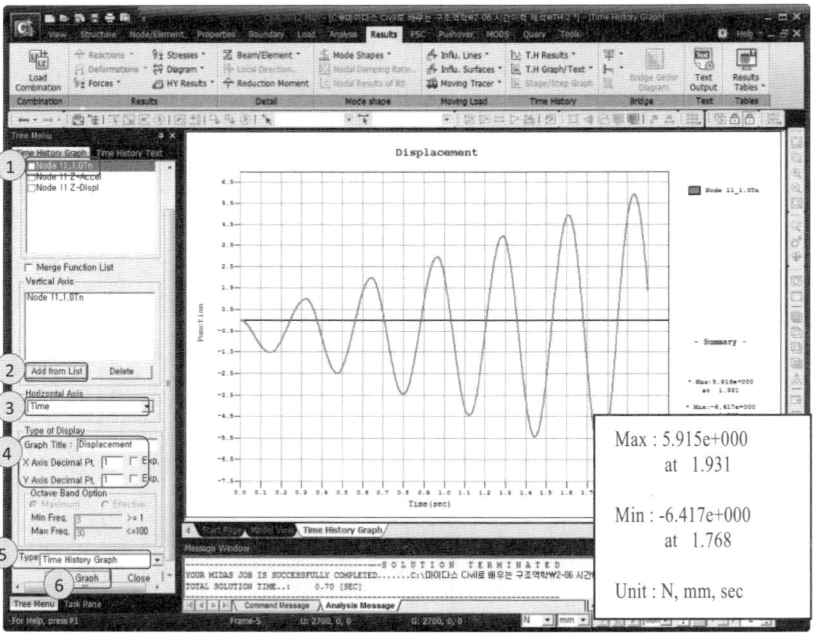

▶그림 6.26
변위 시간이력 그래프

구조물 고유주기와 동일한 주기의 하중이 작용할 경우에는 구조물 고유주기일 때의 변위보다 훨씬 증폭된 변위가 발생되는 것을 알 수 있다. 2 초 동안의 응답을 검토한 결과 11 번 절점의 최대변위는 1.768 초에서 하향 6.417mm 의 변위가 발생되었다.

구조물의 동적 하중에 대한 안정성(stability)이나 사용성(serviceability)을 확보하기 위한 대책 수립은 바로 공진(resonance) 발생 가능성을 확인하고 억제하는 데서 출발한다.

03. 풀어보기

03.1 역학적 개념의 이해 및 수계산

03.1.1 Model 1

모델 1 에서는 하중 $P(t)$가 2 번 절점부터 20 번 절점까지 15,000 mm/sec 속도로 이동하는 경우에 대한 예제이다. 따라서 20 번 절점에 도달하는 시간은 0.72 초이며, 하중이 종료되는 시간은 0.8 초가 된다. 이와 같은 하중에 대하여 수계산으로 해를 얻기 위해서는 각각의 절점에 도달하는 하중에 대해 해석을 수행하고, 모든 경우를 시간에 따라 누적하는 방법으로 산정할 수 있다. 그러나 계산 과정이 매우 복잡하여 해석의 원리를 이해하기 어렵기 때문에 모델 1 의 구조를 1 자유도계로 가정하고, 단순보의 중앙에 하나의 집중하중이 작용하는 경우를 대상으로 설명해 보자.

단순보에 대한 1 차모드의 고유치는 다음과 같은 방법(5 장의 고유치 해석 참조)으로 구할 수 있다.

$$\omega_n = \left(\frac{\pi}{\ell}\right)^2 \sqrt{\frac{EI}{\bar{m}}} = \left(\frac{\pi}{12,000}\right)^2 \sqrt{\frac{4.0\times10^6\times36,000}{1.776\times10^{-6}}} = 19.5165 \text{ rad/sec}$$

여기서, 단위길이당 질량 $\bar{m} = \dfrac{A\cdot\gamma}{g} = \dfrac{645\times2.7\times10^{-5}}{9806} = 1.776\times10^{-6}$

단순보의 중앙에 집중하중이 작용할 때, 중앙부 처짐이 1mm 가 되도록 하는 하중은 다음과 같이 계산되므로 하중 증감계수(scale factor)는 4.0 으로 하였다.

$$P = \frac{48EI}{\ell^3} = \frac{48\times4.0\times10^6\times36,000}{12,000^3} = 4.0\text{N}$$

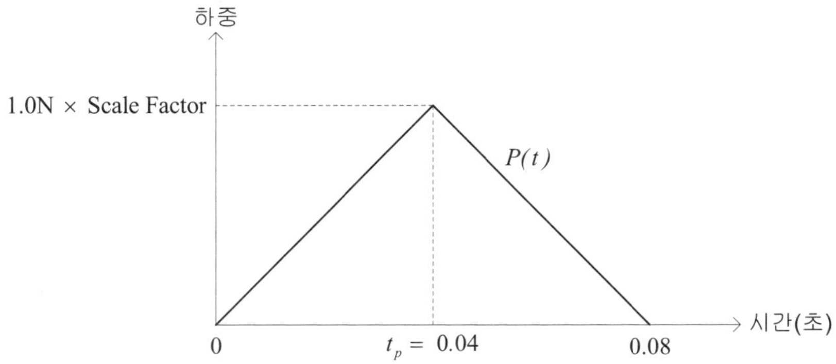

▶그림 6.27
시간이력 하중

모델 1 과 같은 구조에서 감쇠 효과를 무시하고, 뉴마크-베타법을 적용하면 다음과 같이 정리된다.

1) 초기값인 경우 : $i=0$

$$\ddot{u}_o = (f_o - ku_o)/m$$

2) 초기값 이후의 경우 : $i=0$

$$u_i = \frac{f_i + (4m/h^2)(u_{i-1} + h\dot{u}_{i-1} + h^2\ddot{u}_{i-1}/4)}{k + 4m/h^2}$$

$$\ddot{u}_i = \frac{4}{h^2}\left(u_i - u_{i-1} - h\dot{u}_{i-1} - \frac{h^2}{4}\ddot{u}_{i-1}\right)$$

$$\dot{u}_i = \dot{u}_{i-1} + \frac{h}{2}(\ddot{u}_{i-1} + \ddot{u}_i)$$

여기에서 질량 m 과 강성 k 은 다음과 같이 계산된다.

$$m = \bar{m}\frac{\ell}{2} = 1.066 \times 10^{-2}\,\mathrm{N}$$

$$k = \frac{48EI}{\ell^3} = 4.0\,\mathrm{N/mm}$$

표 6.1 은 뉴마크-베타법을 5 번째 단계까지 적용한 예를 나타내고 있으며, 그림 6.28 은 표에서 얻어진 시간-변위 관계를 그림으로 나타낸 것이다.

▶표 6.1
뉴마크-베타법에 의한 계산

i	t	f_i	u_i	$\ddot{u}_i$	$\dot{u}_i$
0	0	0	0.0000	0.0000	0.0000
1	0.004	-0.4	-0.0001	-37.4822	-0.0750
2	0.008	-0.8	-0.0009	-74.7397	-0.2994
3	0.012	-1.2	-0.0028	-111.5489	-0.6720
4	0.016	-1.6	-0.0066	-147.6892	-1.1905
5	0.02	-2	-0.0127	-182.9437	-1.8517

단순보의 중앙에 하중이 작용하는 경우에 대한 해석 결과를 Civil 과 비교해 보았다. Civil 에서는 직접적분법이나 모드중첩법을 사용할 수 있으며, 수계산과 Civil 에 의한 해석 결과는 정확하게 일치하기 때문에 하나의 경우만을 그림 6.28 에 나타내었다.
(Civil 에서의 확인은 따라하기 Model 1 의 Dynamic Nodal Loads Table 에서 2 번~20 번 절점에 재하된 Dynamic Nodal Loads 중에서 중앙(11 번 절점)에 재하된 값만 남기고 모두 지운 후, 해석하여 확인이 가능하다.)

▶그림 6.28
단순보의 중앙에 집중하중이 작용할 때 중앙부 처짐

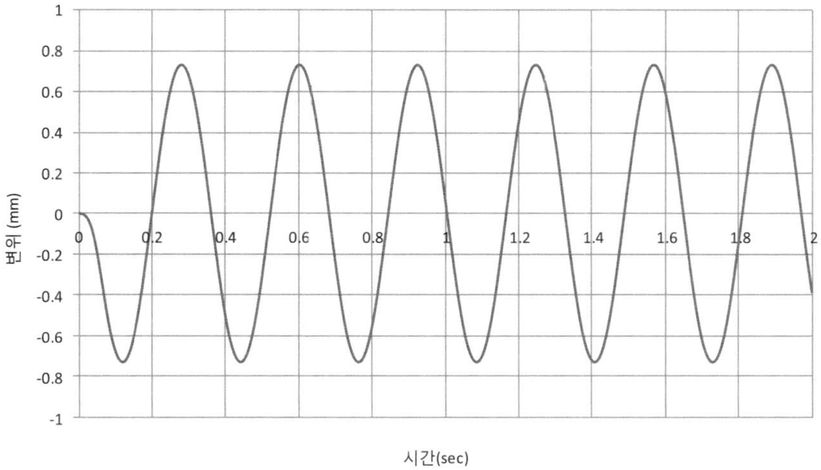

단순보의 중앙(절점 11)에 정적하중 4N 이 작용할 때 중앙부 처짐은 1.0mm 이어야 하지만, 동적하중의 경우 최대 처짐이 0.731mm 임을 알 수 있다. 그러나 따라하기 모델 1 과 같은 이동하중이 지속적으로 작용하는 경우에는 그림 6.29 와 같이 직전 시간대에 발생된 하중에 의한 처짐이 있는 상태에서 하중을 받기 때문에 더 큰 처짐(1.07mm)이 발생되는 것을 알 수 있다.

▶그림 6.29
단순보에 이동하중이 작용할 때 중앙부 처짐

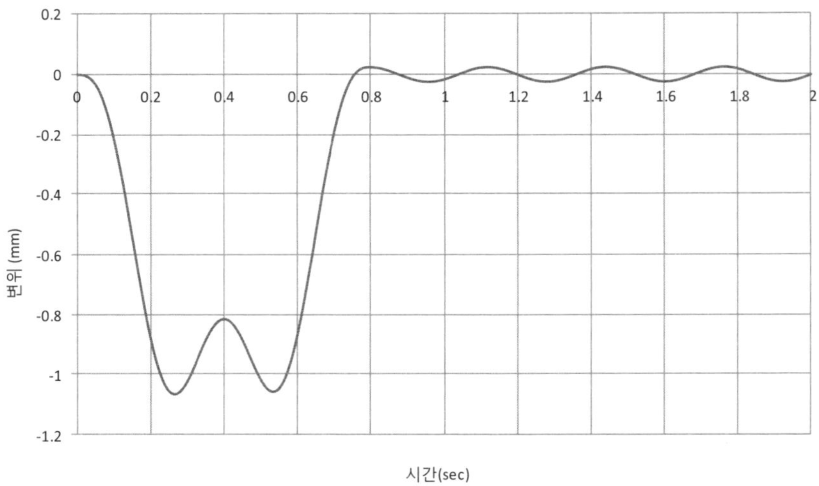

모델 1 에서는 감쇠 효과를 반영하지 않았기 때문에 하중이 모두 지나간 후(0.8 초 이후)에도 약간의 변위가 크기 감소 없이 지속적인 자유진동 효과가 나타나고 있다.

03.1.2 Model 2

모델 2 는 구조물의 고유주기와 하중의 주기 사이의 상관관계에 따른 구조물의 응답을 확인하고자 하는 예제이다.

여기에서는 구조물 고유주기에 의한 구조물의 응답(변위, 가속도 등)이 작용하는 상태에서 구조물 주기의 1.0 배 및 2.0 배의 주기를 가지는 하중을 작용시켜서 시간이력 응답을 검토하였다. 구조물 고유주기는 $T_n = 2\pi/\omega_n = 0.3219\,\text{sec}$ 이므로 하중주기가 0.3219 초인 경우와 0.6438 초인 두 가지 주기하중을 작용시켰다(Civil 에서는 Time History Load Case 설정 및 Time History Functions 에서 다음과 같은 주기를 설정한다).

▶그림 6.30
고유주기의 1.0 배 주기
하중

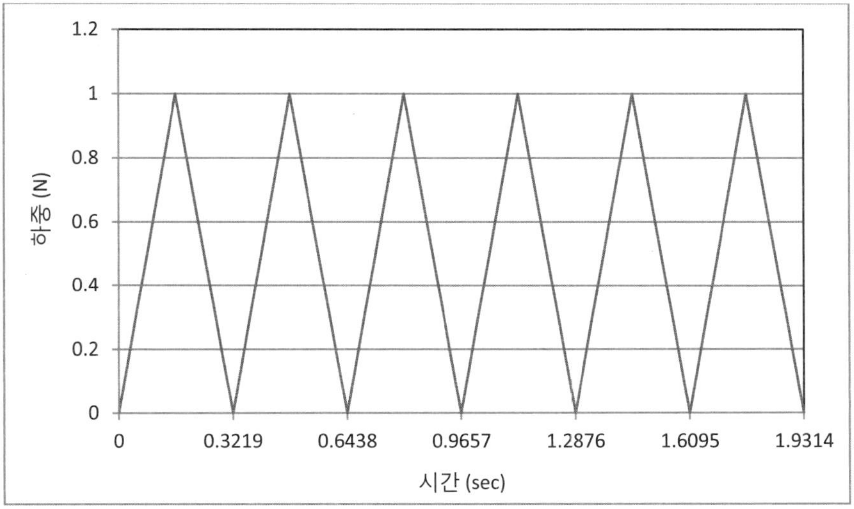

▶그림 6.31
고유주기의 2.0 배 주기
하중

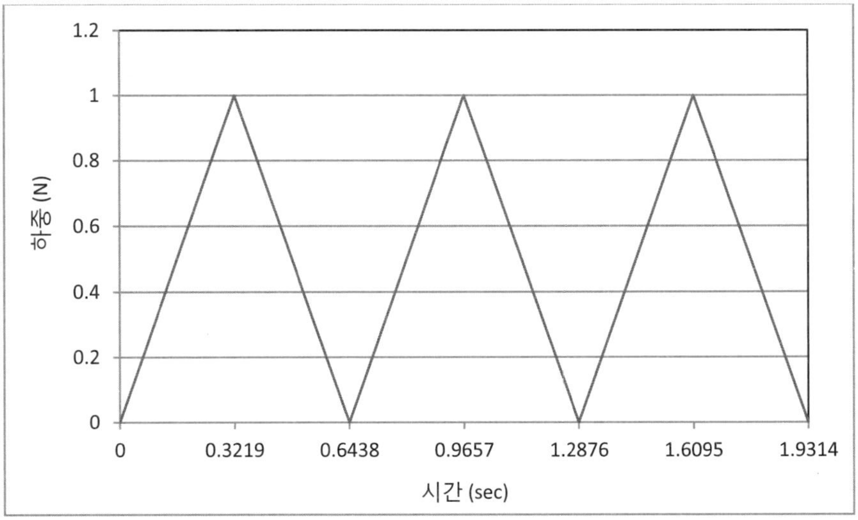

고유주기의 1.0 배, 2.0 배 주기하중에 대한 해석 결과는 그림 6.32 와 같다.

▶그림 6.32
하중의 주기에 따른 변형

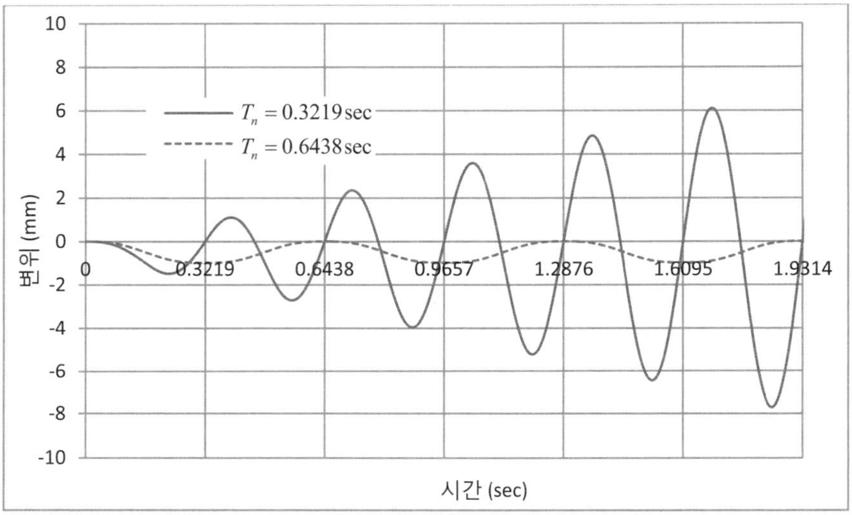

그림 6.32 에서 하중주기가 구조물의 고유주기와 일치(1.0Tn)하는 경우에는 변위가 큰 폭으로 증폭되는 것을 알 수 있다. 하지만 하중주기를 구조물의 주기와 다르게 2 배(2.0Tn)로 작용할 경우에는 다소 작은 폭으로 증폭되는 것을 알 수 있다(Civil 에서는 1.0Tn, 2.0Tn 을 가지는 Dynamic Nodal Load 를 중앙 11 번 절점에 집중하중으로 작용시켜 해석한 후, Time History Graph 를 통하여 확인할 수 있다). 이처럼 실제 구조물 설계에서는 구조물의 고유주기와 하중의 주기가 다르게 설계하여 응답(변위)이 증폭되지 않도록 주의해야 한다.

04. 연습문제

1. 본문의 해석 모델(TH 1.mgb)에서 하중의 이동 속도가 30m/sec 로 증가된 경우에 대하여 시간이력 해석을 수행하고, 스팬 중앙부에서의 변위, 속도, 가속도를 비교하시오.

(a)

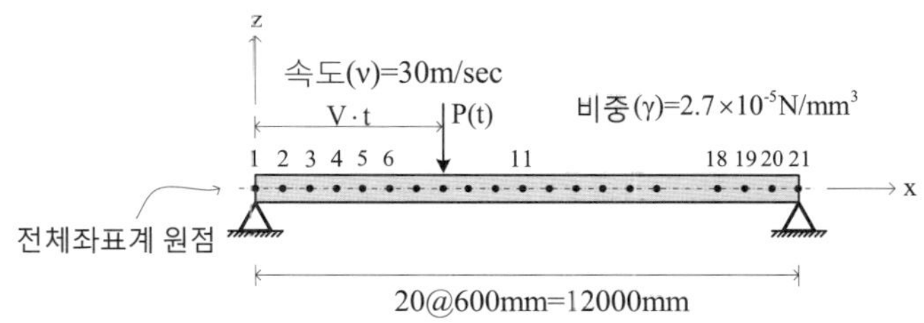

(b)

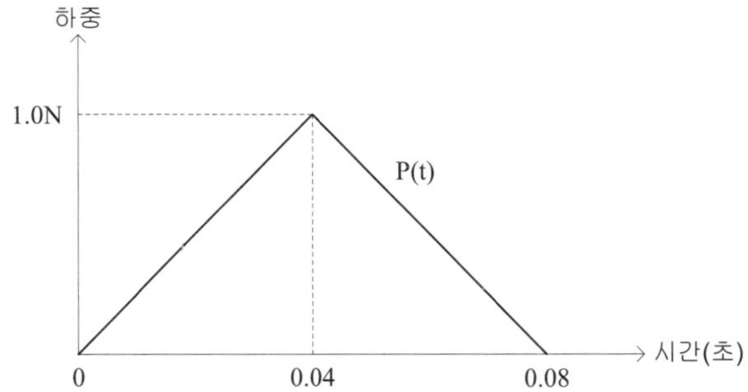

- ***Material***

  탄성계수 : $4.0 \times 10^6 \ N/mm^2$

  비중(γ) : 2.7×10^{-5} N/mm^3

- ***Section***

  단면적(Area) : 645 mm^2

  단면 2 차모멘트(I_{yy}) : 36,000 mm^4

  지름(diameter) : 250 mm

  두께(thickness) : 50 mm

  중력가속도(g) : 9,806 mm/sec^2

7. 응답스펙트럼 해석

TABLE OF CONTENTS

01. 이해하기

01.1 응답스펙트럼 해석의 개념

01.1.1 해석 개념

시간이력 해석법에서는 구조물의 가속도, 속도, 그리고 변위 등의 시간에 따른 이력값을 산정한다. 반면에 응답스펙트럼 해석법에서는 각각의 모드별로 최대 응답값을 구한 다음, 적정한 조합방법을 이용하여 조합함으로써 전체적인 최대 응답값을 예측한다. 그림 7.1 은 주기별로 최대 응답값을 찾아서 주기별 최대 변위값을 그래프에 나타내는 과정을 보여 준다.

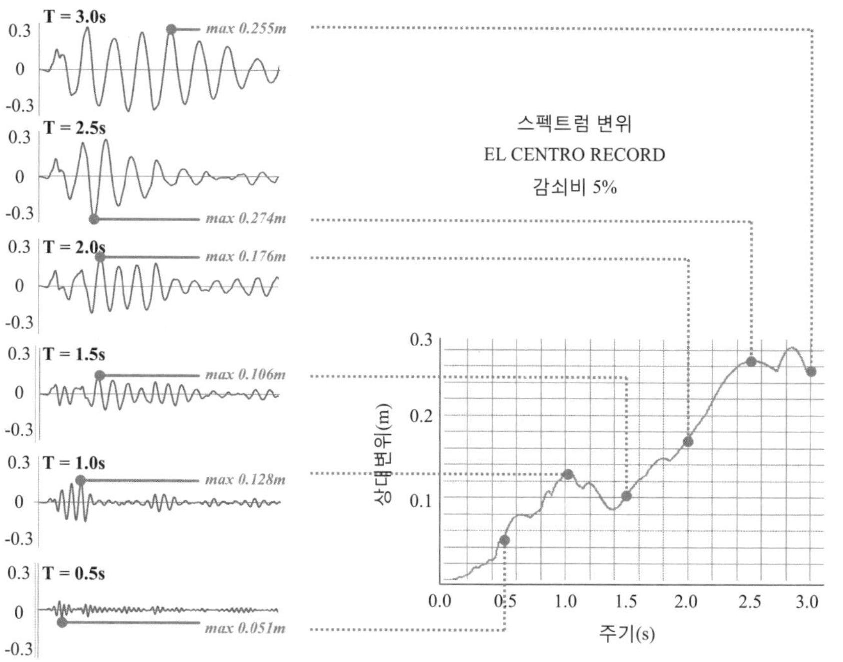

▶그림 7.1
응답스펙트럼 변위의 산정방법

그림 7.1 의 좌측 그림은 구조물 주기별(0.5s~3.0s)로 시간이력 해석을 수행한 후 변위의 최대값을 찾는 과정을 보여 준다. 우측 그림은 구조물의 주기별 최대 변위값을 그래프로 나타낸 것이다. 구조물의 주기별로 최대 변위를 나타내는 그림이므로 응답스펙트럼이라

는 용어를 주로 사용한다. 가속도 및 속도에 대해서도 유사한 형태의 그림을 그릴 수 있다.

구조해석 프로그램에서는 프로그램 내부에서 주기별 응답스펙트럼을 산정하여 특정 주기에 해당하는 최대 응답을 산정해 준다. 그림 7.2 는 감쇠 정도에 따라 구해진 주기별 스펙트럼 변위를 보여주고 있다.

▶그림 7.2
감쇠 정도에 따른 주기별 응답스펙트럼 변위

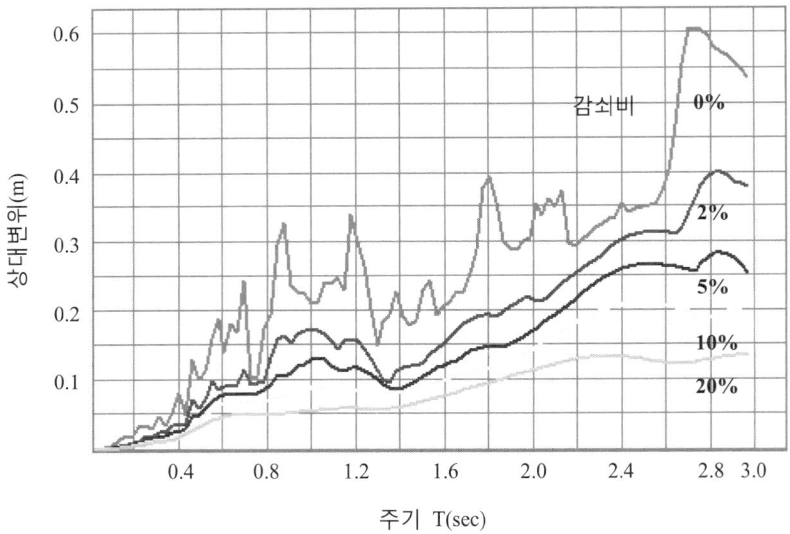

구조물이 복잡해질수록 구조물의 변형에 기여하는 고유모드(혹은 고유주기)의 수는 많아지며, 각각의 모드가 기여하는 정도가 반영된 상태가 결과로 나타나게 된다. 따라서 각각의 고유주기별 응답스펙트럼이 구해지면, 각 주기별 응답스펙트럼의 기여도를 산정해야 한다. 고유치 해석을 통해 6 장의 식 6.19 와 같은 방법으로 각 모드별 모드 참여계수 Γ_i (i 번째 모드의 참여계수)를 산정한다.

층전단력이나 변위 등은 주기별 최대 응답값에 모드 참여계수를 곱하여 다음과 같이 산정한다.

▶식 7.1 $$V_i = \Gamma_i m(S_{ai} g)\phi_i$$

▶식 7.2 $$D_i = \Gamma_i S_{di} \phi_i$$

위 식들은 식의 표현을 간결하게 하기 위하여 구조물의 전층 질량이 m 으로 동일한 경우에 대한 식으로 나타냈다. 식에서 S_{ai} 와 S_{di} 는 i 번째의 스펙트럼가속도의 중력가속도에 대한 비율과 스펙트럼 변위를 나타내며, $\boldsymbol{\varphi}_i$ 는 i 번째의 고유벡터, g 는 중력가속도를 나타낸다. 스펙트럼 가속도, 속도, 변위의 근사적 관계는 다음과 같다.

▶식 7.3 $$S_a = \omega S_v = \omega^2 S_d$$

식 7.2 로부터 해당 모드의 층전단력은 질량에 스펙트럼 가속도를 곱하고, 여기에 모드 형상을 반영하여 층별 분포를 구한 후, 모드 참여계수를 곱해서 얻어지는 것을 알 수 있다. 층 변위의 경우도 스펙트럼 변위에 모드 형상을 반영하여 층별 분포를 구한 후, 모드 참여계수를 곱한다.

각각의 모드별 응답이 구해지면 적절한 방법으로 조합해야 한다. 그림 7.1 에서 알 수 있는 것처럼 최대값이 얻어지는 시간이 각각 다르기 때문에 최대값들의 단순 합으로 응답을 구할 수 없다. 따라서 다음과 같은 여러 방법 중에서 적절한 방법을 선정하여 각 모드별 응답을 조합한다.

▶식 7.4 - SRSS (Square Root of the Sum of the Squares): $R_{max} = \left[R_1^2 + R_2^2 + \cdots + R_n^2 \right]^{1/2}$

▶식 7.5 - ABS (Absolute Sum): $R_{max} = |R_1| + |R_2| + \cdots + |R_n|$

▶식 7.6 - CQC (Complete Quadratic Combination): $R_{max} = \left[\sum_{i=1}^{N} \sum_{j=1}^{N} R_i \rho_{ij} R_j \right]^{1/2}$

여기서, R_i = 최대 응답값

$$\rho_{ij} = \frac{8\xi^2(1+r)r^{3/2}}{(1-r^2)^2 + 4\xi^2 r(1+r)^2}, \quad r = \frac{\omega_j}{\omega_i}$$

r = i 번째 모드에 대한 j 번째 모드의 고유진동수 비율

ξ = 감쇠비

응답스펙트럼 해석법을 1 차모드에만 적용하면 등가정적 해석법이 된다. 다음 그림 7.3 은 AASHTO LRFD 6th 에서 사용하는 가속도에 대한 설계 스펙트럼을 보여 주고 있다.

▶그림 7.3
가속도에 대한 설계 스펙트럼(AASHTO LRFD 6th)

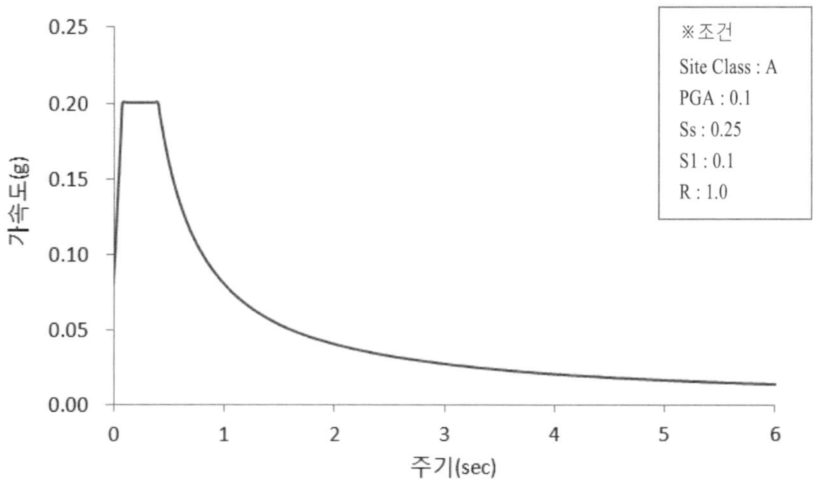

02. 따라하기

02.1 모델 개요

응답스펙트럼 해석은 지진 발생시 구조물에 작용하는 지진하중에 의한 구조물의 거동을 분석하고 부재력을 계산하여 설계에 적용하기 위해 수행한다.
본 예제에서는 다음 그림과 같이 3 층 평면 골조에 대하여 El Centro 지진의 남북방향 성분으로 구한 스펙트럼을 적용하여 응답스펙트럼 해석을 수행한다.

▶그림 7.4
해석 모델

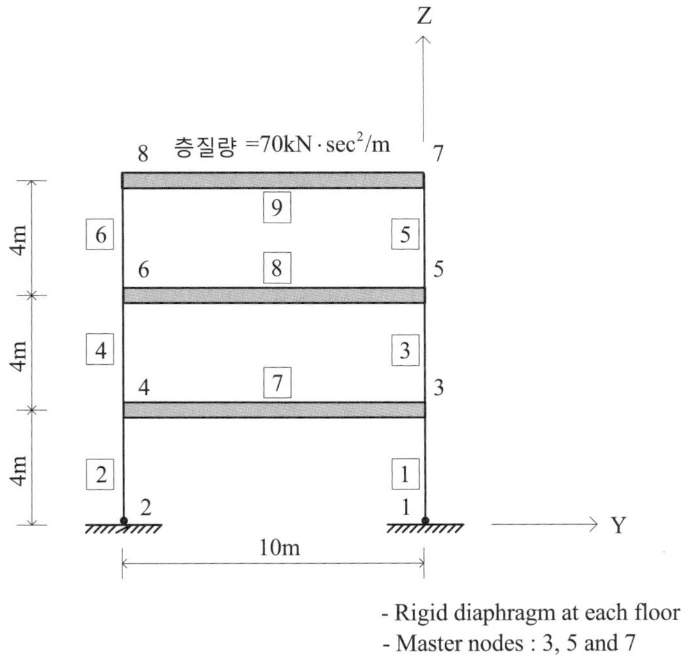

해석 모델은 층별 강체 거동을 고려하기 위하여 종속 절점(slave node) 4, 6, 8 의 평면 거동 자유도를 각각의 주 절점(master node) 3, 5, 7 에 종속시킨다.

- ***Material***
  탄성계수 : 2.0×10^5 N / mm^2
- ***Section***
  기둥 : 단면적(Area) : 6.0×10^{12} mm^2
  단면 2 차모멘트(I_{yy}) : 4.0×10^8 mm^4
  보 : 단면 2 차모멘트(I_{yy}) : 4.0×10^{14} mm^4
  층질량(floor mass, M) : 70.0 kN·sec^2/m
  감쇠비(ξ) : 0.05 (5%)
  중력가속도(g) : 9,806 mm/sec^2
  응답스펙트럼 데이터 : El Centro N-S 성분

02.2 작업환경 설정

02.2.1 **단위계 설정**

새 파일을 열고 파일명을 저장한다.

Main Menu 에서 / ***New Project...***

Main Menu 에서 / ***Save***

1. 파일 이름 : **'Response'** 입력 후 **[저장]** 클릭

예제에서 사용할 단위계를 설정한다.

Main Menu 에서 ***Tools / Unit System...***

2. Length > **mm**, Force(Mass) > **N** 선택

3. **[OK]** 클릭

▶그림 7.5
(a) 파일 저장
(b) 단위계 설정

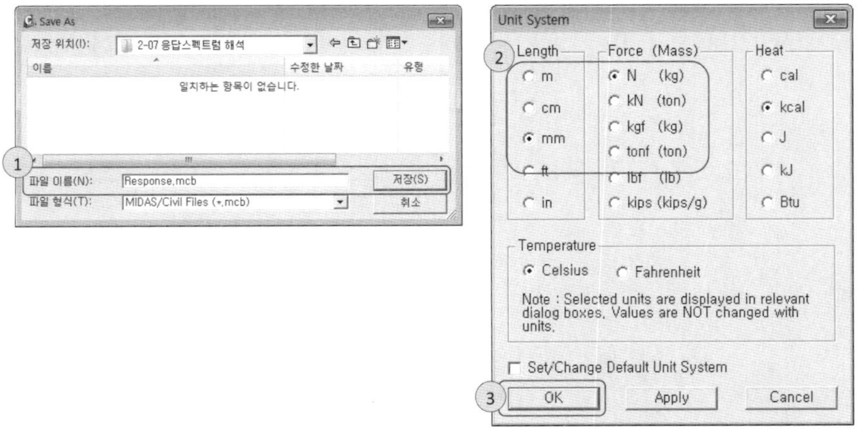

Tip

단위계 설정은 화면 하단 Status bar 에서도 간편하게 설정이 가능하다.

02.2.2 작업 평면 설정

본 예제에서는 전체좌표계(Global Coordinate System, GCS)를 기준으로 Y-Z 평면의 거동만을 허용하므로 Structure Type 을 2-D 거동 구조물(Y-Z Plane)로 지정한다.

Main Menu 에서 ***Structure / Type / Structure Type...***

1. Structure Type > **Y-Z Plane** 선택
2. Gravity Acceleration : **'9806'** 입력
3. **Align Top of Beam Section with Floor~** (Check on)
4. **[OK]** 클릭

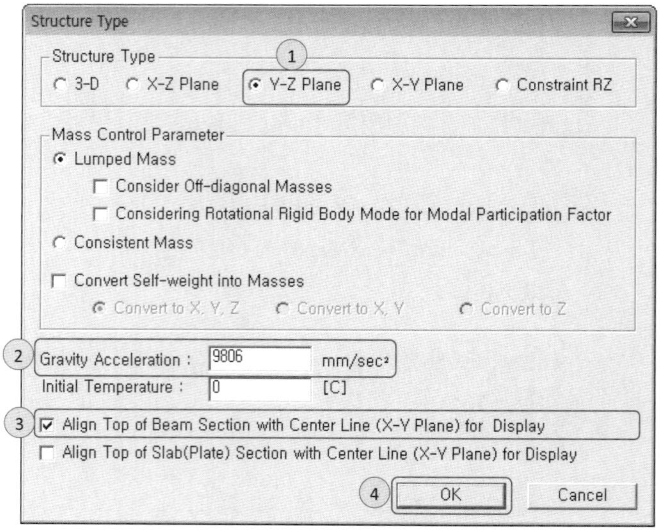

▶그림 7.6
작업 평면 설정

02.3 재질과 단면 정의

모델에 사용될 재질 및 단면은 해석의 편의를 위하여 사용자가 임의값을 지정하는 user defined type 과 value type 을 이용한다.

Main Menu 에서 ***Model / Properties / Material...***

1. **[Add...]** 클릭, Name : **'Mat'** 입력
2. Elasticity Data > Type of Design > **User Defined** 선택,
3. User Defined > Modulus of Elasticity : **'2.0e5'** 입력**, [OK]** 클릭
4. **Section** 탭 클릭, **[Add...]** 클릭, **Value** 탭 클릭
5. Section Shape 목록 > **Solid Rectangle** 선택, Name : **'Column'** 입력
6. Size > H : **'1'**, B : **'1'** 입력, Section Properties > Area : **'6.0e12'**, I_{zz} : **'4.0e8'** 입력
7. **Consider Shear Deformation** (Check off)
8. **[Apply]** 클릭
9. Name : **'Beam'** 입력
10. Size > H : **'500'**, B : **'1'** 입력, Section Properties > I_{yy} : **'4.0e14'**, I_{zz} : **'0'**입력
11. **Consider Shear Deformation** (Check off)
12. **[OK]** 클릭, **[Close]** 클릭

Tip

Section 정보가 Value 타입으로 입력된 단면은 해석시 Section Properties 에 입력된 단면성능값을 활용하며, Size 에 입력된 값은 Display 용으로만 활용된다.

▶그림 7.7
(a) 재질 정의
(b) 단면 정의

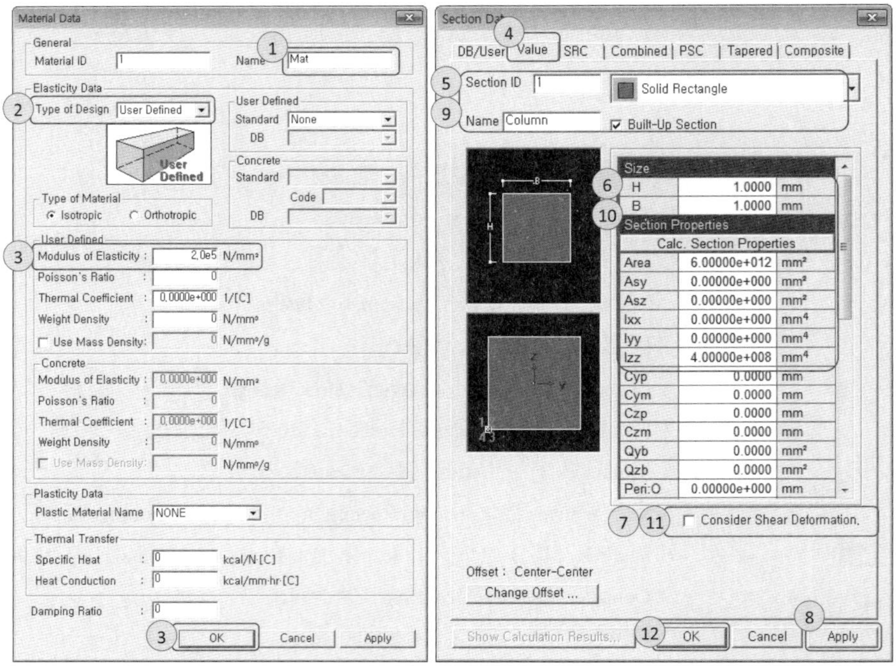

02.4 절점과 요소 생성

02.4.1 **절점 생성**

부재 생성을 위한 절점을 생성한다.

Main Menu 에서 ***Node/Element / Nodes / Create Nodes***

1. 화면 하단 단위계를 **kN, m** 로 수정
2. Coordinates (x, y, z) : **'0, 0, 0'** 입력
   Copy > Number of Times: **'1'** 입력, Distances (dx, dy, dz) : **'0,-10,0'** 입력
   [Apply] 클릭
3. **Translate Nodes** 선택
4. **Select All** 클릭, Translation > Equal Distance > dx, dy, dz : **'0,0,4'** 입력
5. **[Apply]** 클릭
6. **Display Node Numbers, Auto Fitting, Right View** (Toggle on)

Tip
Auto Fitting 은 모델이 전체 화면에 꽉 차게 들어오도록 실시간 자동으로 Zoom Size 를 조절한다.

▶그림 7.8
절점 생성

02.4.2 **요소 생성**

절점을 연결하여 요소를 생성한다.

Main Menu 에서 ***Node/Element / Elements / Create Elements***

1. Element Type > **General beam/Tapered beam** 선택
2. Material > **1:Mat** 선택, Section > **1:Column** 선택
3. Nodal Connectivity 입력란을 클릭하여 초록색의 입력 대기 상태 확인 후 Model View 에서 절점**(1, 3), (2, 4)** 을 순서대로 클릭하여 기둥 생성
4. Material > **1:Mat** 선택, Section > **2:Beam** 선택
5. Nodal Connectivity 입력란을 클릭하여 초록색의 입력 대기 상태 확인 후 Model View 에서 절점**(3, 4)** 을 순서대로 클릭하여 보 생성

▶그림 7.9
요소 생성

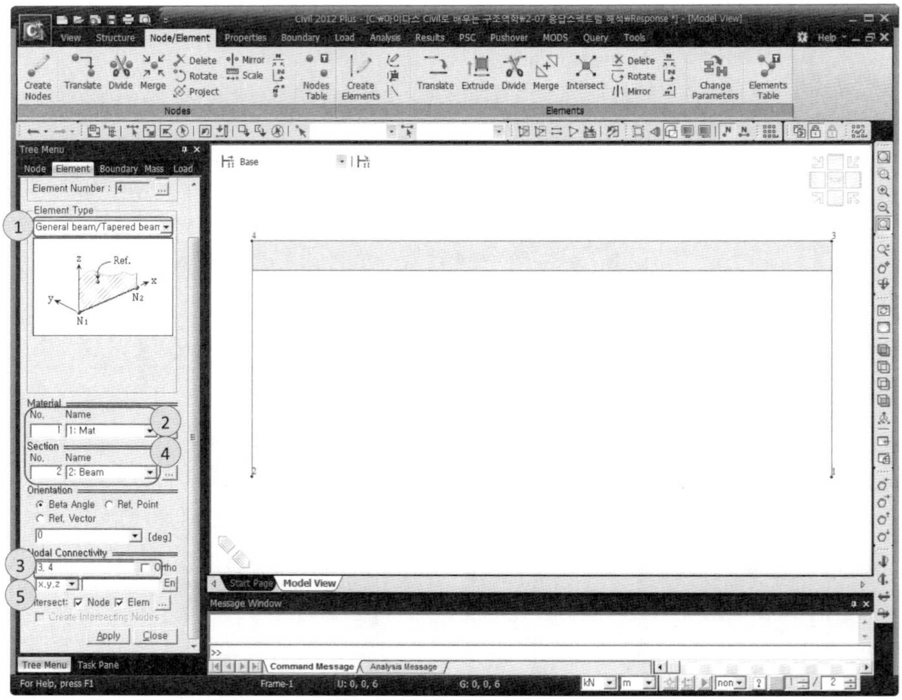

02.4.3 층질량 입력

고유치 해석을 위하여 층질량 데이터를 입력한다. 예제에서는 각 층에 강체 연결조건(rigid link)이 부여되므로 층질량을 주 절점에 입력한다.

Main Menu 에서 ***Load / Static Loads / Nodal Masses***

Main Menu 에서 ***View / Display...*** 실행, Misc 탭 > **Nodal Mass** (Check on), **[OK]** 클릭

1. **Hidden** (Toggle off)
2. **Select Single** (Toggle on) 모드에서 3 **번 절점** 선택
3. Nodal Mass > mY : **'70'** 입력
4. **[Apply]** 클릭

▶그림 7.10
층질량 입력

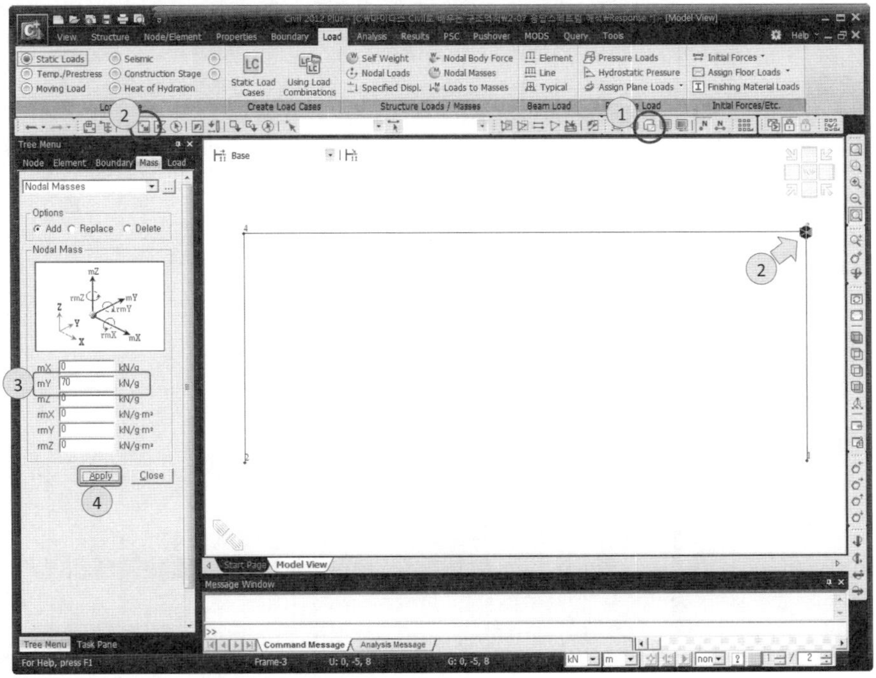

02.4.4 3 **층 골조 생성**

1 층에 입력된 부재 및 모델링 데이터를 복제하여 3 층 골조를 생성한다.

Main Menu 에서 ***Node/Element / Elements / Translate***

1. **Select All** 클릭
2. Mode > **Copy** 선택
3 Translation > **Equal Distance** > dx, dy, dz : **0, 0, 4** 입력, Number of Times : **'2'** 입력
4. **'Copy Node Attribute'**, **'Copy Element Attributes'** 체크
5. **[Apply]** 클릭

▶그림 7.11
3 층 골조 생성

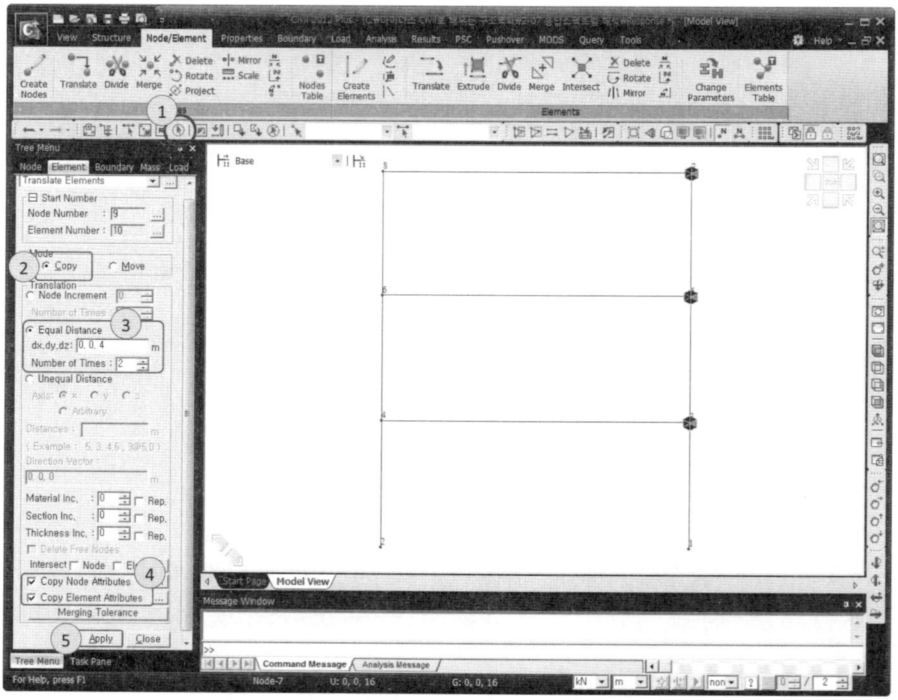

02.5 경계조건 입력

02.5.1 강체 연결 조건

절점 4 의 자유도를 강체 연결 조건을 이용하여 주 절점 3 에 종속시킨다. 상층부도 동일하게 강체 연결 조건을 부여한다. Y-Z 평면 내의 거동만이 허용되므로 DY 자유도만을 종속시킨다.

Main Menu 에서 ***Boundary / Link / Rigid Link...***

1. **Select Single** (Toggle on) 모드에서 4 번 절점 선택
2. Master Node Number : **'3'** 입력
3. DOF of Rigid Link > **DY** (Check on), **DX, DZ, RX, RY, RZ** (Check off)
4. **Copy Rigid Link** (Check on)
   Axis > **z** 선택, Distance : **'2@4'** 입력
5. **[Apply]** 클릭

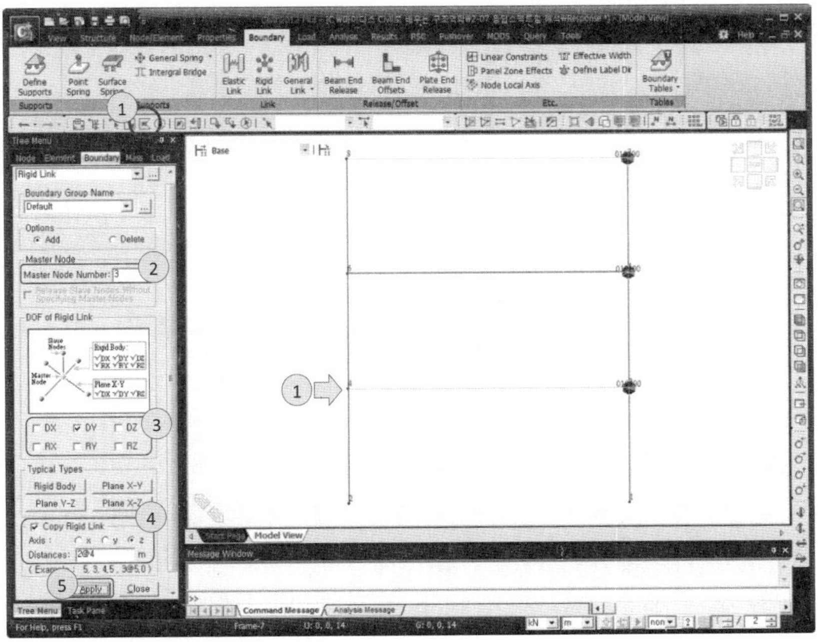

▶그림 7.12
지지조건 입력

02.5.2 지점조건 입력 기둥의 하단부에 고정단 지지조건을 입력한다.

Main Menu 에서 ***Boundary / Supports / Define Supports***

Main Menu 에서 ***View / Display...*** 실행, Misc 탭 > **Nodal Mass** (Check off), **[OK]** 클릭

1. **Select Single** (on) 모드에서 **1, 2 번 절점** 선택
2. Support Type > **Dy, Dz, Rx** (Check on)
3. **[Apply]** 클릭

▶그림 7.13
지지조건 입력

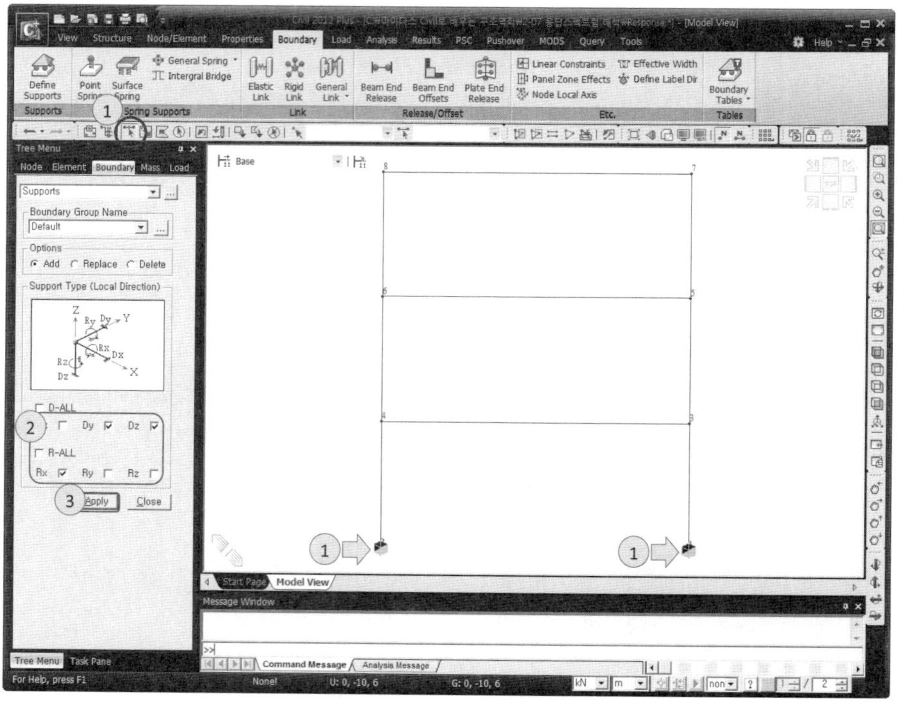

02.6 하중 입력

02.6.1 지진하중 스펙트럼 입력

1940 년 El Centro N-S 지진 데이터를 이용하여 응답스펙트럼 해석을 수행한다. 응답스펙트럼 해석에서는 고유치 해석을 통해 구한 구조물의 모드별 고유주기와 응답스펙트럼 데이터를 이용하여 계산된 지진하중을 구조물에 적용한다.

Main Menu 에서 ***Tools / Command Shell / MGT Command Shell***

1. 화면 하단 길이단위계를 **mm** 로 수정
2. Command or Data > ***SFUNCTION** 선택
3. **[Insert Command]** 버튼 클릭
4. 띄어쓰기, 콤마(,), 마침표(.)에 주의하여 다음 그림과 같이 Data 입력
5. **[Run]** 클릭, **[Close]** 클릭

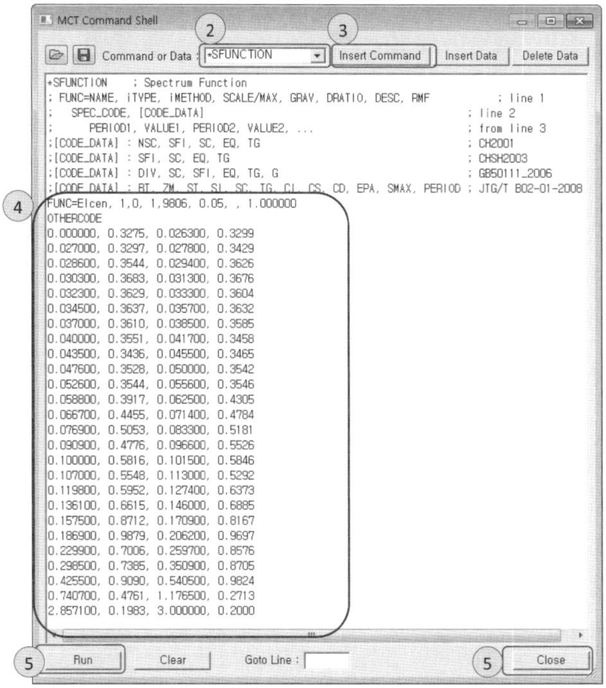

▶그림 7.14
El Centro 지진스펙트럼 데이터 입력

Tip

본 예제에서는 Elcentro 지진데이터를 간단하게 직접 입력하였으며, Civil 에서는 지진데이터를 자동으로 입력해주는 기능을 지원하고 있다.
[Tools / Generator / Data Generator / Seismic Data Generator]

02.6.2 **하중조건 정의**

입력한 응답스펙트럼 데이터를 확인하고, 스펙트럼 하중조건을 정의한다.
지진 응답스펙트럼은 해당 지진이 발생하였을 때 각 고유주기를 가진 구조물들에 발생하는 최대 반응값(변위, 속도, 가속도)을 Plot 한 것이다.

Main Menu 에서 ***Load / Seismic / RS(Response Spectrum) Functions***

1. Spectrum Name > **Elcen** 더블클릭
2. Function Name : **'Elcen',** Spectral Data Type> Normalized Accel.
   Scale Factor: **'1',** Gravity : **'9806'** 확인
3. **[OK], [Close]**

Main Menu 에서 ***Load / Seismic / RS(Response Spectrum) Load Cases***

4. Spectrum Load Case > Load Case Name : **'RY'** 입력
   Direction > **X-Y** 선택, Excitation Angle : **'90'** 입력
5. Spectrum Functions > **Elcen (0.05)** (Check on)
6. Operation > **[Add]** 클릭
7. **[Close]** 클릭

▶그림 7.15
고유치 해석조건 입력

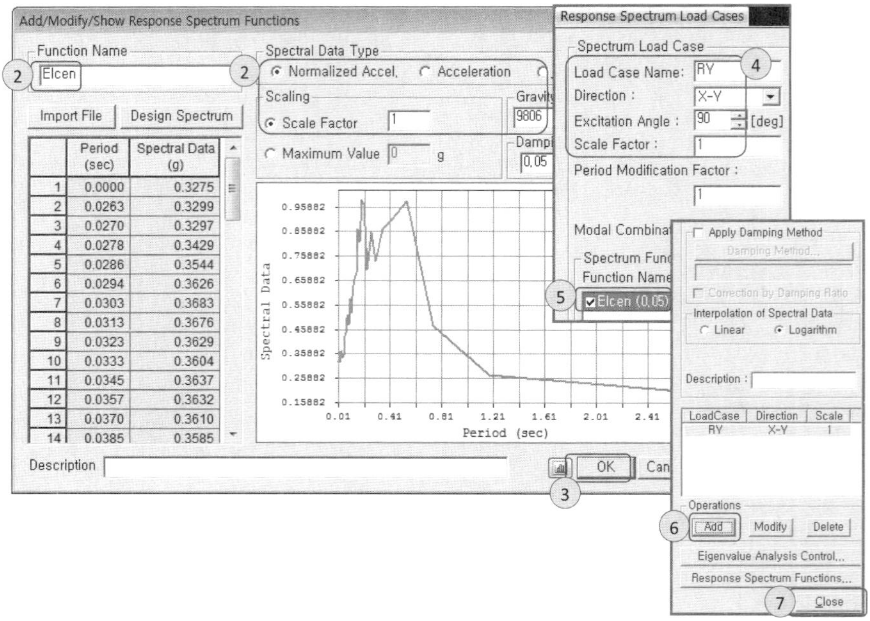

02.6.3 고유치 해석조건 입력

해석에 고려할 고유모드의 수를 입력한다. 본 예제에서는 고유치 해석에서 구조물의 3차모드까지 구하여 응답스펙트럼 해석에 적용되도록 한다.

Main Menu 에서 ***Analysis / Analysis Control / Eigenvalue***

1. Type of Analysis > Eigen Vectors > **Subspace Iteration** 선택
2. Eigen Vectors > Number of Frequencies : **'3'** 입력
3. Eigenvalue Control Parameters > Number of Iteration : **'20'** 입력
   Subspace Dimension : **'0'** 입력, Convergence Tolerance : **'1e-010'** 입력
4. **[OK]** 클릭

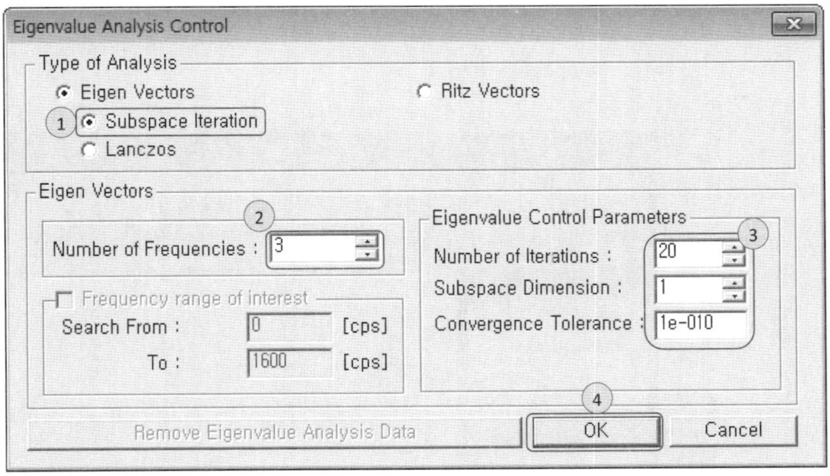

▶그림 7.16
고유치 해석조건 입력

02.6.4 응답스펙트럼 해석 조건 입력

각 모드별 해석 결과를 조합하는 방법을 결정한다.
본 예제에서는 CQC(Complete Quadratic Combination)법을 적용하고, 구조물의 감쇠비는 5%로 가정한다.

Main Menu 에서 ***Load / Seismic / RS(Response Spectrum) Load Cases***

1. Load Case **'RY'** 클릭하여 선택
2. Modal Combination Control 의 **[...]** 클릭
3. Modal Combination Type > **CQC** 선택, **[OK]** 클릭
4. **Apply Damping Method** 체크 > **[Damping Method...]** 클릭
5. Damping Ratio for All Modes : **'0.05'** 입력, **[OK]** 클릭
6. Interpolation of Spectral Data > **Linear** 선택
7. **[Modify]** 클릭

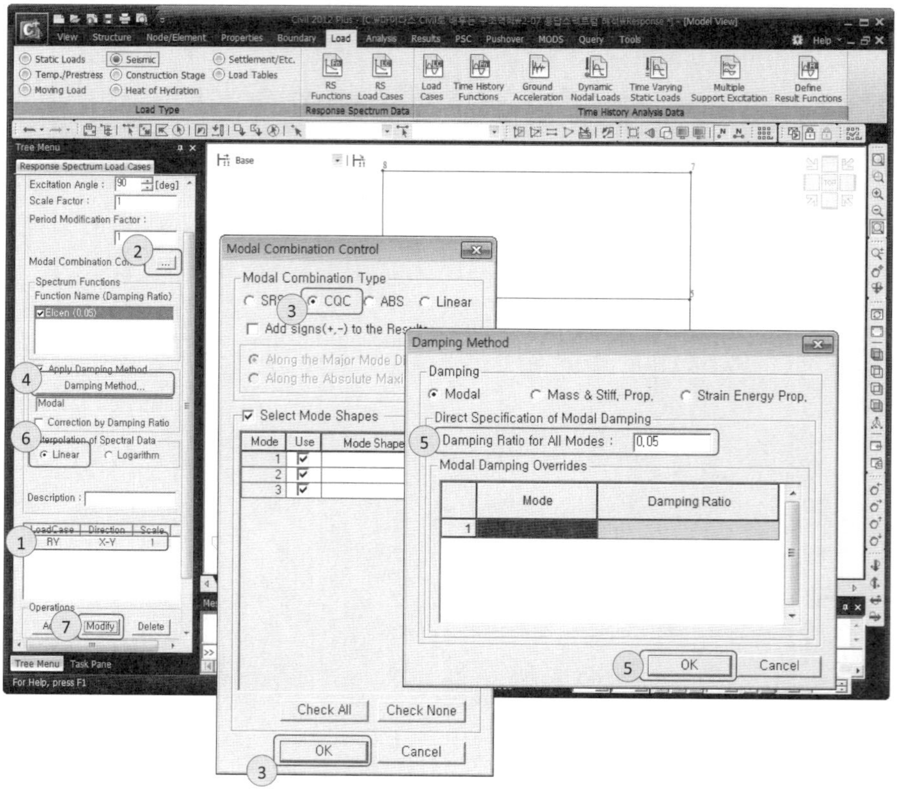

▶그림 7.17
응답스펙트럼 해석조건

02.7 구조해석 수행

모델 생성 및 하중 입력을 마치고 고유치 해석과 응답스펙트럼 해석을 수행한다.

Main Menu에서 ***Analysis / Perform Analysis*** 실행

1. Message Window에서 해석 정상 종료 메시지 확인

해석 결과 검토의 편의를 위해 화면을 정리한다.

2. **Display Node Numbers** (Toggle off)

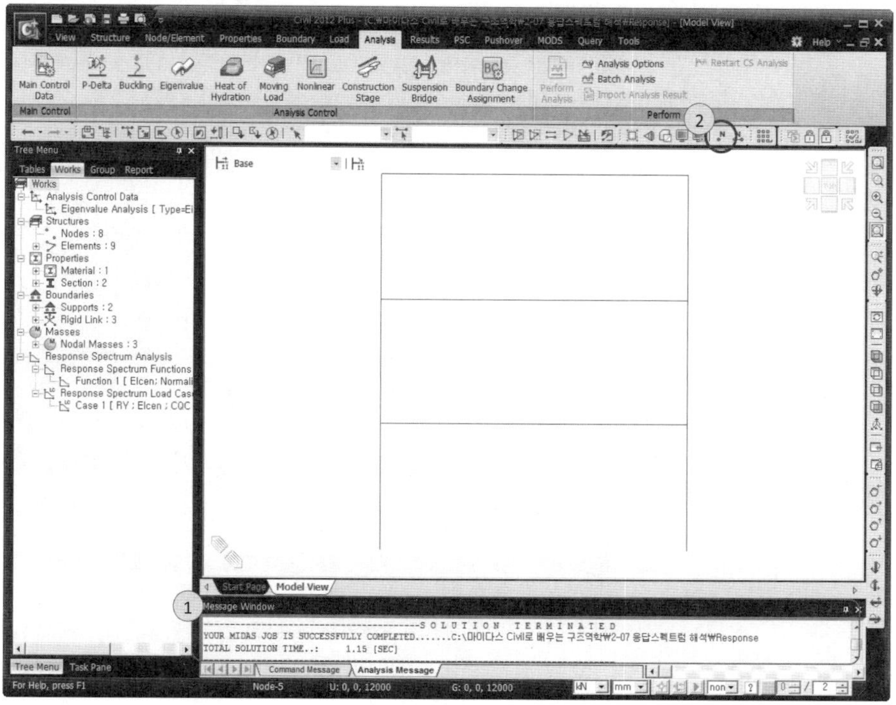

▶그림 7.18
해석 정상 종료 메시지

02.8 해석 결과 확인

02.8.1 고유치 결과 확인

먼저 고유치 해석 결과에서 해석 모델의 고유진동수를 확인한다.

Main Menu 에서 ***Results / Result Tables / Vibration Mode Shape***

1. Records Activation Dialog 대화창, **[OK]** 클릭
2. 주기 확인 (1 차, 2 차, 3 차모드 주기는 각각 0.6820, 0.2434, 0.1684)
3. 질량참여율 확인 (3 차모드에서 TRAN-Y, ROTN-X 에 대해서 각각 100%, 100%)
4. 모드 참여계수 확인 (TRAN-Y 에 대해서 1 차, 2 차, 3 차 각각 0.44, 0.13, -0.05)

▶그림 7.19
고유치 해석 결과 테이블

Node	Mode	UX	UY	UZ	RX	RY	RZ

EIGENVALUE ANALYSIS

Mode No	Frequency (rad/sec)	Frequency (cycle/sec)	Period (sec)	Tolerance
1	9.213226	1.466331	0.681974	3.3483e-016
2	25.814902	4.108569	0.243394	5.1179e-016
3	37.303643	5.937059	0.168434	3.2679e-016

MODAL PARTICIPATION MASSES PRINTOUT

Mode No	TRAN-X MASS(%)	TRAN-X SUM(%)	TRAN-Y MASS(%)	TRAN-Y SUM(%)	TRAN-Z MASS(%)	TRAN-Z SUM(%)	ROTN-X MASS(%)	ROTN-X SUM(%)	ROTN-Y MASS(%)	ROTN-Y SUM(%)	ROTN-Z MASS(%)	ROTN-Z SUM(%)
1	0.00	0.00	91.41	91.41	0.00	0.00	99.69	99.69	0.00	0.00	0.00	0.00
2	0.00	0.00	7.49	98.90	0.00	0.00	0.03	99.72	0.00	0.00	0.00	0.00
3	0.00	0.00	1.10	100.00	0.00	0.00	0.28	100.[illegible]	0.00	0.00	0.00	0.00

Mode No	TRAN-X MASS	TRAN-X SUM	TRAN-Y MASS	TRAN-Y SUM	TRAN-Z MASS	TRAN-Z SUM	ROTN-X MASS	ROTN-X SUM	ROTN-Y MASS	ROTN-Y SUM	ROTN-Z MASS	ROTN-Z SUM
1	0.00	0.00	0.19	0.19	0.00	0.00	32380410.	32380410.	0.00	0.00	0.00	0.00
2	0.00	0.00	0.02	0.21	0.00	0.00	9869.87	32390280.	0.00	0.00	0.00	0.00
3	0.00	0.00	0.00	0.21	0.00	0.00	89719.61	32480000.	0.00	0.00	0.00	0.00

MODAL PARTICIPATION FACTOR PRINTOUT (kN,mm)

Mode No	TRAN-X Value	TRAN-Y Value	TRAN-Z Value	ROTN-X Value	ROTN-Y Value	ROTN-Z Value
1	0.00	0.44	0.00	0.00	0.00	0.00
2	0.00	0.13	0.00	0.00	0.00	0.00
3	0.00	-0.05	0.00	0.00	0.00	0.00

MODAL DIRECTION FACTOR PRINTOUT

Mode No	TRAN-X Value	TRAN-Y Value	TRAN-Z Value	ROTN-X Value	ROTN-Y Value	ROTN-Z Value
1	0.00	47.83	0.00	52.17	0.00	0.00
2	0.00	99.60	0.00	0.40	0.00	0.00
3	0.00	79.99	0.00	20.01	0.00	0.00

EIGENVECTOR (kN,mm)

Tip

고유치 해석 결과 질량참여율은 90% 이상 확보되어야 한다.

모드별 유효질량(modal participation masses)의 합이 3 차모드까지에서 100% 확보함으로써 구조물의 동적 특성이 모두 반영되었다. 따라서 고유치 해석 결과를 응답스펙트럼 해석에 적용할 수 있다.

02.8.2 **변위 확인** 각층에서 발생된 변위를 확인한다.

Main Menu 에서 ***Results / Deformations / Deformed Shape...***

1. **Model View** 탭 클릭
2. Load Cases/Combinations > **RS : RY** 선택
3. Components > **DY** 선택
4. Type of Display > **Undeformed**(Check on), **Value**(Check on)
5. Values 옆의 **[...]** 버튼 클릭, Number Options > Decimal Points : **'4'** 입력,
6. **[OK]**

▶그림 7.20
변위 결과

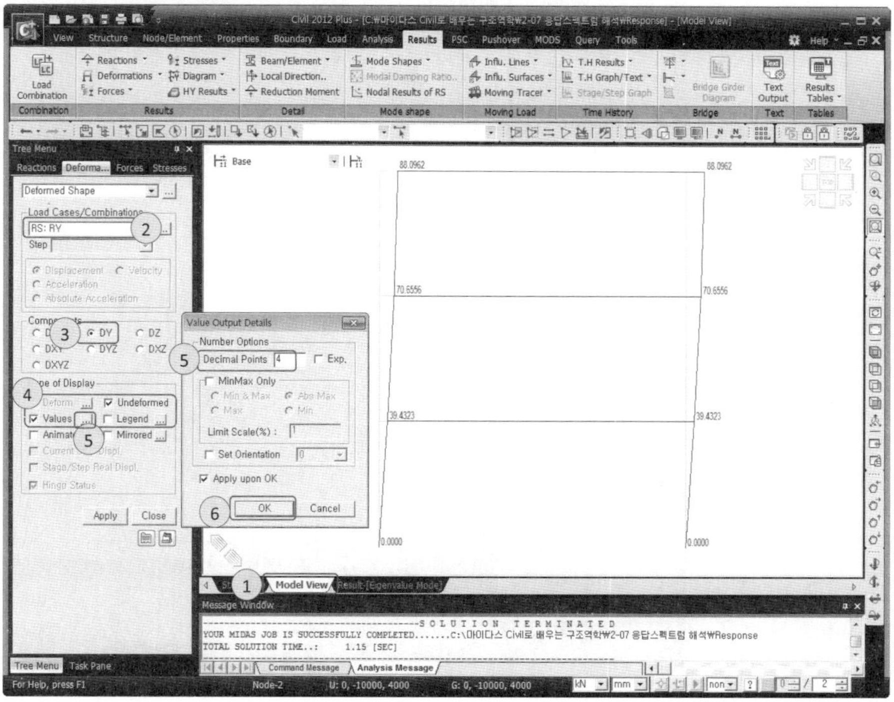

2 층, 3 층, 지붕층의 변위는 각각 39.4323mm, 70.6556mm, 88.0962mm 확인

02.8.3 **층전단력 확인** 응답스펙트럼 해석에 의해 발생된 횡방향의 층전단력을 확인한다.

Main Menu 에서 ***Results / Mode shape / Nodal Results of RS***

1. Nodal Result Load Cases > **RS:RY** 선택
2. Output > Inertia Force 선택, Mode > **Mode 1** 선택
3. Components > **FXY** 선택
4. Type of Display > Undeformed(Check on), Value(Check on)
5. **[Apply]** 클릭

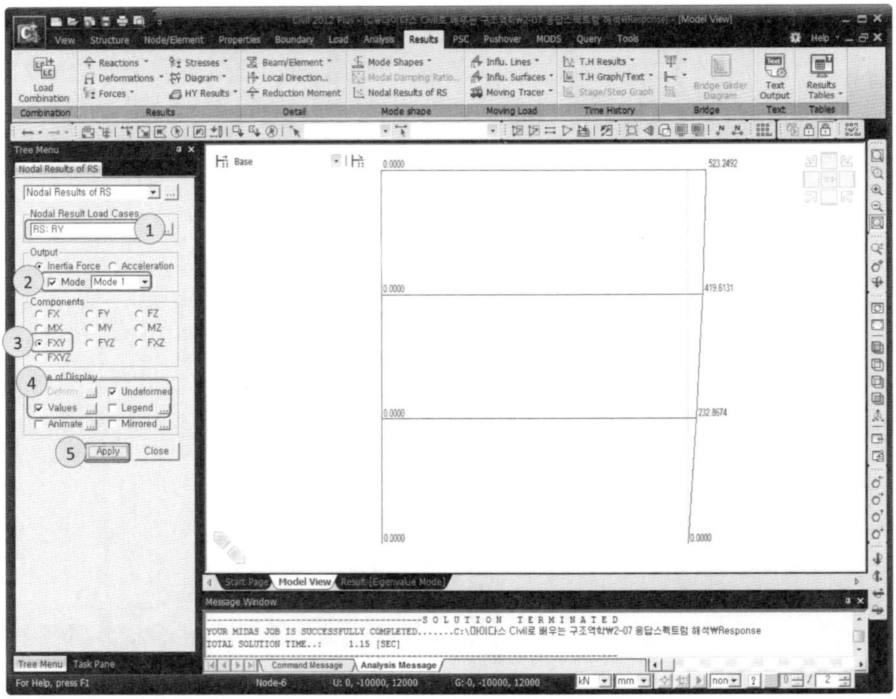

▶그림 7.21
층전단력 결과

2 층, 3 층, 지붕층의 층전단력은 각각 232.86747kN, 419.6131kN, 523.2492kN 확인

03. 풀어보기

03.1 역학적 개념의 이해 및 수계산

이 예제에서는 보의 강성이 기둥강성보다 10^6 배 크기 때문에 보가 기둥을 완전히 구속한다고 가정할 수 있다. 따라서 다음 그림과 같은 구조와 동일한 거동을 한다고 가정할 수 있다. 여기에서 질량 m 은 수평방향으로의 이동만 가능하다.

▶그림 7.22
고유치해석을 위한 질량 분포 개념도

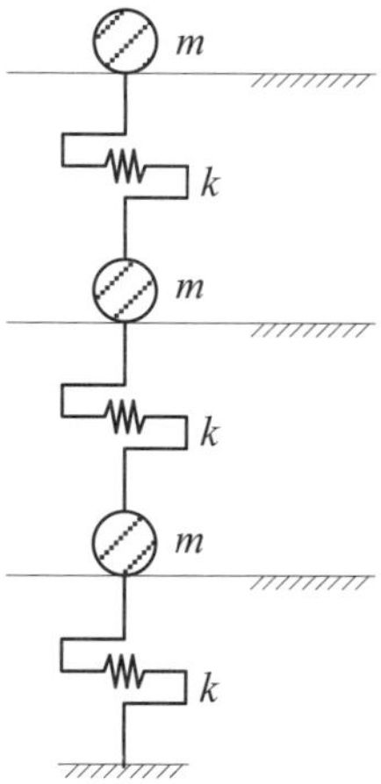

주어진 조건에 따라 각층의 질량과 횡강성을 구하면 다음과 같다.

각층의 횡강성 : $k = 2 \times \dfrac{12EI}{\ell^3} = 30,000\,\mathrm{N/mm}$

층 질량 : $m = 70\,\mathrm{N \cdot sec^2/mm}$

고유치 해석을 위한 질량과 강성 행렬은 다음과 같이 나타난다.

$$M\ddot{u} + Ku = 0$$

$$M = \begin{bmatrix} m & 0 & 0 \\ 0 & m & 0 \\ 0 & 0 & m \end{bmatrix}, \qquad K = \begin{bmatrix} 2k & -k & 0 \\ -k & 2k & -k \\ 0 & -k & k \end{bmatrix}$$

고유치 해석은 자유진동 해석에 해당하므로 행렬식(determinant)이 영(0)이 되어야 한다.

$$\begin{vmatrix} -m\omega^2+2k & -k & 0 \\ -k & -m\omega^2+2k & -k \\ 0 & -k & -m\omega^2+k \end{vmatrix} = 0 \quad \text{혹은,} \quad -\omega^6+5\omega_n^2\omega^4-6\omega_n^4\omega^2+\omega_n^6=0$$

여기에서, $\omega_n = k/m$

위 방정식은 ω^2 에 대한 3 차방정식이며, 3 차방정식의 해법을 통해 구한 고유치는 Civil 에 의한 해석 결과와 일치한다.

▶표 7.1
고유치 계산 결과

	1 차모드	2 차모드	3 차모드
ω	9.21	25.81	37.3
T(고유주기)	0.6820	0.2434	0.1684

각각의 고유치에 대한 모드 형상 행렬은 다음과 같으며, 계산 과정은 생략하였다.

$$\Phi = \begin{bmatrix}\phi_1 & \phi_2 & \phi_3\end{bmatrix} = \begin{bmatrix} 1.2397 & 2.7855 & -2.2338 \\ 2.2338 & 1.2397 & 2.7855 \\ 2.7855 & -2.2338 & -1.2397 \end{bmatrix}$$

질량참여계수는 다음과 같이 계산되며, 계산 결과는 Civil 의 해석 결과와 일치한다.

$$\Gamma_i = \frac{\phi_i^t M1}{\phi_i^t M\phi_i} = \frac{\phi_i^t M1}{m_i^*} = \frac{\sum_{j=1}^{3} m_j\phi_{ji}}{\sum_{j=1}^{3} m_j\phi_{ji}^2} = \frac{\sum_{j=1}^{3}\phi_{ji}}{\sum_{j=1}^{3}\phi_{ji}^2} = \frac{1.2397+2.2338+2.7855}{1.2397^2+2.2338^2+2.7855^2} = 0.4381$$

동일한 방법으로 2 차 및 3 차모드에 대한 값도 산정할 수 있다.

$$\Gamma_2 = 0.1254, \quad \Gamma_3 = -0.0482$$

응답스펙트럼 값의 산정에 필요한 결과값들을 정리하면 다음과 같다.

▶표 7.2
모드별 고유치 결과

	1 차모드	2 차모드	3 차모드
질량 T_i	0.6820	0.2434	0.1684
모드 참여계수 Γ_i	0.4381	0.1254	-0.0482
스펙트럼 가속도 $S_a(T_i)=S_{ai}$	0.6246	0.7717	0.8269
스펙트럼 변위 $S_d(T_i)=S_{di}$	72.1497	11.3557	5.8267

여기에서 스펙트럼 가속도는 응답스펙트럼 해석 결과에 의한 값을 직선 보간으로 산정했으며, 스펙트럼 변위는 $S_d(T_i)=S_a(T_i)/\omega^2$ 로 계산함.

이상의 결과로부터 각층의 전단력은 다음과 같이 산정할 수 있다.

$$
\begin{aligned}
V &= M\Phi S_a \Gamma g = \begin{bmatrix} V_1 & V_2 & V_3 \end{bmatrix} \\
&= \begin{bmatrix} 70 & 0 & 0 \\ 0 & 70 & 0 \\ 0 & 0 & 70 \end{bmatrix}
\begin{bmatrix} 1.2397 & 2.7855 & -2.2338 \\ 2.2338 & 1.2397 & 2.7855 \\ 2.7855 & -2.2338 & -1.2397 \end{bmatrix}
\begin{bmatrix} 0.4381\times0.6246 & 0 & 0 \\ 0 & 0.1254\times0.7717 & 0 \\ 0 & 0 & -0.04816\times0.8269 \end{bmatrix} g \\
&= \begin{bmatrix} 232.850 & 185.031 & 61.060 \\ 419.570 & 82.349 & -76.140 \\ 523.195 & -148.384 & 33.887 \end{bmatrix} kN
\end{aligned}
$$

여기에서 첫 번째 모드에 대한 층전단력 산정 과정을 별도로 나타내면 다음과 같다.

$$
V_1 = \Gamma_1 m(S_{a1}g)\phi_1 = 9.806\times70\times(0.6246\times0.4381)\times\begin{Bmatrix} 1.2397 \\ 2.2338 \\ 2.7855 \end{Bmatrix} = \begin{Bmatrix} 232.850 \\ 419.570 \\ 523.195 \end{Bmatrix} \text{kN}
$$

각각의 모드에서 구한 층전단력은 SRSS, CQC 혹은 ABS 등의 방법으로 조합되며, 그 결과는 Civil 에 의한 해석 결과와 비교하여 다음 표에 나타냈다. 계산 결과에서 미소한 차이는 축변형의 영향과 소수점 이하 숫자의 처리방식(엑셀 vs. 컴퓨터) 등에 기인하는 것으로 여겨진다. 축변형의 영향을 배제하기 위하여 Civil 에서 기둥의 단면적을 아주 크게 했음에도 완전히 배제하지는 못한다.

▶표 7.3
모드별 층전단력

전단력 위치	계산방법	1차 모드	2차 모드	3차 모드	SRSS	CQC	ABS
지붕	수계산(kN)	523.195	-148.384	33.887	544.884	546.495	705.465
	수계산 / Civil	99.99%	100.01%	100.02%	99.99%	100.58%	99.99%
2층	수계산(kN)	419.570	82.349	-76.140	434.301	429.523	578.059
	수계산 / Civil	99.99%	100.01%	100.02%	99.99%	99.03%	100.00%
1층	수계산(kN)	232.850	185.031	61.060	303.618	307.496	478.942
	수계산 / Civil	99.99%	100.01%	99.93%	100.00%	100.06%	100.00%
밑면	수계산(kN)	1175.615	118.997	18.806	1181.772	1183.445	1313.418
	수계산 / Civil	99.99%	100.01%	99.72%	99.90%	99.95%	99.91%

예: SRSS 에 의한 밑면 전단력 = $\sqrt{1176.615^2 + 118.997^2 + 18.806^2} = 1181.772\ kN$

▶그림 7.23
모드별 층전단력

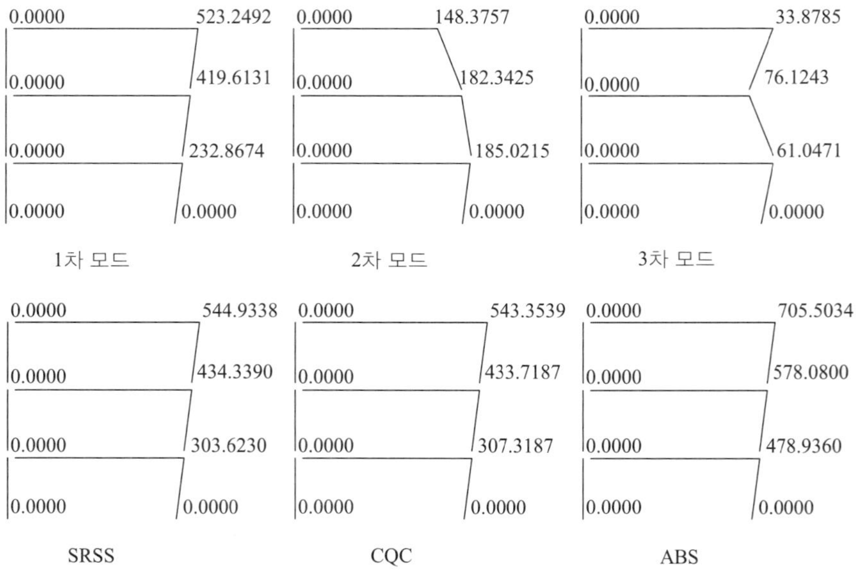

각층의 변위는 다음과 같이 산정된다.

$$D = \Phi\Gamma S_d = \begin{bmatrix} D_1 & D_2 & D_3 \end{bmatrix}$$
$$= \begin{bmatrix} 1.2397 & 2.7855 & -2.2338 \\ 2.2338 & 1.2397 & 2.7855 \\ 2.7855 & -2.2338 & -1.2397 \end{bmatrix} \begin{bmatrix} 0.4381\times72.1497 & 0 & 0 \\ 0 & 0.1254\times11.3557 & 0 \\ 0 & 0 & -0.04816\times5.8267 \end{bmatrix}$$
$$= \begin{bmatrix} 39.188 & 3.966 & 0.627 \\ 70.612 & 1.765 & -0.782 \\ 88.052 & -3.181 & 0.348 \end{bmatrix} mm$$

여기에서 첫 번째 모드에 대한 층변위 산정 과정을 별도로 나타내면 다음과 같다.

$$D_1 = \Gamma_1 S_{d1}\phi_1 = 0.4381\times72.1497\times\begin{Bmatrix} 1.2397 \\ 2.2338 \\ 2.7855 \end{Bmatrix} = \begin{Bmatrix} 39.188 \\ 70.612 \\ 88.052 \end{Bmatrix} mm$$

각각의 모드에서 구한 층변위는 SRSS, CQC 혹은 ABS 등의 방법으로 조합되며, 그 결과는 Civil 에 의한 해석 결과와 비교하여 다음 표에 나타냈다.

▶표 7.4
층변위

변위 위치	계산 방법	1차 모드	2차 모드	3차 모드	SRSS	CQC	ABS
지붕 층	수계산 (mm)	88.052	-3.181	0.348	88.110	88.087	91.581
	수계산 / Civil	-	-	-	99.99%	99.99%	99.99%
2층	수계산 (mm)	70.612	1.765	-0.782	70.639	70.648	73.159
	수계산 / Civil	-	-	-	99.99%	99.99%	99.99%
1층	수계산 (mm)	39.188	3.966	0.627	39.393	39.429	43.781
	수계산 / Civil	-	-	-	99.99%	99.99%	99.99%

예: SRSS 에 의한 변위 = $\sqrt{39.188^2 + 3.966^2 + 0.627^2} = 39.393\ mm$

▶그림 7.24
층변위

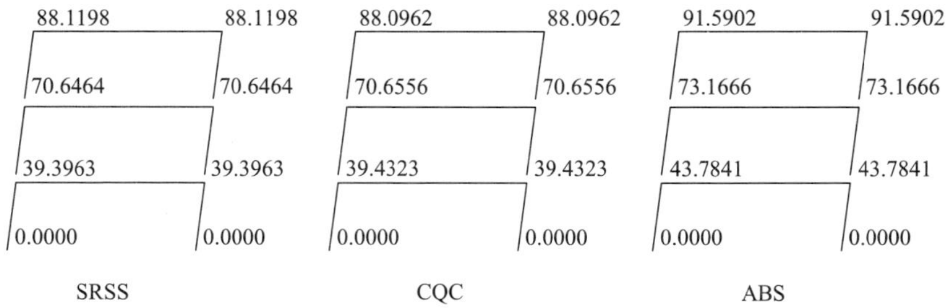
88.1198
88.1198
70.6464
70.6464
39.3963
39.3963
0.0000
0.0000
SRSS
88.0962
88.0962
70.6556
70.6556
39.4323
39.4323
0.0000
0.0000
CQC
91.5902
91.5902
73.1666
73.1666
43.7841
43.7841
0.0000
0.0000
ABS

8. 프리스트레스 해석

TABLE OF CONTENTS

01. 이해하기

01.1 프리스트레스 해석의 개념

01.1.1 해석 개념

프리스트레스 구조는 강선에 인장력을 가해서 강선의 힘이 콘크리트구조에 전달되는 효과를 이용하는 구조이다. 그림 8.1 과 같이 강선의 형상이 곡선인 경우, 슬래브의 중앙에서 상향 방향으로 등분포하중이 작용하는 것과 동일한 효과를 발휘한다. 따라서 고정하중이나 활하중과 같은 연직하중은 하향 방향이므로 프리스트레스(긴장력)를 도입하면 연직하중을 상쇄하는 효과가 있다. 그리고 상쇄된 연직력은 지지구조인 기둥에 하향 방향의 힘으로 전달된다. 이러한 개념을 이용한 해석법을 하중균형법(load balancing method)이라고 한다.

▶그림 8.1
프리스트레스 효과

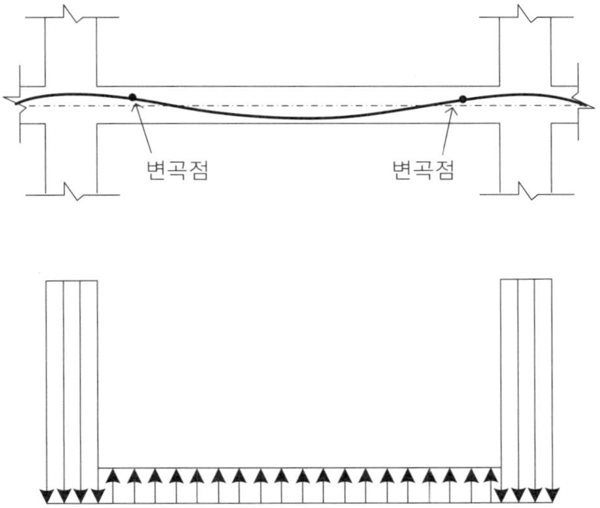

강선이 꺾이거나 곡선배치인 경우, 다음과 같은 방법으로 상향 분포하중을 산정할 수 있다.

▶그림 8.2
강선 형상의 효과

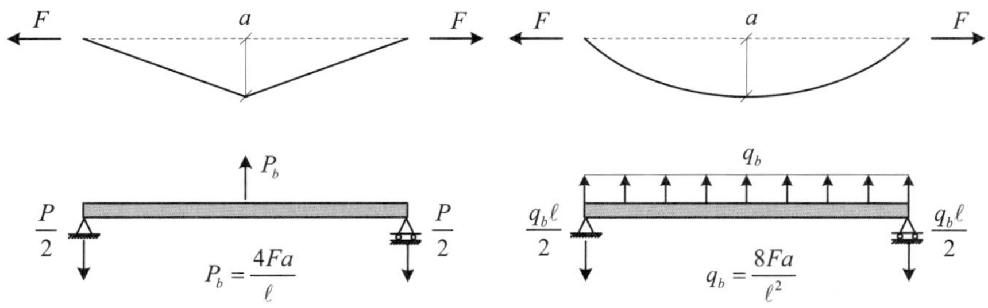

연속보에 대한 프리스트레스 효과는 변형일치법의 개념으로 이해할 수 있다. 그림 8.3 과 같은 연속보에서 긴장력이 주어진 상태에서 중앙부에 지지점이 없다면, 중앙부는 상향 방향으로 처짐이 발생해야 한다. 그러나 실제로는 중앙부에 지지점이 있으므로 중앙부에서 처짐이 발생할 수 없다. 따라서 중앙부에 처짐이 발생하지 못하게 하는 역할을 하는 반력이 B 점에 존재해야 한다. 이러한 반력으로 인한 모멘트를 2 차모멘트(secondary moment, M_s)라고 하며, 긴장력에 의한 모멘트를 1 차모멘트(primary moment, M_P)라고 한다. 여기서 1 차모멘트는 긴장력의 크기 P 에 강선의 편심거리 e 를 곱한 값으로 정의된다. 그리고 실제로 구조물에 발생하는 모멘트, 즉 앞에서 계산된 모멘트를 결과모멘트(resulting moment, M_R)라고 한다. 이들 모멘트의 상호관계는 다음과 같다.

▶식 8.1

$$M_R = M_P + M_s$$

▶그림 8.3
연속보의 모멘트

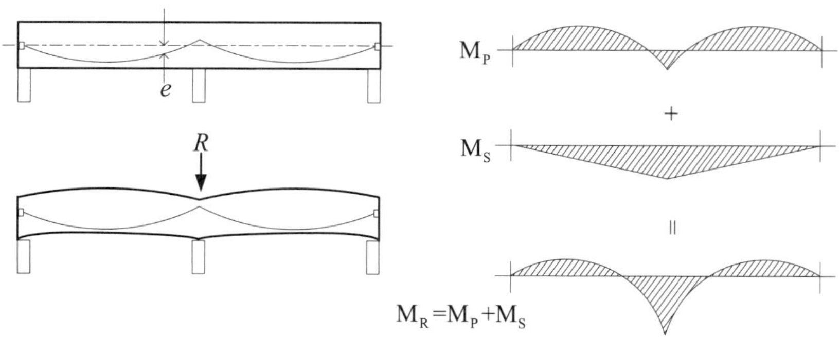

결과 모멘트는 긴장재의 편심거리 효과로 인한 모멘트와 지지점의 반력으로 인한 모멘트의 합이 된다. 정정구조물인 경우에는 지지점이 변형을 구속하지 않아서 M_s 가 발생하지 않으므로 $M_R = M_P$ 가 된다. 결과적으로 2 차모멘트의 크기는 결과 모멘트에서 1 차모멘트를 빼는 방법($M_s = M_R - M_P$)으로 산정할 수 있다.

02. 따라하기

02.1 모델 개요

다음 그림과 같이 긴장재가 배치된 2 경간 연속보에 대하여 프리스트레스 하중에 의한 휨모멘트를 확인한다.

▶그림 8.4
해석 모델

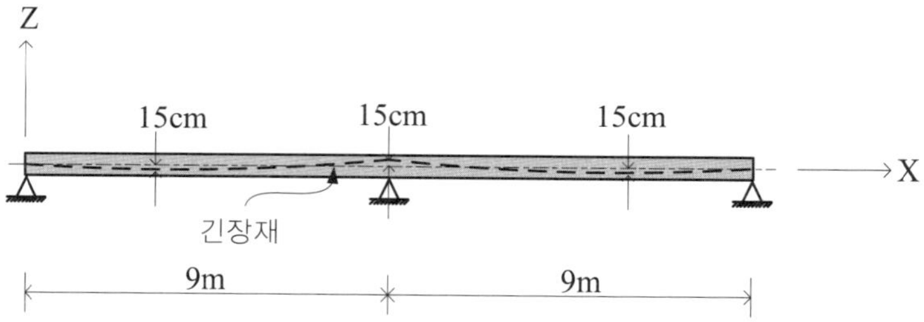

- ***Material***
  탄성계수 : 30,000 N / mm^2
- ***Section***
  사각형 단면 : 300 × 550
- ***Load***
  포물선으로 배치된 긴장재에 프리스트레스에 의한 하중 900kN 작용.

02.2 작업환경 설정

02.2.1 단위계 설정

새 파일을 열고 파일명을 저장한다.

Main Menu 에서 / ***New Project...***
Main Menu 에서 / ***Save***
1. 파일 이름 : **'Prestress'** 입력 후 **[저장]** 클릭

예제에서 사용할 단위계를 설정한다.

Main Menu 에서 ***Tools / Unit System...***
2. Length > **mm**, Force(Mass) > **N** 선택
3. **[OK]** 클릭

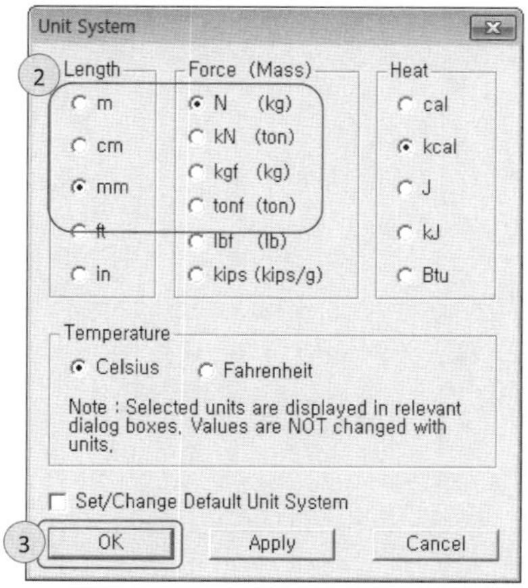

▶그림 8.5
(a) 파일 저장
(b) 단위계 설정

Tip
단위계 설정은 화면 하단 Status bar 에서도 간편하게 설정이 가능하다.

02.2.2 **작업 평면 설정**

본 예제에서는 전체좌표계(Global Coordinate System, GCS)를 기준으로 X-Z 평면의 거동만을 허용하므로 Structure Type 을 2-D 거동 구조물(X-Z Plane)로 지정한다.

Main Menu 에서 ***Structure / Type / Structure Type***

1. Structure Type > **X-Z Plane** 선택
2. Gravity Acceleration : **'9806'** 입력
3. **[OK]** 클릭

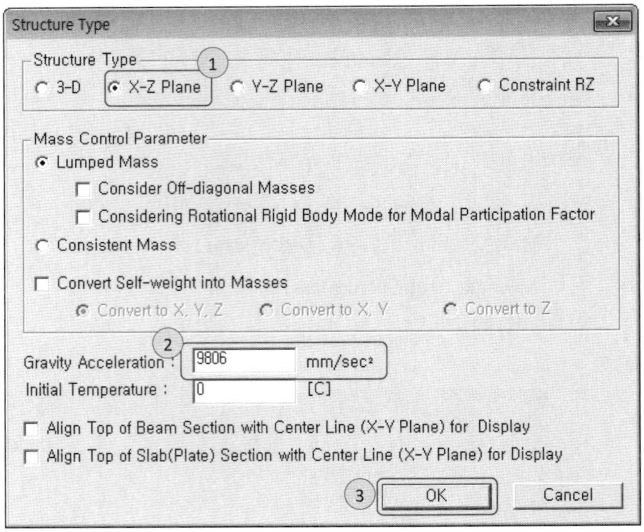

▶그림 8.6
작업 평면 설정

02.3 재질과 단면 정의

예제 모델에 사용된 구조 부재의 재질과 단면을 입력한다. 모델링에 사용될 재질은 해석의 편의를 위하여 값을 직접 입력하는 User Defined Type 을 이용한다.

Main Menu 에서 ***Properties / Material / Material Properties...***

1. **[Add...]** 클릭, Name : **'Mat'** 입력
2. Elasticity Data > Type of Design > **User Defined** 선택,
3. User Defined > Modulus of Elasticity : **'30,000'** 입력**, [OK]** 클릭
4. **Section** 탭 클릭, **[Add...]** 클릭
5. Section Shape 목록 > **Solid Rectangle** 선택, Name : **'Sect'** 입력, **User** 선택
6. H : **'550', B** : **'300',** 입력
7. **Consider Shear Deformation** (Check off)
8. **[OK]** 클릭, **[Close]** 클릭

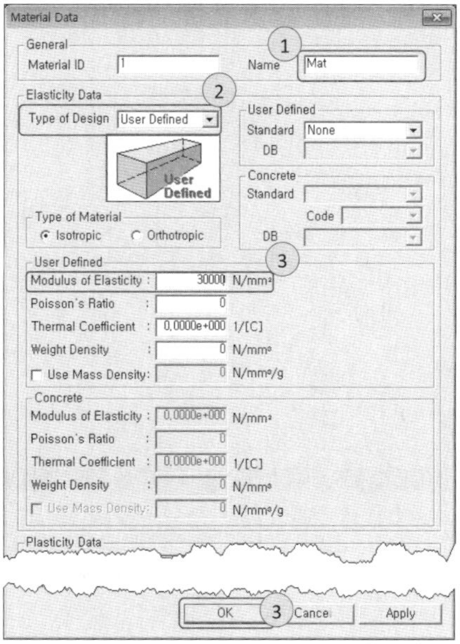

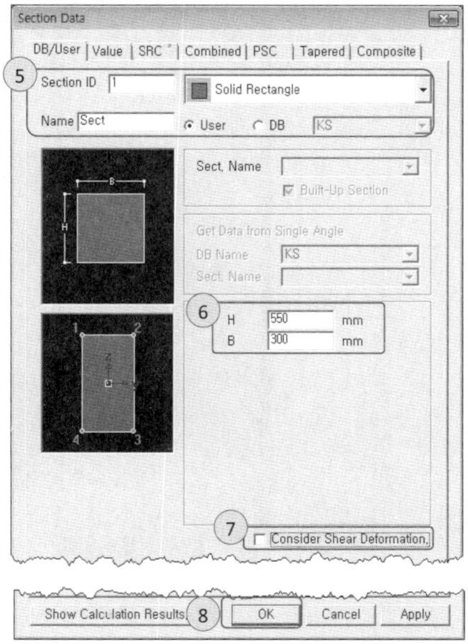

▶그림 8.7
(a) 재질 정의
(b) 단면 정의

02.4 절점과 요소 생성

02.4.1 **절점 생성** 보의 지점부에 절점을 생성한다.

Main Menu 에서 ***Node/Element / Nodes / Create Nodes***

1. 화면 하단 단위계를 **kN, m** 로 수정
2. Coordinates (x, y, z) : **'0, 0, 0'** 입력
   Copy > Number of Times: **'2'** 입력, Distances (dx, dy, dz) : **'9,0,0'** 입력
3. **[Apply]** 클릭
4. **Display Node Numbers, Auto Fitting, Front View** (Toggle on)

▶그림 8.8
절점 생성

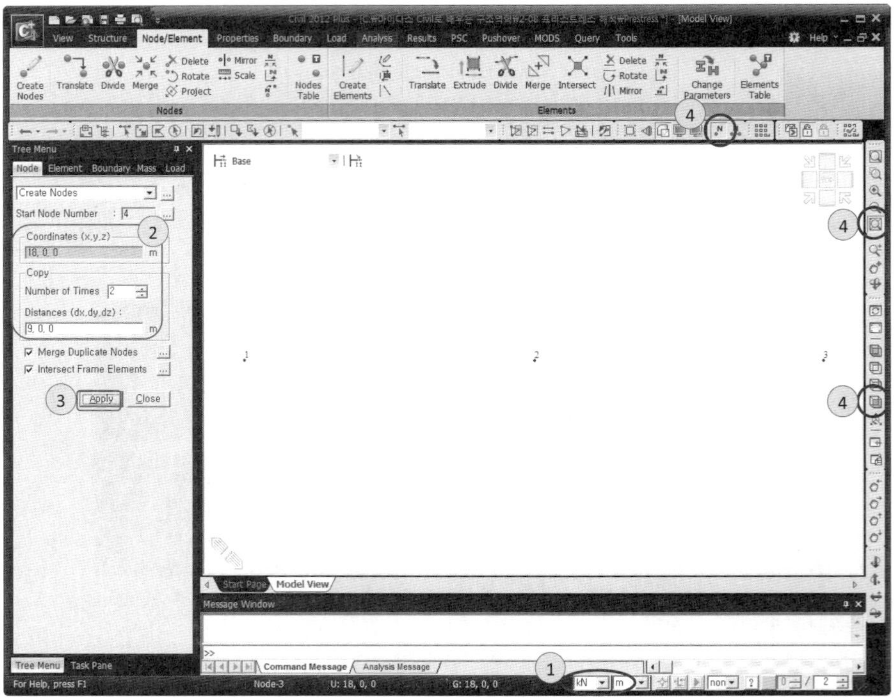

02.4.2 **요소 생성** 절점을 연결하여 요소를 생성한다

Main Menu 에서 ***Model / Elements / Create Elements...***

1. Element Type > **General beam/Tapered beam** 선택
2. Material > **1:Mat** 선택, Section > **1:Sect** 선택
3. Nodal Connectivity 입력란을 클릭하여 초록색의 입력 대기 상태 확인 후 Model View 에서 절점**(1, 3)** 을 순서대로 클릭하여 부재 생성

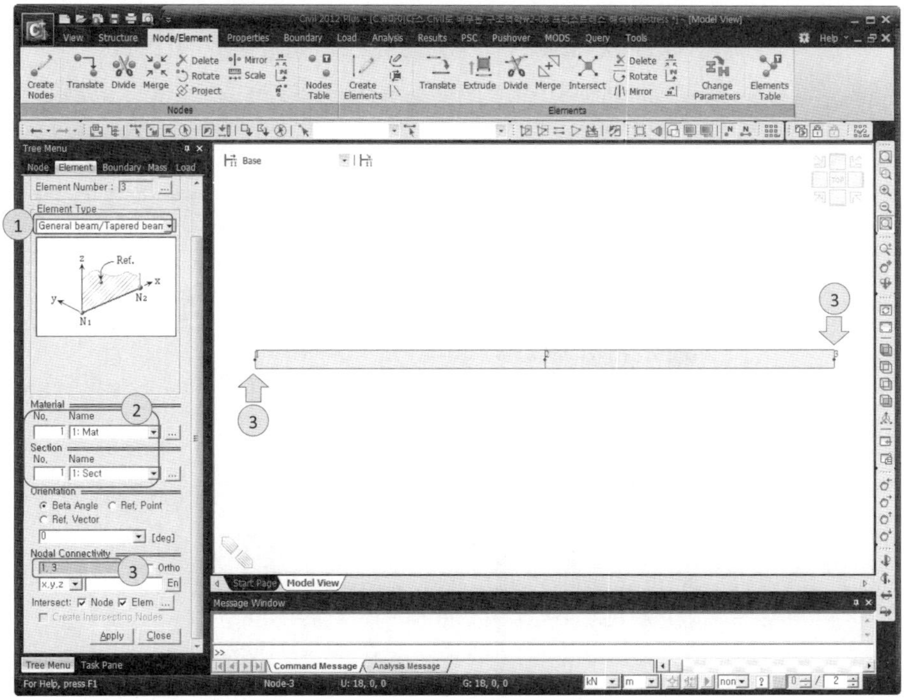

▶그림 8.9
요소 생성

02.5 경계조건 입력

2 경간 연속보의 지점에 핀 지지조건의 경계조건을 입력한다.

Main Menu 에서 ***Boundary / Supports / Define Supports***

1. Hidden (Toggle off)
2. **Select Single** (on) 모드에서 **1, 2, 3 번 절점** 선택
3. Support Type > **Dx, Dz** (Check on)
4. **[Apply]** 클릭

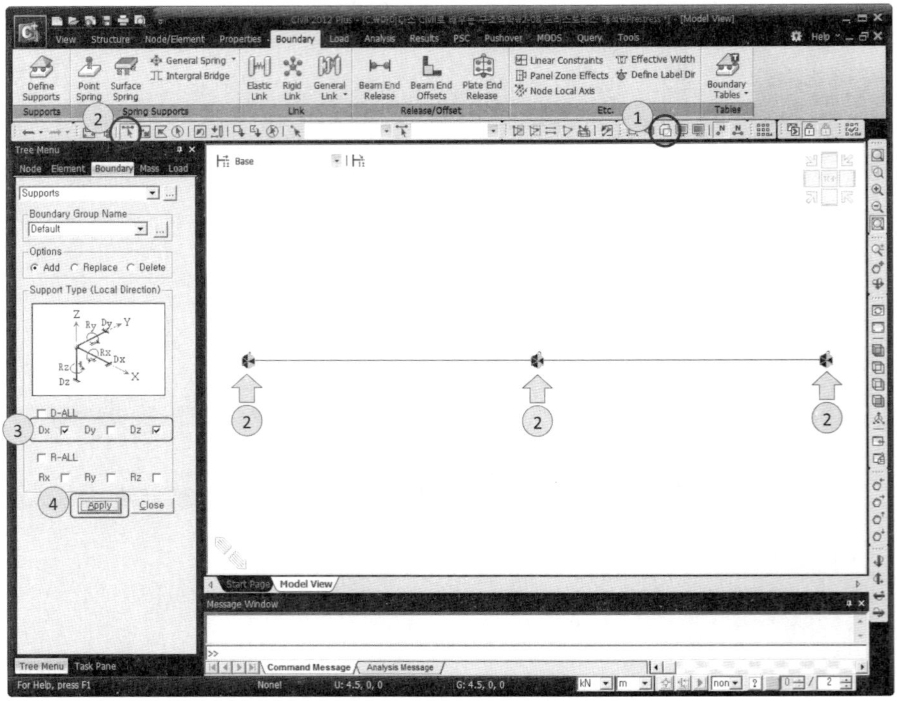

▶그림 8.10
지지조건 입력

02.6 하중 입력

02.6.1 하중조건 정의

긴장재에 부여되는 프리스트레스를 입력하기 위하여 하중조건을 정의한다.

Main Menu 에서 ***Load / Static Loads / Static Load Cases***

1. Name : **'PrestressLoad'** 입력
   Type > **User Defined Load (USER)** 선택
2. **[Add]** 클릭, **[Close]** 클릭

▶그림 8.11
하중조건 정의

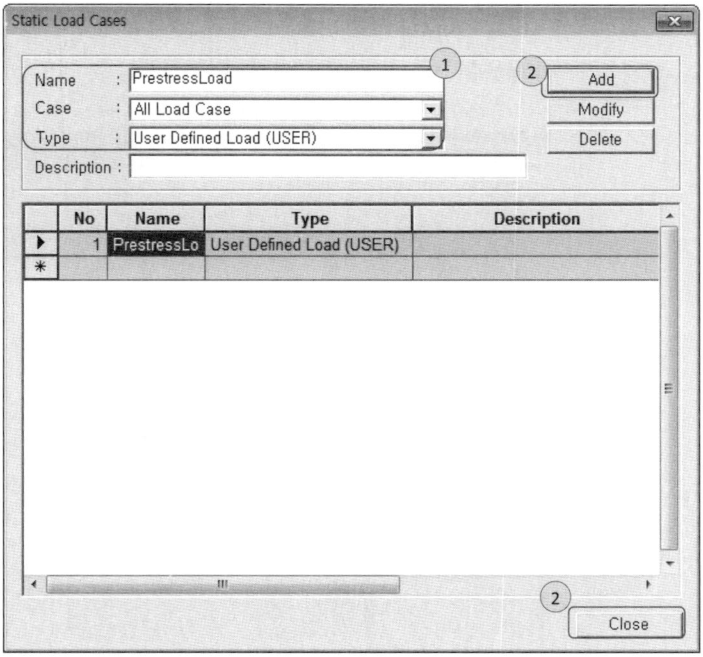

02.6.2 프리스트레스 하중 입력

2 경간 연속으로 배치된 보요소에 긴장재 배치를 고려하여 프리스트레스 하중 및 편심거리를 입력한다. 긴장재는 지간 중앙과 중앙 지점에서 편심거리를 가지는 포물선으로 배치되며 그 유효 프리스트레스 하중은 900kN 으로 입력한다.

Main Menu 에서 ***Load / Temp./Prestress / Prestress Beam Loads***

View / Display 실행, Load 탭 > Load Case > Load Value**[...]** 클릭**, Place : '4'** 입력, **[OK]** 클릭

1. **Display Element Numbers**(Toggle on)
2. **Select Single** (on) 모드에서 **1 번 부재** 선택
3. Load Case Name > PrestressLoad 선택
4. Loads > Tension : **'900'**, Di : **'0'**, Dm : **'-0.15'** Dj : **'0.15'** 입력
5. **[Apply]** 클릭
6. **Select Single** (on) 모드에서 **2 번 부재** 선택
7. Loads > Tension : **'900'**, Di : **'0.15'**, Dm : **'-0.15'** Dj : **'0'** 입력
8. **[Apply]** 클릭

▶그림 8.12
프리스트레스 하중 입력

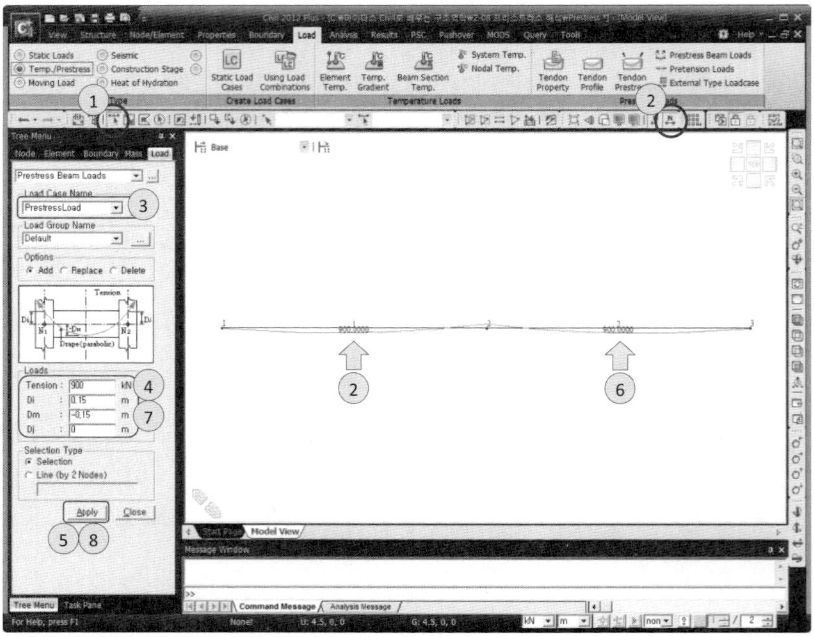

02.7 구조해석 수행

모델 생성 및 하중 입력을 마치고 구조해석을 수행한다.

Main Menu 에서 ***Analysis / Perform Analysis*** 실행

1. Message Window 에서 해석 정상 종료 메시지 확인

해석 결과 검토의 편의를 위해 화면을 정리한다.

2. **Display Node Numbers, Display Element Numbers** (Toggle off)

▶그림 8.13
해석 정상 종료 메시지

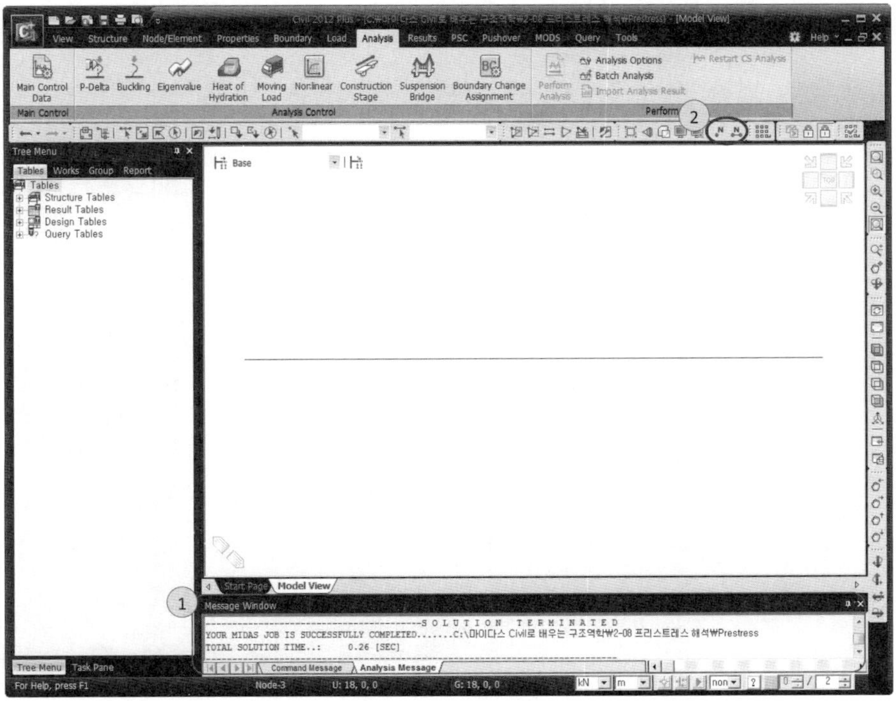

02.8 해석 결과 확인

02.8.1 **반력**

지점에 발생되는 반력을 확인한다.

Main Menu 에서 ***Results / Reactions / Reaction Forces/Moments...***

1. Load Cases/Combinations > **ST : PrestressLoad** 선택
2. Components > **FZ** 선택
3. Type of Display > **Values, Legend** (Check on)
   Value**[...]** 클릭, Number Option > Decimal Point : **'3'** 입력
4. **[Ok]** 클릭

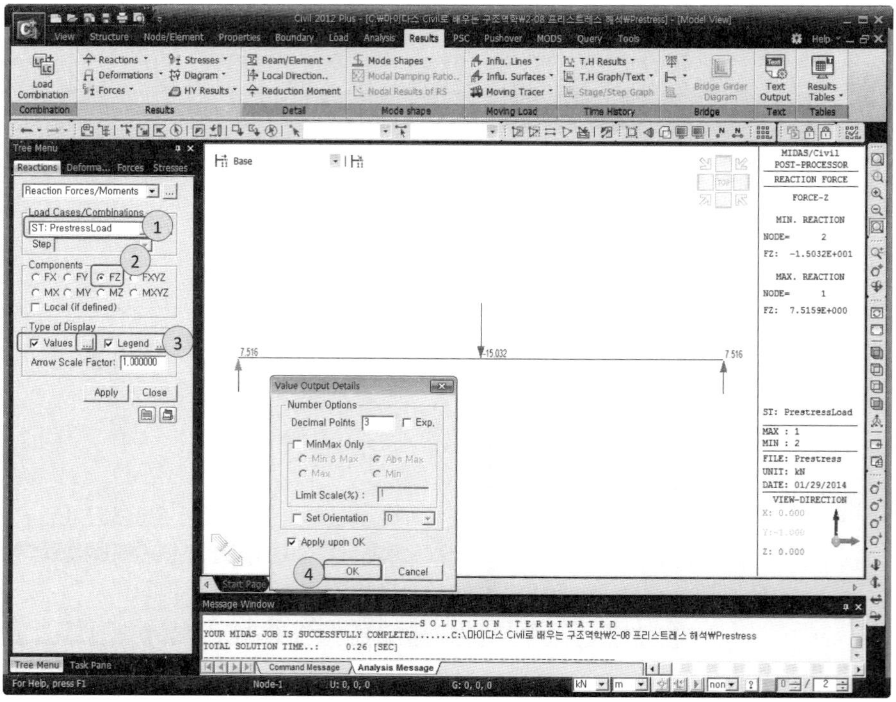

▶그림 8.14
프리스트레스 하중에 의한 반력

02.8.2 **부재력** 프리스트레스 하중에 의한 휨모멘트를 확인한다.

Main Menu 에서 ***Results / Forces / Beam Diagrams...***

1. Load Cases/Combinations > **ST : PrestressLoad** 선택
2. Components > **My** 선택
3. Display Options > **Exact** 선택
4. Type of Display > **Contour, Value** (Check on)
5. Output Section Location > **All** (Check on)
6. **[Apply]** 클릭

▶그림 8.15
프리스트레스 하중에 의한 휨모멘트

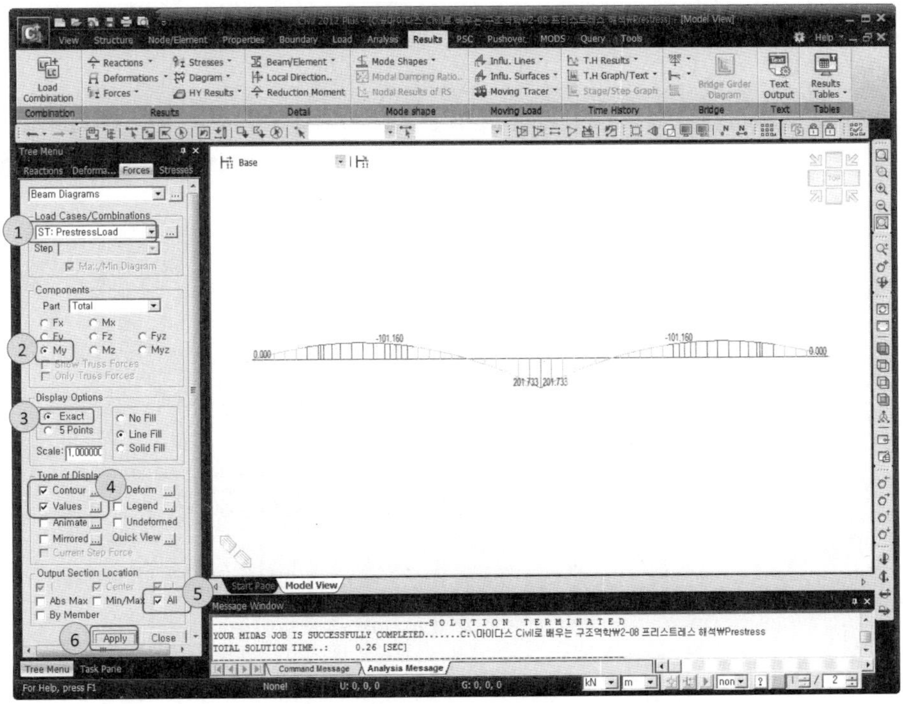

03. 풀어보기

03.1 역학적 개념의 이해 및 수계산

예제 모델은 2 경간 구조이므로 프리스트레스로 인한 효과는 다음과 같이 나타낼 수 있다.

▶그림 8.16
해석 모델

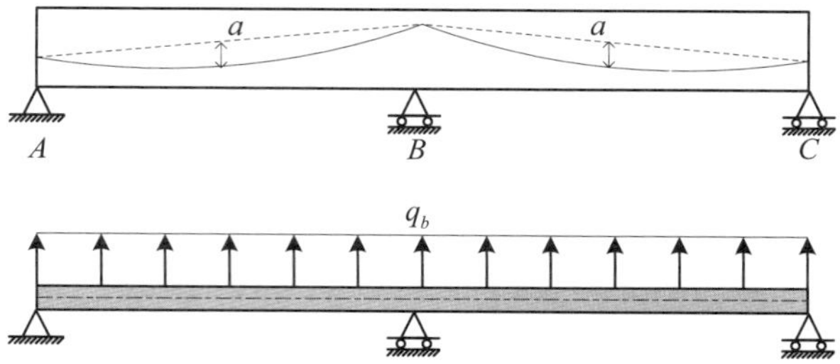

이 모델에서 프리스트레스에 의한 상향 방향 분포하중은 다음과 같다.

$$a = 150 + 0.5 \times 150 = 225\text{mm} = 0.225\text{m}$$

$$q_b = \frac{8 \times 900\text{kN} \times 0.225\text{m}}{(9\text{m})^2} = 20\,\text{kN/m}$$

따라서 B 점의 모멘트는 다음과 같이 산정된다.

$$M_B = \frac{q_b \ell^2}{8} = \left(\frac{8Fa}{\ell^2}\right)\frac{\ell^2}{8} = Fa = 202.5\text{kN} \cdot \text{m}$$

Civil 에 의한 해석 결과 $M_B = 201.733\text{kN} \cdot \text{m}$ 이 얻어졌으며, 이러한 차이가 발생한 이유는 해석과 수계산에서 프리스트레스 효과를 고려하는 방법의 차이 때문이다. Civil 에서는 곡선형상의 강선을 분할된 여러 개의 직선으로 가정하여 계산한다. 본 예제에서는 수계산의 값이 정산에 의한 값이며, 2 차모멘트는 다음과 같이 계산된다.

$$M_s = M_R - M_P = 202.5 - 135 = 67.5\text{kN}$$

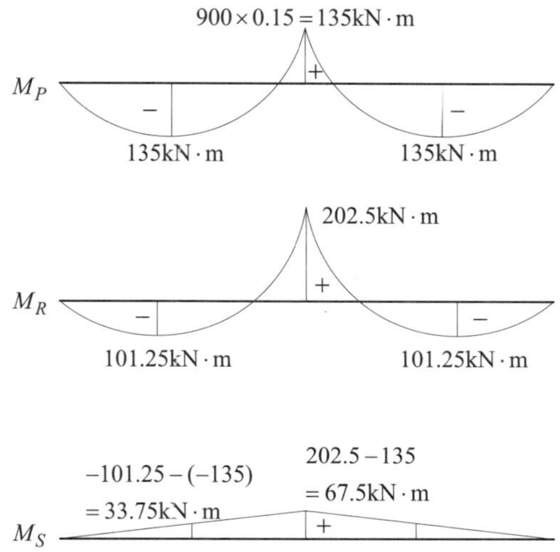

▶그림 8.17
부재력도

지지점의 반력은 실제하중 q_b 가 상향 방향으로 작용하고 있는 것처럼 가정하여 계산해서는 안 된다. 만약 하중의 실제 값이 q_b 라고 한다면, 양 단부에서는 $3q_b\ell^2/8$, 중앙부에서는 $10q_b\ell^2/8$ 의 반력이 하향 방향으로 발생하여야 한다. 그러나 프리스트레스만 있는 경우에는 힘의 평형 조건에 따라 연직방향 힘의 합력은 영(0)이 되어야 한다.

프리스트레스로 인한 반력은 2 차모멘트와 관련 있으므로 2 차모멘트로부터 반력을 계산할 수 있다. 이 예제에서는 중앙부에서 2 차모멘트의 크기가 $67.5\text{kN}\cdot\text{m}$ 이므로 B 점의 반력은 다음과 같이 산정된다.

$$67.5 = \frac{R_B \times (2\times 9)}{4}, \qquad R_B = 15\text{kN}$$

따라서 전체적인 반력은 다음 그림과 같다.

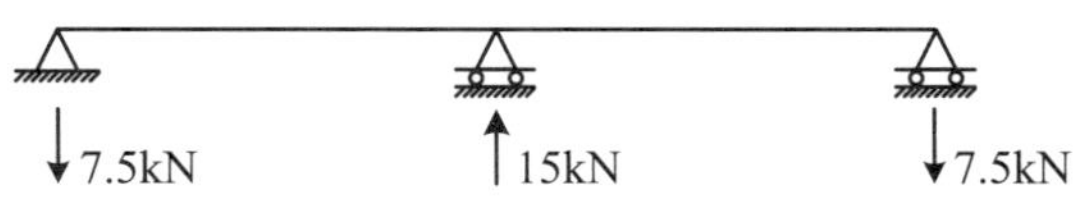

앞에서 설명한 결과 모멘트 해석 과정을 보면, 결과 모멘트는 a 와 F 에 의해 결정된다. 이때 F 는 주어진 조건이므로 a 값을 고정시킨 상태로 강선을 이동(강체이동)시켜도 결과 모멘트는 변하지 않는다. 예를 들면 중앙부 B 점에서 강선을 위나 아래로 이동시킨다 할지라도, a 값이 변하지 않은 상태로 이동시킨다면 결과 모멘트는 변하지 않는다. 그러나 결과 모멘트는 변하지 않더라도 1 차모멘트는 변하게 되며, 그 결과 2 차모멘트와 반력도 함께 변하게 된다.

이 예제에서 2 차모멘트가 영이 되는 강선 배치 형상을 찾고자 한다면, 중앙부에서 결과 모멘트가 135kN 이 되는 상태를 만들어야 한다. 그 경우 a 는 0.15m 가 되어야 하므로 강선의 배치 형상은 다음과 같아야 한다.

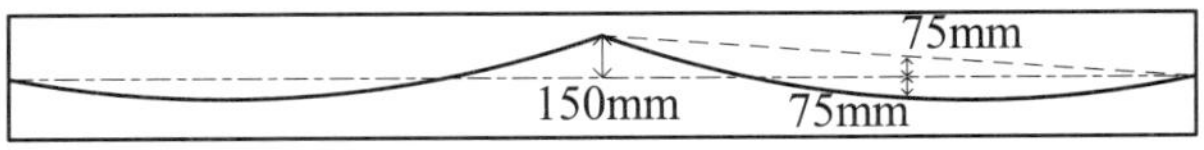

▶그림 8.19
강선 배치 형상

04. 연습문제

1. 다음과 같이 긴장재가 배치된 2 경간 연속보에 대하여 프리스트레스 하중에 의한 휨모멘트를 확인하시오.

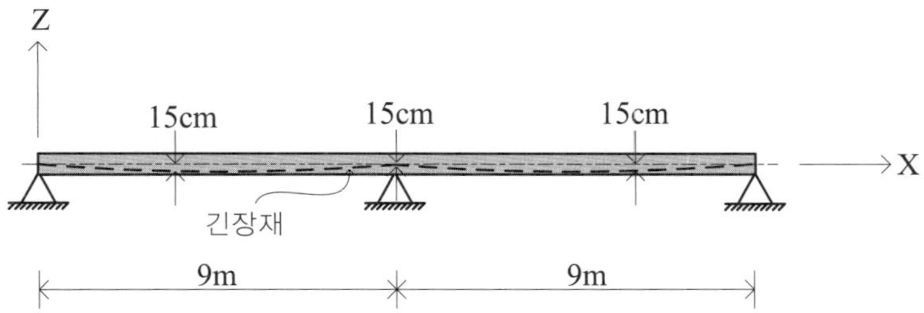

- ***Material***
  탄성계수 : 30,000 N / mm^2
- ***Section***
  사각형 단면 : 300 × 550
- ***Load***
  포물선으로 배치된 긴장재에 프리스트레스에 의한 하중 900kN 작용
  전구간에 걸쳐 등분포하중 20 kN/m 작용

9. 열응력 해석

TABLE OF CONTENTS

01 이해하기

02 따라하기

03 풀어보기

01. 이해하기

01.1 열응력 해석의 개념

01.1.1 **일반 사항**

물체는 열을 받으면 체적이 증가하는 반면 냉각되면 체적이 감소한다. 하지만 물체가 늘어나거나 줄어들지 않도록 구속하게 되면, 물체 내부에는 이 구속에 저항하려는 내력이 발생하고 지점에는 반력이 발생한다. 예를 들어 그림 9.1 과 같은 원형 단면의 봉에 아무런 구속 없이 열을 가하면 자유로이 늘어난다. 그러나 양 끝을 구속한 상태에서 열을 가하면, 봉이 늘어나지 못하게 하는 반력으로 인하여 봉에는 내력이 발생하게 된다. 이때 봉의 단위 면적당 내력을 열응력이라고 부른다. 그러나 물체가 구속 되어 있지 않다고 하더라도 물체 전 영역에서 온도 분포가 일정하지 않으면 이러한 온도 구배로 인하여 내부에 열응력이 발생하게 된다. 가장 대표적인 예로 용접 후 물체 내부에 남게 되는 잔류 열응력(residual thermal stress)을 들 수 있다. 열응력의 크기는 열을 받는 물체의 고유한 재료 물성치인 열팽창 계수(thermal expansion coefficient)와 온도 증가에 비례한다.

▶그림 9.1
열응력

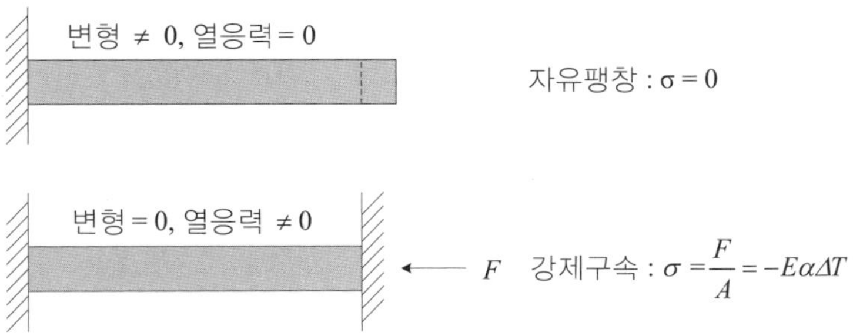

01.1.2 **해석 개념**

아래 두 가지 구조는 A 점의 지지조건에서 차이가 있으며, 다른 모든 조건은 동일하다. 절점 B 에 힌지를 추가하여 해석 결과를 가능한 한 간단하게 나타내고자 하였다. 부재 AB 에 100°C 의 온도 증가가 발생한 경우를 대상으로 차이를 비교하고자 하였으며, 해석 조건은 다음과 같다.

▶식 9.1

$$E = 2\times10^4\ \mathrm{N/mm^2},\quad I = 1\times10^{10}\ \mathrm{mm^4},\quad \alpha = \text{열팽창계수} = 1\times10^{-5}/^\circ\mathrm{C}$$

▶그림 9.2
온도변화 예제

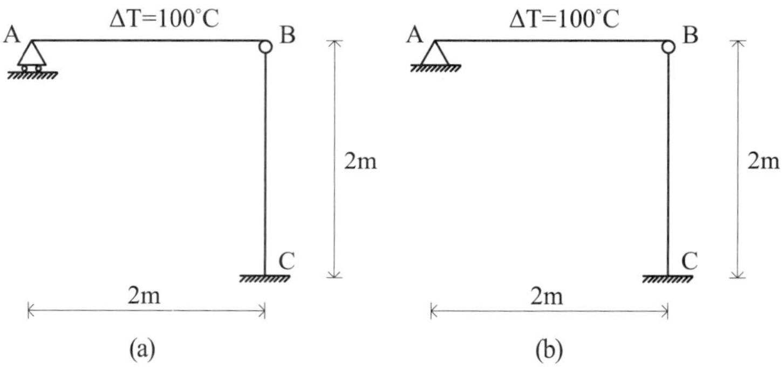

부재 AB 에서 온도변화가 발생하였으므로 부재 AB 는 다음과 같은 길이변화의 발생 요인을 가진다.

$$\Delta = 1\times10^{-5}/^\circ\mathrm{C}\times100^\circ\mathrm{C}\times2{,}000\mathrm{mm} = 2\mathrm{mm}$$

그림 9.2 의 (a)구조는 A 점의 횡변위가 구속되어 있지 않으므로, A 점이 좌측으로 2mm 이동해야 한다. 반면에 (b)구조는 A 점의 횡변위가 구속되어 있으므로 보에서의 온도변화는 기둥의 상단, 즉 B 점이 우측으로 2mm 이동하게 하는 효과를 낳는다. 따라서 우측 구조의 기둥 하단에는 다음과 같은 반력이 발생한다.

$$M = \frac{3EI}{\ell^2}\Delta = \frac{3\times2\times10^4\times1\times10^{10}}{2000^2}\times2\times10^{-6} = 300\mathrm{kN\cdot m}$$
$$H = \frac{300}{2} = 150\mathrm{kN}$$

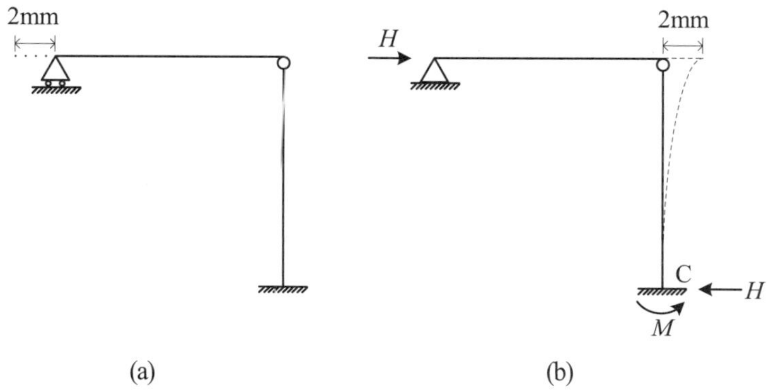

▶그림 9.3
온도변화 효과

이와 같이 온도변화는 구조물의 구속조건에 따라 다른 해석 결과가 발생하게 할 수 있다.

02. 따라하기

02.1 모델 개요

다음 그림과 같은 트러스로 이루어진 구조물에 대하여 10℃의 온도변화에 대한 열응력 해석을 수행한다.

▶그림 9.4
해석 모델

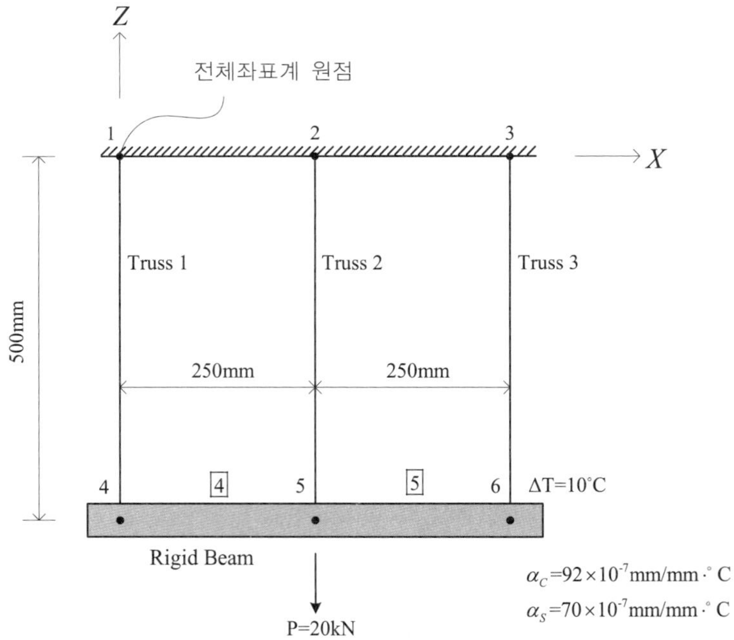

➢ ***Model 1***
트러스에 강체 보 요소가 매달린 Model

➢ ***Model 2***
강체 연결조건(rigid link)으로 보의 자유도를 주 절점에 종속시킨 Model

- ***Material***

  Truss 1, Truss 3

  탄성계수(E_c) : 1.1×10^5 N/mm

  열팽창 계수(α_c) : 9.2×10^{-6} mm/mm·℃

  Truss 2

  탄성계수(E_s) : 2.05×10^5 N/mm^2

  열팽창 계수(α_s) : 7.0×10^{-6} mm/mm·℃

  Rigid Beam

  탄성계수(E_B) : 7.0×10^{12} N/mm^2

- ***Section***

  트러스 요소(수직) Area : 65mm^2

  보 요소(강체) I_{yy} : 400,000mm^4

- ***Load***

  1. 절점 5 에 집중하중 20 kN 재하
  2. 온도하중

     초기 온도 : 15 ℃

     최종 온도 : 25 ℃

02.2 작업환경 설정

02.2.1 **단위계 설정**

새 파일을 열고 파일명을 저장한다.

Main Menu 에서 */New Project...*

Main Menu 에서 */Save*

1. 파일 이름 : **'Thermal 1'** 입력 후 **[저장]** 클릭

예제에서 사용할 단위계를 설정한다.

Main Menu 에서 ***Tools / Unit System...***

2. Length > **mm**, Force(Mass) > **N** 선택

3. **[OK]** 클릭

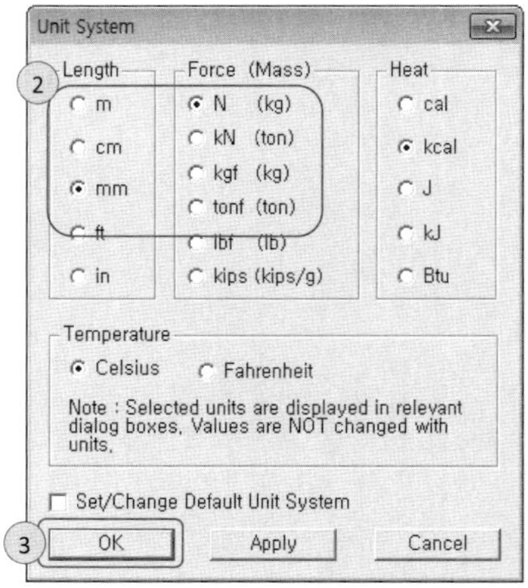

▶그림 9.5
(a) 파일 저장
(b) 단위계 설정

Tip

단위계 설정은 화면 하단 Status bar 에서도 간편하게 설정이 가능하다.

02.2.2 **작업 평면 설정**

본 예제에서는 전체좌표계(Global Coordinate System, GCS)를 기준으로 X-Z 평면의 거동만을 허용하므로 Structure Type 을 2-D 거동 구조물(X-Z Plane)로 지정한다.
온도하중을 고려하기 위해 초기 온도를 입력한다. 초기 온도는 하중재하 전의 구조물 전체 온도를 의미한다.

Main Menu 에서 ***Structure / Type / Structure Type...***

1. Structure Type > **X-Z Plane** 선택
2. Gravity Acceleration : **'9806'**, Initial Temperature : **'15'** 입력
3. **[OK]** 클릭

▶그림 9.6
작업 평면 설정
초기온도 설정

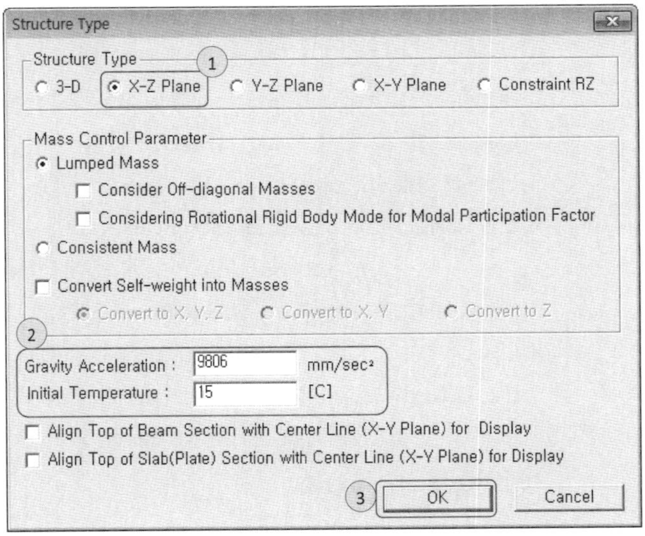

02.3 재질과 단면 정의

예제 모델에 사용된 구조 부재의 재질과 단면을 입력한다. 모델링에 사용될 재질과 단면은 해석의 편의를 위하여 값을 직접 입력하는 User Defined Type 과 Value Type 을 이용한다.

Main Menu 에서 ***Properties / Material / Material Properties***

1. **[Add...]** 클릭, Name : **'Truss 2'** 입력
2. Elasticity Data > Type of Design > **User Defined** 선택,
3. User Defined > Modulus of Elasticity : **'2.05e5'** 입력
   Thermal Coefficient : **'7.0e-6'** 입력, **[Apply]** 클릭
4. Material ID : **'2'** 확인, Name : **'Truss 1,3'** 입력
5. Elasticity Data > Type of Design > **User Defined** 선택,
6. User Defined > Modulus of Elasticity : **'1.1e5'** 입력
   Thermal Coefficient : **'9.2e-6'** 입력, **[Apply]** 클릭
7. Material ID : **'3'** 확인, Name : **'Rigid Beam'** 입력
8. Elasticity Data > Type of Design > **User Defined** 선택,
9. User Defined > Modulus of Elasticity : **'7.0e12'** 입력
   Thermal Coefficient : **'0'** 입력
10. **[OK]** 클릭
11. **Section** 탭 클릭, **[Add...]** 클릭, **Value** 탭 클릭
12. Section Shape 목록 > **Box** 선택, Name : **'Truss'** 입력
13. Size > H : **'15'**, B : **'15'**, tw : **'2.5'**, tf1 : **'2.5'** 입력, Section Properties > Area : **'65'** 입력
14. **Consider Shear Deformation** (Check off), **[Apply]** 클릭
15. ID : **'2'** 확인, Name : **'Beam'** 입력
16. Size > H : **'25'**, B : **'25'**, tw : **'2.5'**, tf1 : **'2.5'** 입력, Section Properties > I_{yy} : **'400,000'** 입력
17. **[OK]** 클릭, **[Close]** 클릭

▶그림 9.7
(a), (b), (c) 재질 정의
(d), (e) 단면 정의

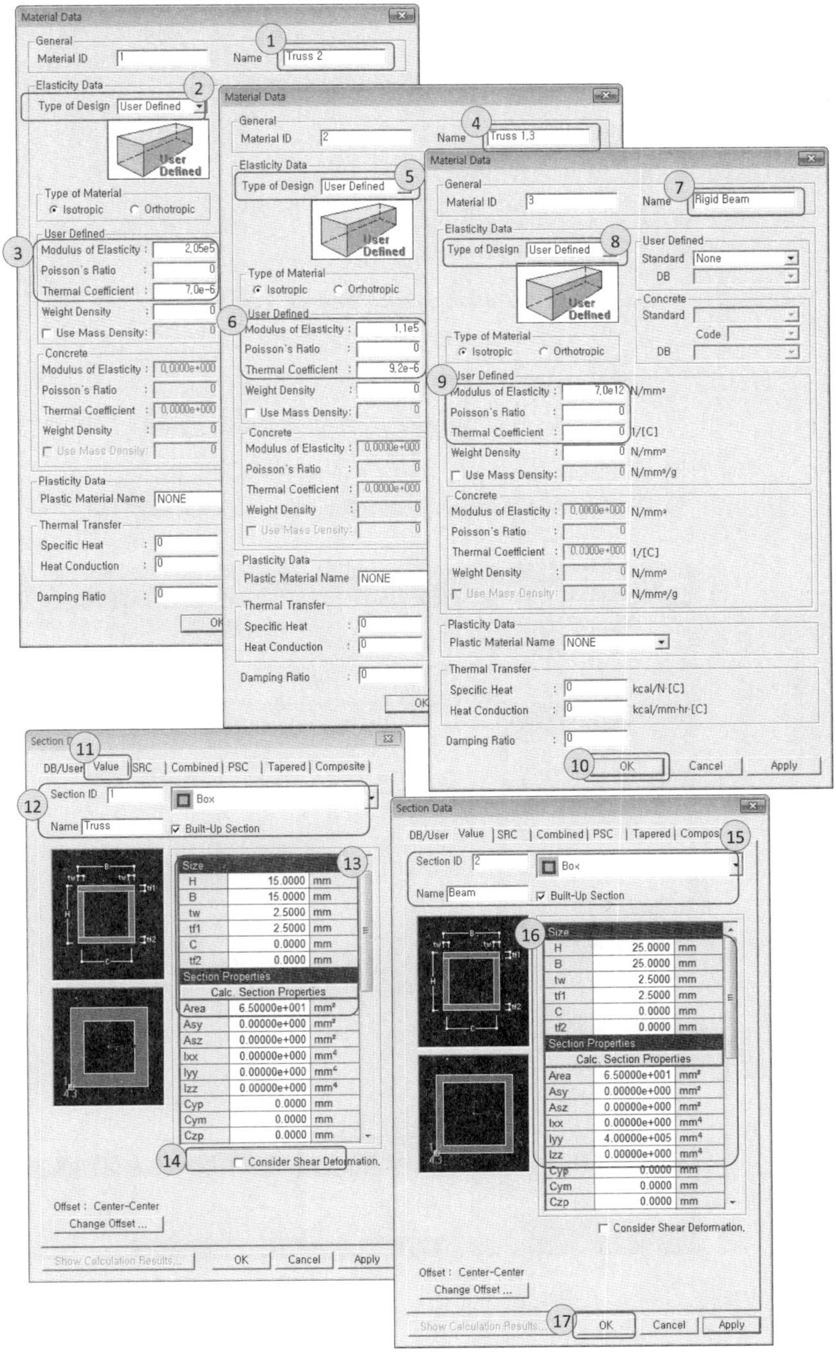

02.4 절점과 요소 생성

02.4.1 절점 생성

지점부에 절점을 생성한다.

Main Menu 에서 ***Node/Element / Nodes / Create Nodes***

1. 화면 하단 단위계를 **kN, mm** 로 수정
2. Coordinates (x, y, z) : **'0, 0, 0'** 입력
3. Copy > Number of Times: **'2'** 입력, Distances (dx, dy, dz) : **'250,0,0'** 입력
4. **[Apply]** 클릭
5. **Display Node Numbers, Auto Fitting, Front View** (Toggle on)

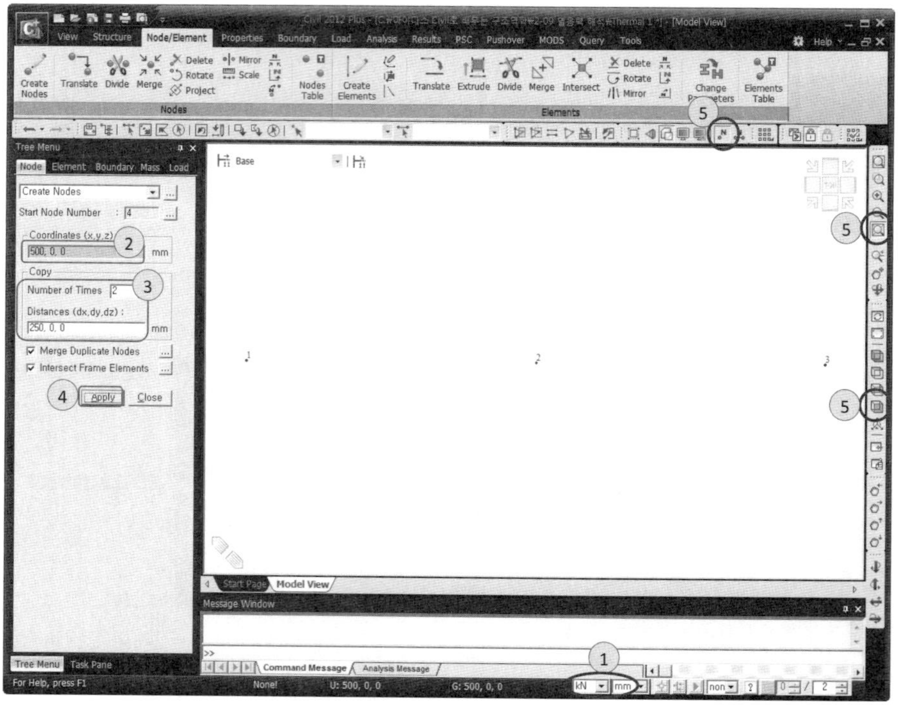

▶그림 9.8
절점 생성

02.4.2 요소 생성

절점을 선으로 변환하는 Extrude 기능을 이용하여 트러스 요소를 생성한다.

Main Menu 에서 ***Node/Element / Elements / Extrude***

1. **Display Element Numbers**(Toggle on), **Select All** 클릭
2. Extrude Type > **Node –> Line Element** 선택
3. Element Attribute > Element Type > **Truss** 선택
   Material > **2: Truss 1,3**, Section > **1: Truss** 선택
4. dx,dy,dz : **'0,0,-500'**, Number of Times : **'1'** 입력
5. **[Apply]** 클릭

▶그림 9.9
트러스 요소 생성

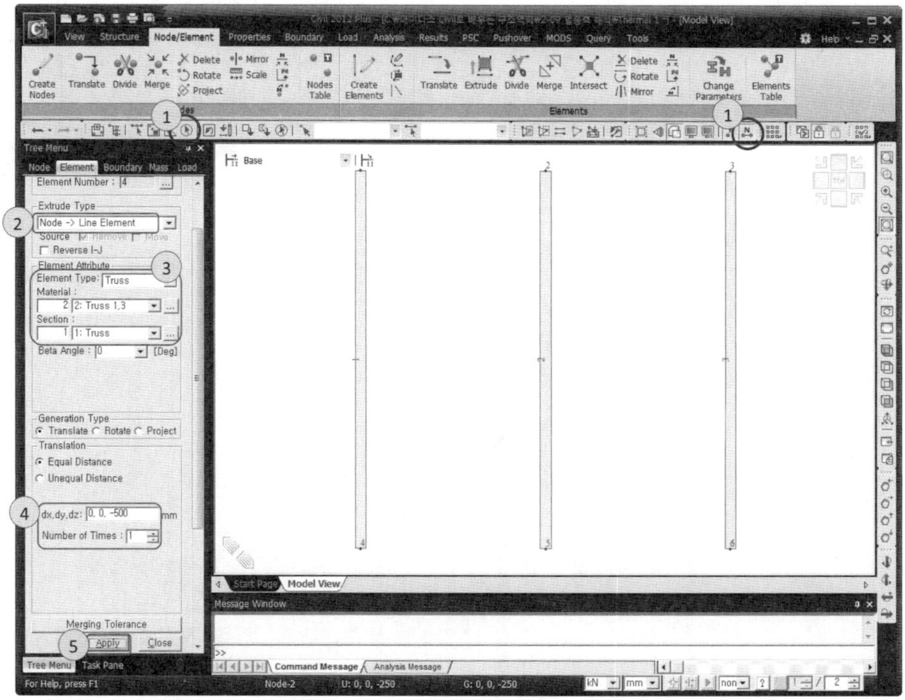

절점을 선으로 변환하는 Extrude 기능을 이용하여 보 요소를 생성한다.

Main Menu 에서 ***Node/Element / Elements / Extrude***

1. **Select Single** (Toggle on)
2. 절점 **4, 5** 선택
3. Extrude Type > **Node -> Line Element** 선택
4. Element Attribute > Element Type > **Beam** 선택
   Material > 3**: Rigid Beam**, Section > 2**: Beam** 선택
5. Translation > dx,dy,dz : **'250,0,0'**, Number of Times : **'1'** 입력
6. **[Apply]** 클릭

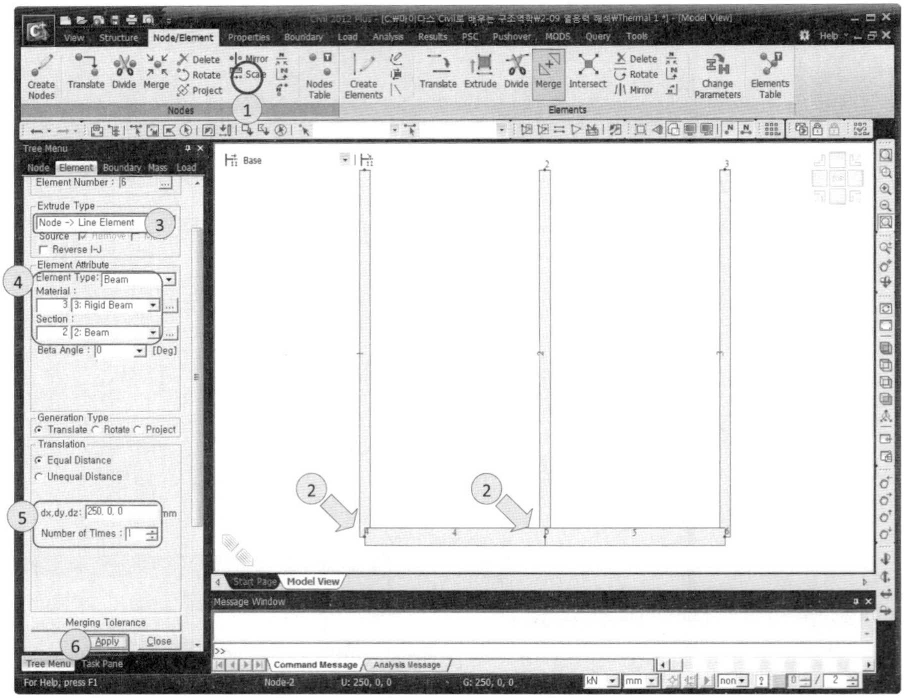

▶그림 9.10
보 요소 생성

02.4.3 **요소 재질 수정** Works Tree Menu 를 이용하여 중앙 2 번 요소의 재질을 수정한다.

Extrude Element 대화창 **[Close]** 클릭,

1. Tree Menu 의 **Works 탭** 클릭
2. **Select Single** (Toggle on)
3. 중앙 **2 번 부재** 선택
4. Works > Properties > Material > **1: Truss 2** (Drag & Drop)

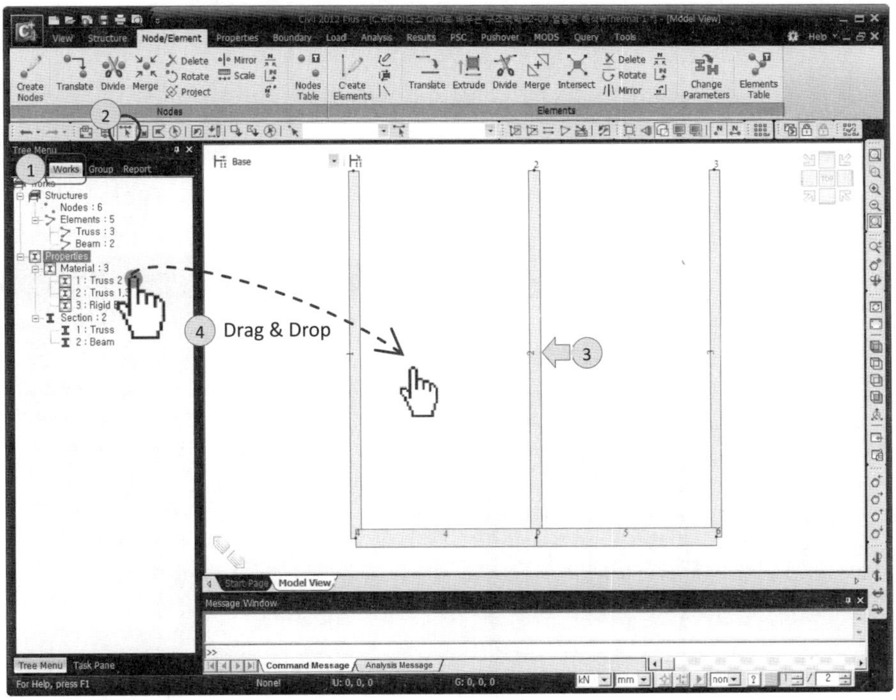

▶그림 9.11
모델 재질 변경

Tip

Drag & Drop : 마우스 좌 클릭 상태에서 Drag 하여 Model View 에 Drop 한다.

02.5 경계조건 입력

트러스 요소의 상단부는 고정시키고, 하부 절점은 X 방향의 변위를 제어한다.

Main Menu 에서 ***Boundary / Supports / Define Supports***

1. **Hidden** (Toggle off)
2. **Select Single** (on) 모드에서 **1, 2, 3 번 절점** 선택
3. Support Type > **D-ALL** (Check on), **[Apply]** 클릭
4. **Select Single** (on) 모드에서 **4, 5, 6 번 절점** 선택
5. Support Type > **Dx** (Check on), **Dy, Dz** (Check off) **[Apply]** 클릭

▶그림 9.12
지지조건 입력

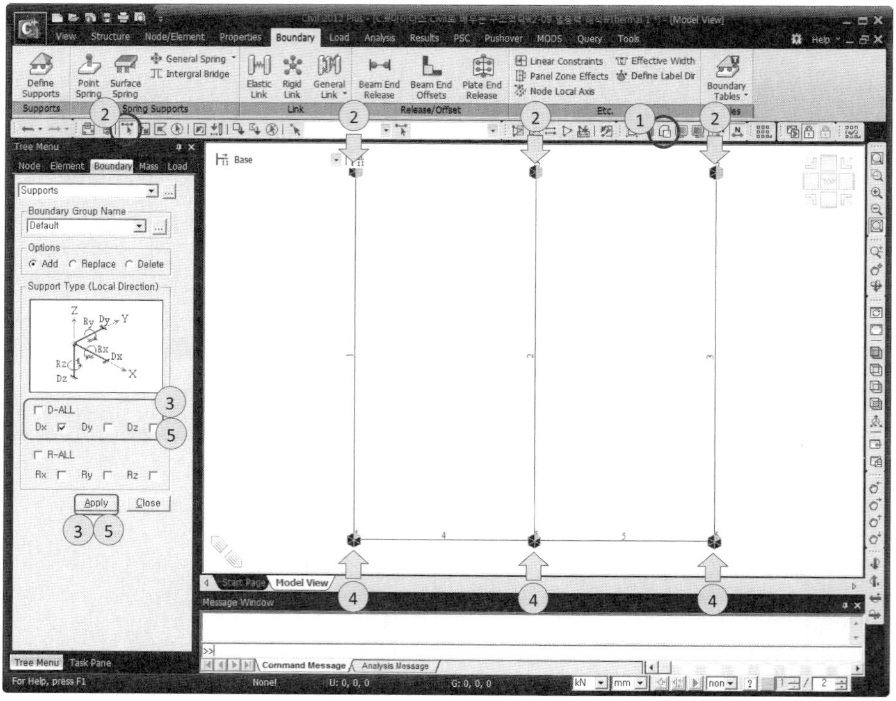

02.6 하중 입력

02.6.1 **하중조건 정의**

절점하중과 온도하중의 입력을 위해 하중조건을 정의한다.

Main Menu 에서 ***Load / Static Loads / Static Load Cases***

1. Name : **'Nodal'** 입력
   Type > **User Defined Load (USER)** 선택, **[Add]** 클릭
2. Name : **'Temp'** 입력
   Type > **User Defined Load (USER)** 선택, **[Add]** 클릭
3. **[Close]** 클릭

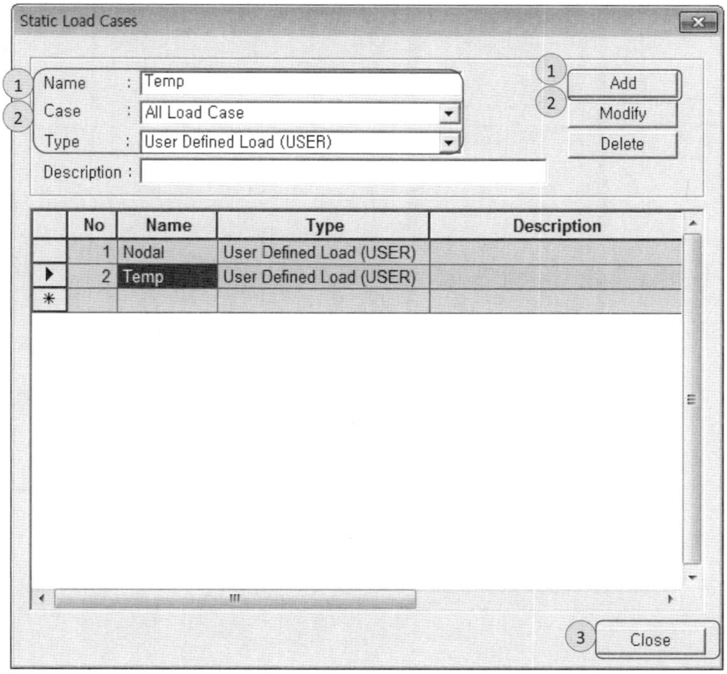

▶그림 9.13
하중조건 정의

02.6.2 **절점하중 입력**

하부 중앙 5 번 절점에 중력방향으로 집중하중 20kN 을 재하한다.

Main Menu 에서 ***Load / Static Loads / Nodal Loads***

View / Display... > Load 탭 > **Load Value** (Check on) > **[...]** > Place : **'2'** 입력, **[OK]**

1. **Select Single** (on) 모드에서 5 번 절점 선택
2. Load Case Name > **Nodal** 선택
3. Nodal Loads > FZ : **'-20'** 입력
4. **[Apply]** 클릭

▶그림 9.14
절점 하중 입력

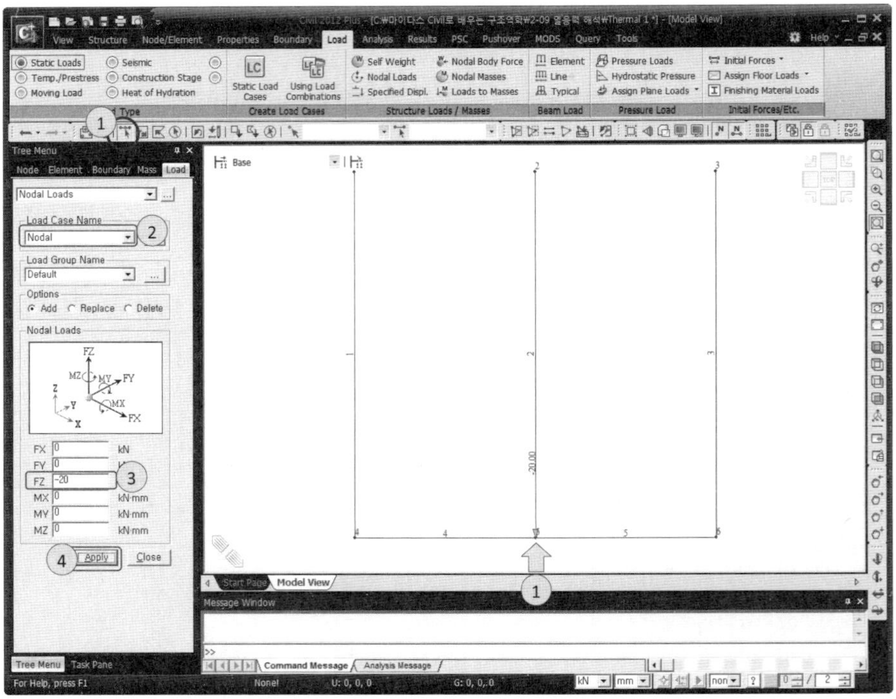

02.6.3 **온도하중 입력**

10℃의 온도차에 의한 하중의 발생을 반영하기 위해 전체 구조물의 온도를 25℃(25-15=10℃)로 입력합니다.

Main Menu 에서 ***Load / Temp./Prestress / System Temperature***

1. Load Case Name > **Temp** 선택
2. Temperature > Final Temperature : **'25'** 입력
3. **[Add]** 클릭

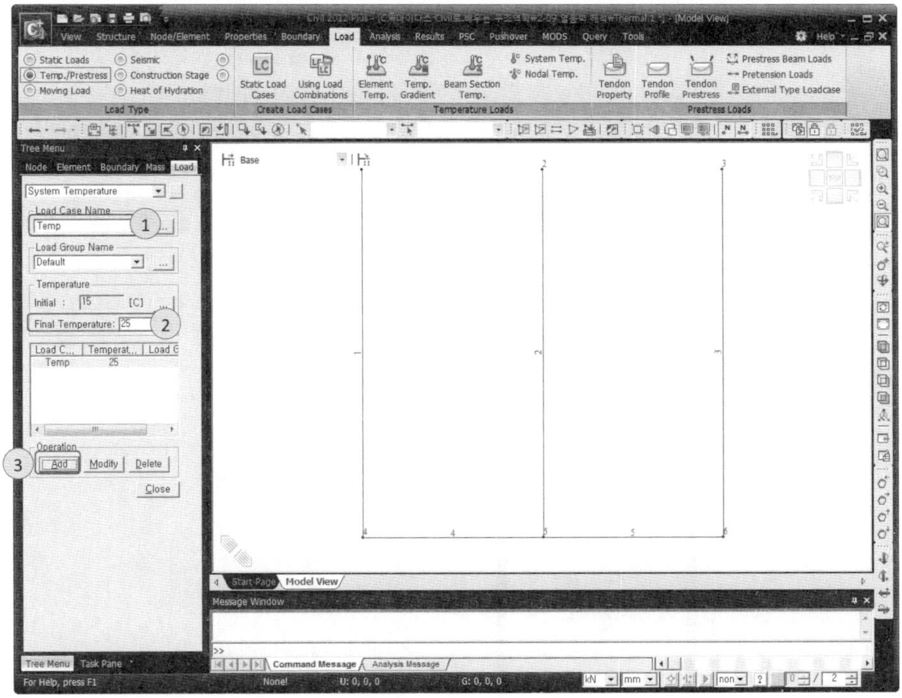

▶그림 9.15
온도하중 입력

02.7 구조해석 수행

모델 생성 및 하중 입력을 마치고 구조해석을 수행한다.

Main Menu 에서 ***Analysis / Perform Analysis*** 실행

1. Message Window 에서 해석 정상 종료 메시지 확인

해석 결과 검토의 편의를 위해 화면을 정리한다.

2. **Display Node Numbers, Display Element Numbers** (Toggle off)

▶그림 9.16
해석 정상 종료 메시지

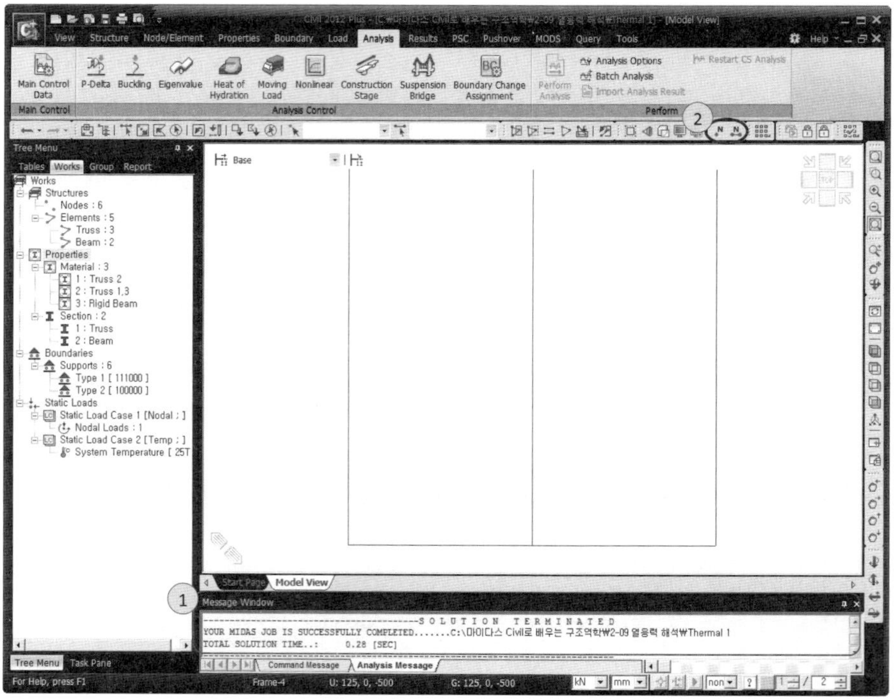

02.8 해석 결과 확인

02.8.1 **하중조합조건 생성**

절점하중과 온도하중의 조합에 의한 결과를 확인하기 위하여 하중 조합을 생성한다.

하중조합조건 1 (LCB 1) : **1.0 Nodal + 1.0 Temp**

Main Menu 에서 ***Results / Combination / Load Combination***

1. **General Tab** 확인
2. Load Combination List > Name : **LCB1** 입력
3. Load Cases and Factors > LoadCase : **Nodal(ST)** 선택, Factor : **'1'** 입력
   LoadCase : **Temp(ST)** 선택, Factor : **'1'** 입력
4. **[Close]** 클릭

▶그림 9.17
하중조합 생성

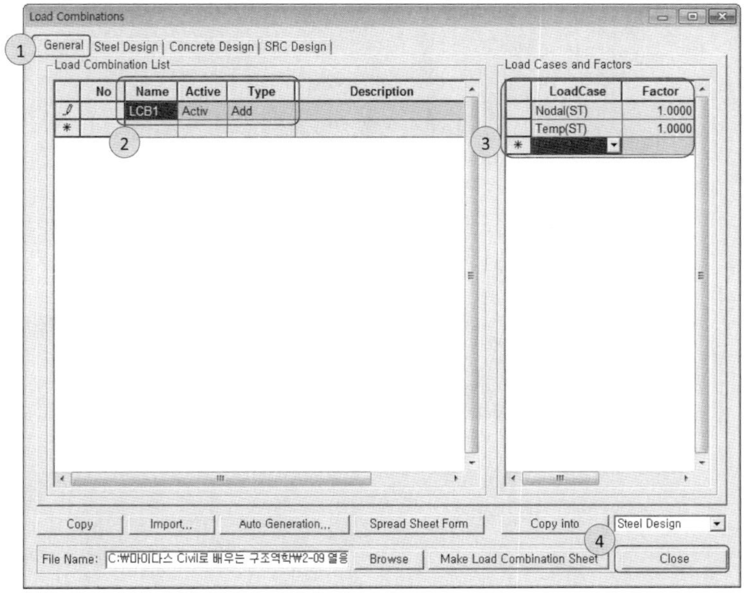

02.8.2 **반력**

절점하중에 의한 트러스 상단 지점의 반력을 확인한다.

Main Menu 에서 ***Results / Reaction / Reaction Forces/Moments...***

1. Load Cases/Combinations > **ST : Nodal** 선택
2. Components > **FZ** 선택
3. Type of Display > **Value, Legend** (Check on)
4. Values 옆의 **[...]** 버튼 클릭
5. Number Options > Decimal Points : **'5'** 입력,
6. **[OK]** 클릭

▶그림 9.18
절점하중에 의한 반력

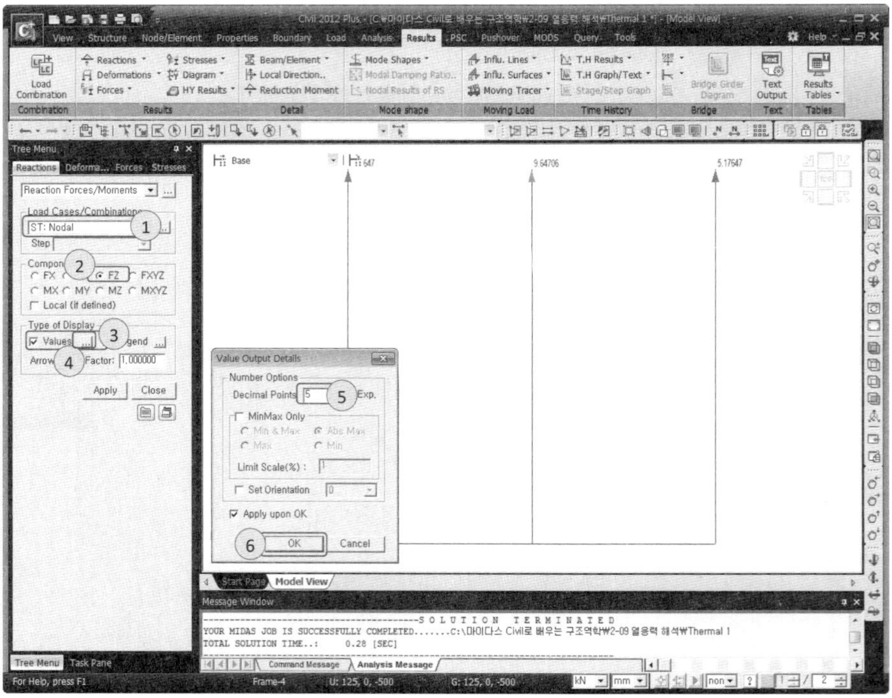

절점하중에 의한 반력은 Truss 2 지점에서 9.64706 kN, Truss 1, 3 지점에서 5.17647 kN 이 발생됨을 알 수 있다.

02.8.3 **변위 및 변형**

절점하중에 의해 트러스 하단에 발생되는 변위를 확인한다.

Main Menu 에서 ***Results / Deformations / Deformed Shape...***

1. Load Cases/Combinations > **ST : Nodal** 선택
2. Components > **DZ** 선택
3. Type of Display > **Undeformed, Values, Legend** (Check on)
4. Values 옆의 **[...]** 버튼 클릭
5. Number Options > Decimal Points : **'5'** 입력,
6. **[OK]** 클릭

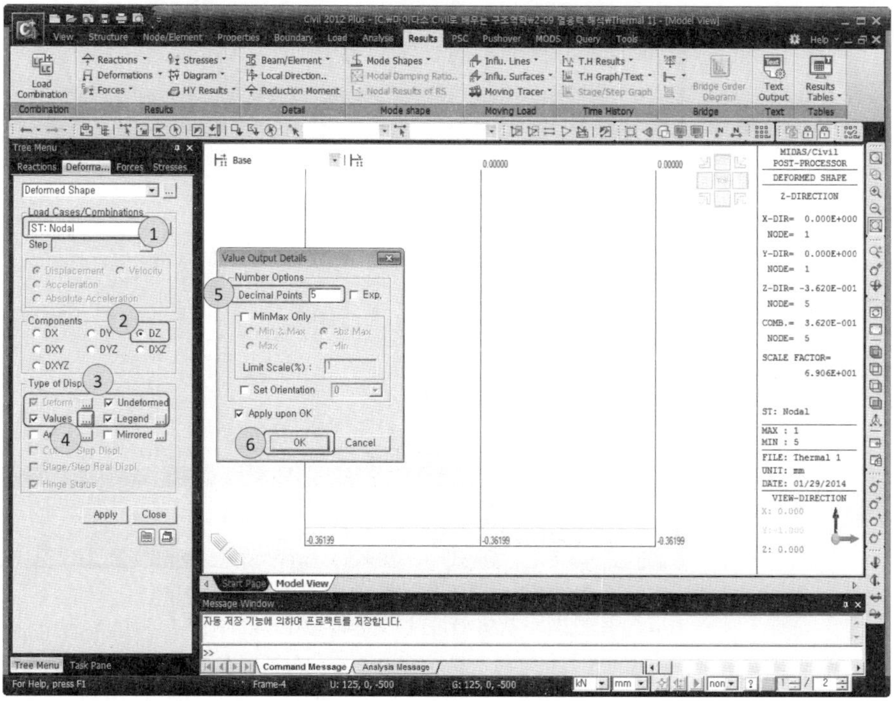

▶그림 9.19
온도하중에 의한 변위

트러스 하단에서 Rigid Beam 과 연결된 모든 절점에서 아래 방향으로 0.36199mm 의 변위가 발생됨을 알 수 있다

02.8.4 **부재력**

절점하중에 의해 트러스에 작용하는 축력을 확인한다.

Main Menu 에서 ***Results > Forces / Truss Forces...***

1. Load Cases/Combinations > **ST : Nodal** 선택
2. Type of Display > **Contour, Deform, Values, Legend** (Check on)
3. **[Apply]** 클릭

▶그림 9.20
절점하중에 의한 변위

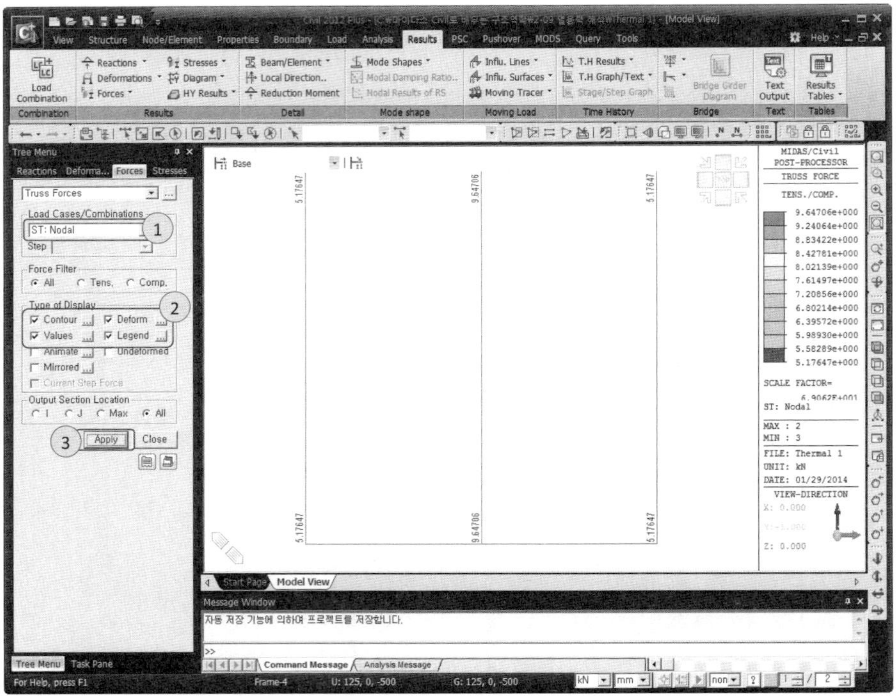

Truss 2 부재에서 9.64706 kN, Truss 1, 3 부재에서 5.17647 kN 의 인장력이 발생됨을 알 수 있다.

02.8.5 **응력**

절점하중에 의해 트러스 요소에 발생하는 응력(truss stress)을 확인한다.
절점하중이 작용하는 트러스 요소는 강체 보 요소로 인하여 동일한 처짐(0.36199 mm)이 발생하며, 따라서 축방향 강성에 비례하여 응력을 분배하게 된다.

Main Menu 에서 ***Results / Stresses / Truss Stresses...***

1. 화면 하단의 **kN, mm** 단위계를 **N, mm** 단위계로 수정
2. Load Cases/Combinations > **ST : Nodal** 선택
3. Type of Display > **Contour, Deform, Values, Legend** (Check on)
4. Values 옆의 **[...]** 버튼 클릭
5. Number Options > Decimal Points : **'5'** 입력, **[OK]** 클릭

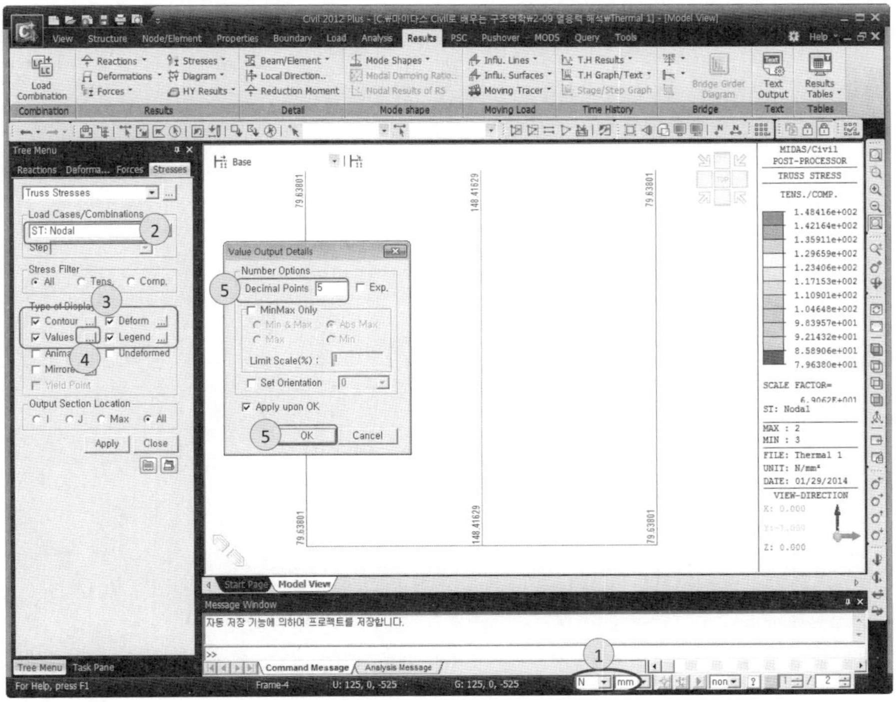

▶그림 9.21
절점하중에 의한 트러스 응력

Truss 2 부재에서 148.41629 N/mm^2, Truss 1, 3 부재에서 79.63801 N/mm^2 의 응력이 발생됨을 알 수 있다.

02.8.6 Model2 **생성** 해석 모델을 새 이름으로 저장하고, 하부의 강체 보(Rigid Beam) 대신 강체 연결 조건(Rigid Link)을 이용하여 강체 거동을 해석한다.

Main Menu 에서 ***File / Save As...***

1. 파일 이름 : **'Thermal 2'** 입력, **[저장]** 클릭

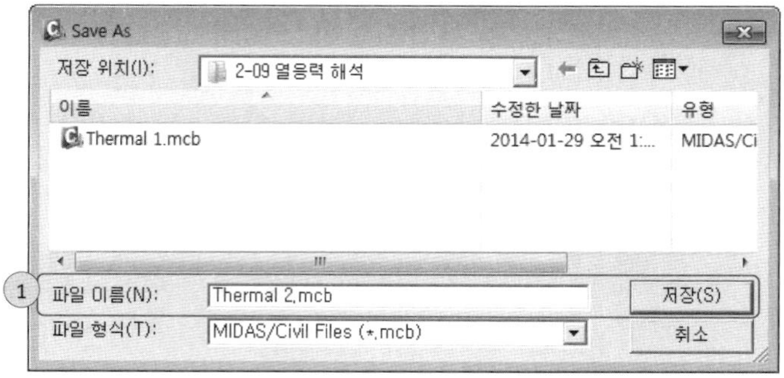

▶그림 9.22
Model 2 새 이름 저장

02.8.7 **재질 변경** 기존에 입력된 Rigid Beam 의 탄성계수를 변경한다.

Main Menu 에서 ***Properties / Material / Material Properties***

1. 리스트에서 **Rigid Beam** 을 더블 클릭
2. Elasticity Data > User Defined > Modulus of Elasticity : **'7.0e-3'** 입력
3. **[OK]** 클릭, **[Close]** 클릭

▶그림 9.23
재질 변경

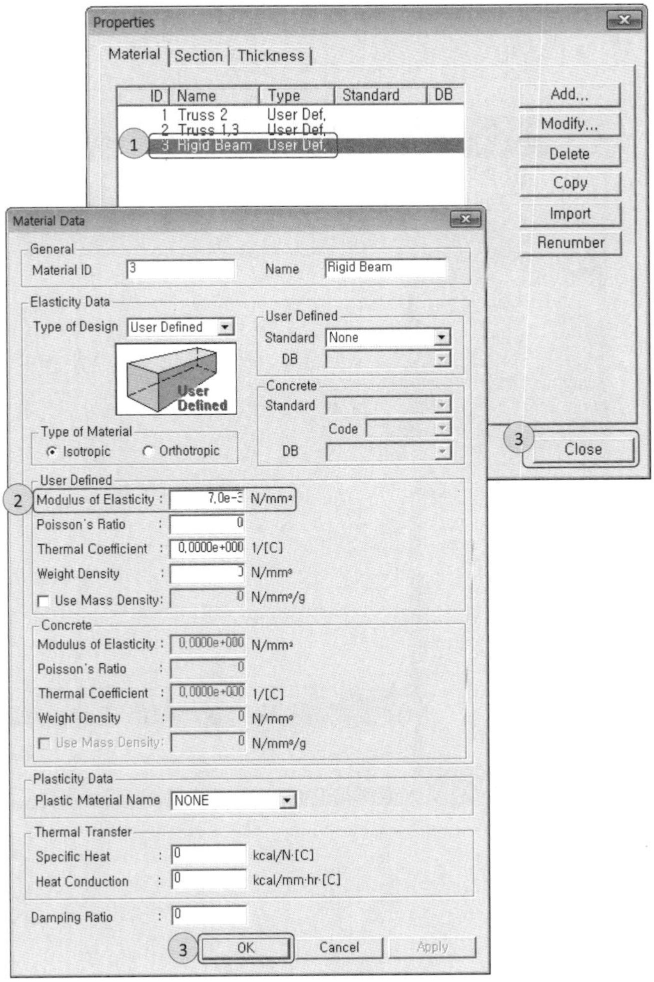

02.8.8 **강체 연결조건 입력** 강체 연결(Rigid Link)을 이용하여 절점 4, 6 의 Dz 자유도를 주 절점 5 에 종속시킨다.

화면 하단의 단위계를 kN, mm 로 변경

Main Menu 에서 ***Boundary / Link / Rigid Link***

1. **Display Node Numbers** (Toggle on)
2. **Select Single** (on) 모드에서 **4, 6 번 절점** 선택
3. Master Node > Master Node Number : **'5'** 입력
4. DOF of Rigid Link > **DZ** (Check on), **DX, DY, RX, RY, RZ** (Check off)
5. **[Apply]** 클릭

▶그림 9.24
강체 연결

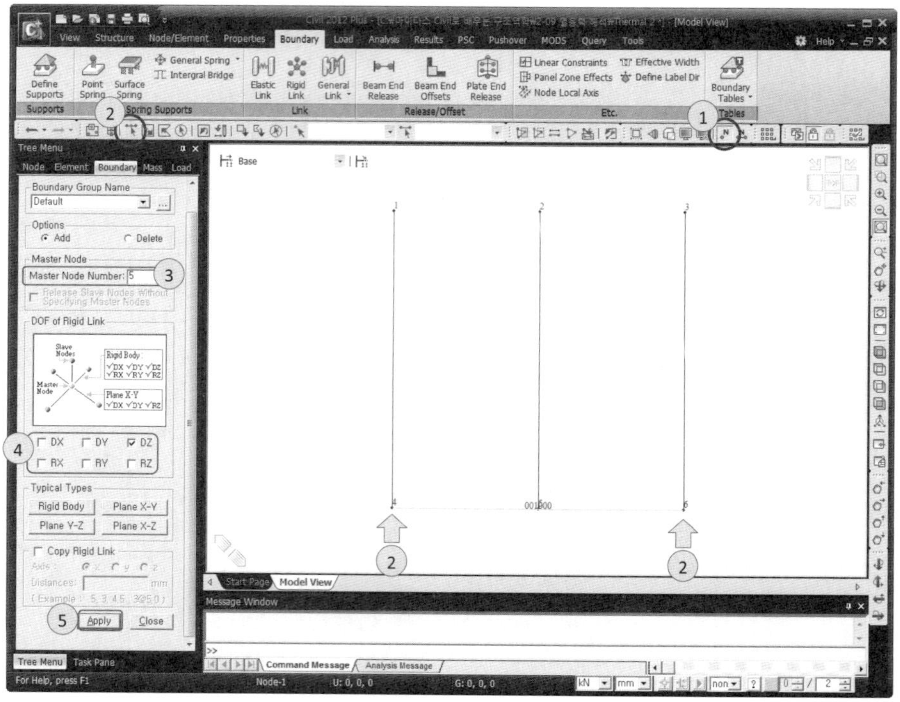

02.8.9 Model2 구조해석 수행

모델 수정을 마치고, 구조해석을 수행한다.

Main Menu 에서 ***Analysis / Perform Analysis*** 실행

1. Message Window 에서 해석 정상 종료 메시지 확인

해석 결과 검토의 편의를 위해 화면을 정리한다.

2. **Display Node Numbers** (Toggle off)

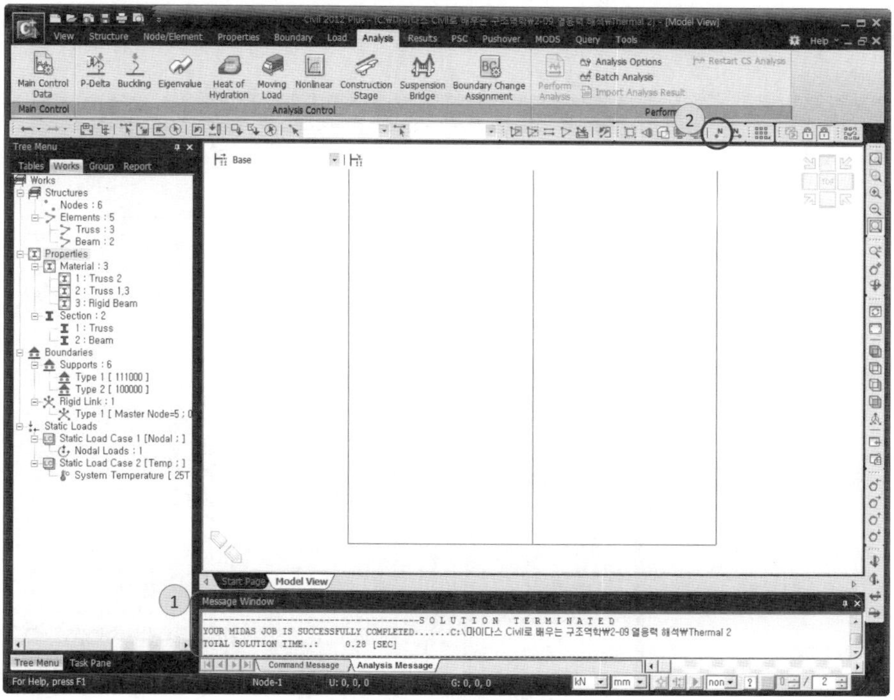

▶그림 9.25
해석 정상 종료 메시지

02.8.10 **반력** 온도하중에 의한 트러스 상단 지점의 반력을 확인한다.

Main Menu 에서 ***Results / Reaction / Reaction Forces/Moments***

1. Load Cases/Combinations > **ST : Temp** 선택
2. Components > **FZ** 선택
3. Type of Display > **Value, Legend** (Check on)
4. Values 옆의 **[...]** 버튼 클릭
5. Number Options > Decimal Points : **'5'** 입력
6. **[OK]** 클릭

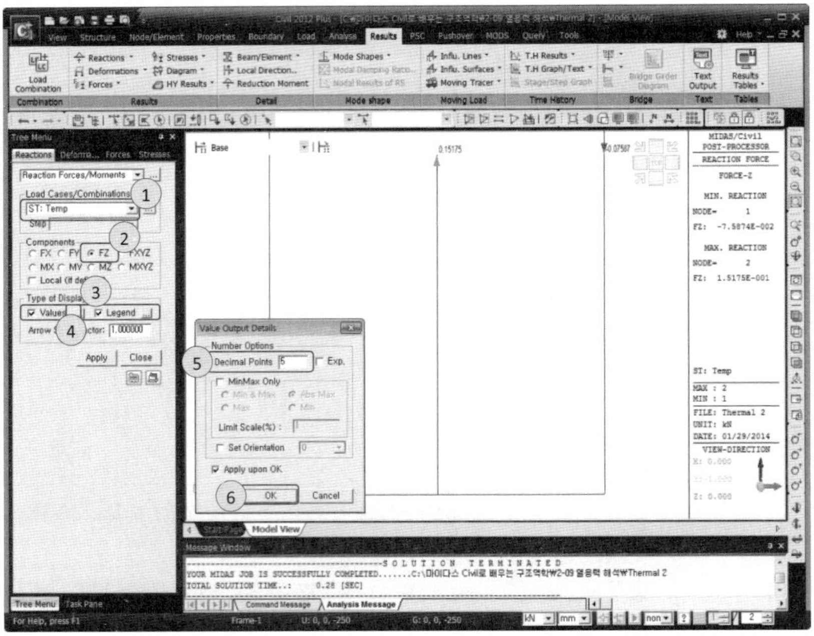

▶그림 9.26
온도하중에 의한 반력

온도하중에 의한 반력은 Truss 2 지점에서 0.15175kN, Truss 1, 3 지점에서 -0.07587kN 이 발생됨을 알 수 있다.

Truss 1, 2, 3 부재는 수직방향 자유도에 대하여 강체로 연결되어 있으므로 열팽창계수가 작은 Truss 2 에는 인장응력이 발생하여 +Z 축 방향 반력이 발생되고 열팽창계수가 큰 Truss 1, 3 부재에는 압축응력이 발생하여 –Z 축 방향 반력이 발생되는 것을 알 수 있다.

02.8.11 **변위 및 변형** 온도하중에 의해 트러스 하단에 발생되는 변위를 확인한다.

Main Menu 에서 ***Results / Deformations / Deformed Shape...***

1. Load Cases/Combinations > **ST : Temp** 선택
2. Components > **DZ** 선택
3. Type of Display > **Undeformed, Values, Legend** (Check on)
4. Values 옆의 **[...]** 버튼 클릭
5. Number Options > Decimal Points : **'5'** 입력
6. **[OK]** 클릭

▶그림 9.27
온도하중에 의한 변위

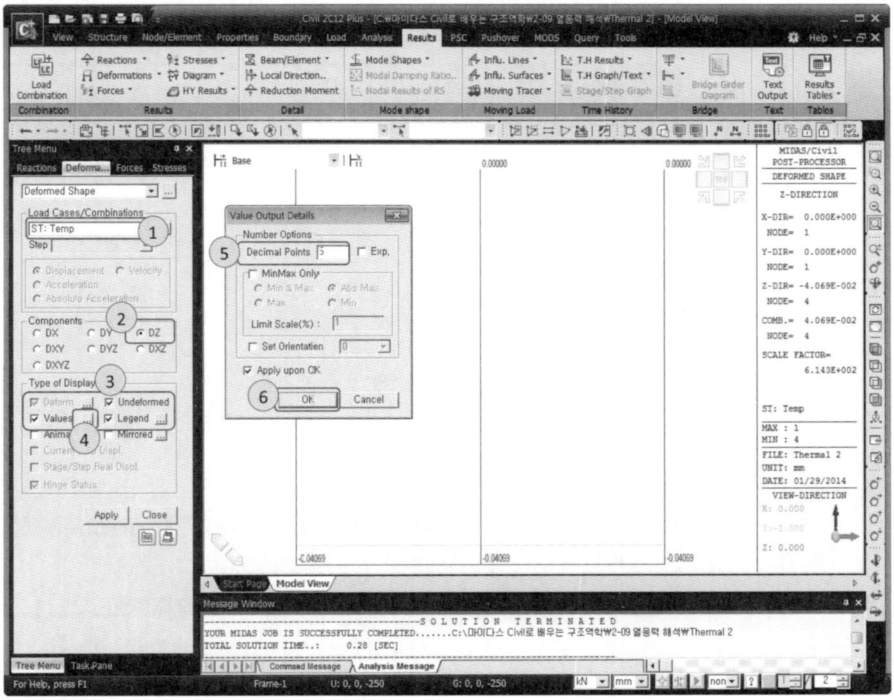

Rigid Link 로 연결된 4, 5, 6 번 절점 변위는 모두 아래 방향으로 0.04069mm 가 발생됨을 알 수 있다.

02.8.12 **부재력** 온도하중에 의해 트러스에 작용하는 축력을 확인한다.

Main Menu 에서 ***Results > Forces / Truss Forces...***

1. Load Cases/Combinations > **ST : Temp** 선택
2. Values 옆의 **[...]** 버튼 클릭
3. Number Options > Decimal Points : **'5'** 입력
4. **[OK]** 클릭

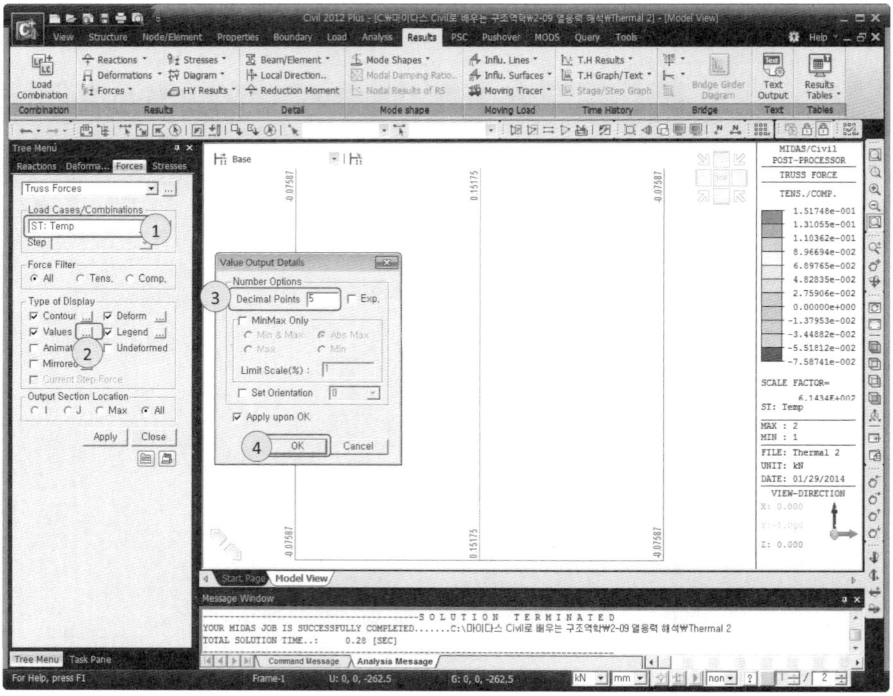

▶그림 9.28
온도하중에 의한 변위

Truss 2 부재에서 0.15175 kN 의 인장력이 발생하고, Truss 1, 3 부재에서 0.07587 kN 의 압축력이 발생됨을 알 수 있다.

02.8.13 **응력** 온도하중에 의해 트러스 요소에 발생되는 응력(truss stress)을 확인한다.

Main Menu 에서 ***Results / Stresses / Truss Stresses...***

화면 하단의 **kN, mm** 단위계를 **N, mm** 단위계로 수정

1. Load Cases/Combinations > **ST : Temp** 선택
2. Type of Display > **Contour, Deform, Values, Legend** (Check on)
3. Values 옆의 **[...]** 버튼 클릭
4. Number Options > Decimal Points : **'5'** 입력
5. **[OK]** 클릭

▶그림 9.29
절점하중에 의한 트러스 응력

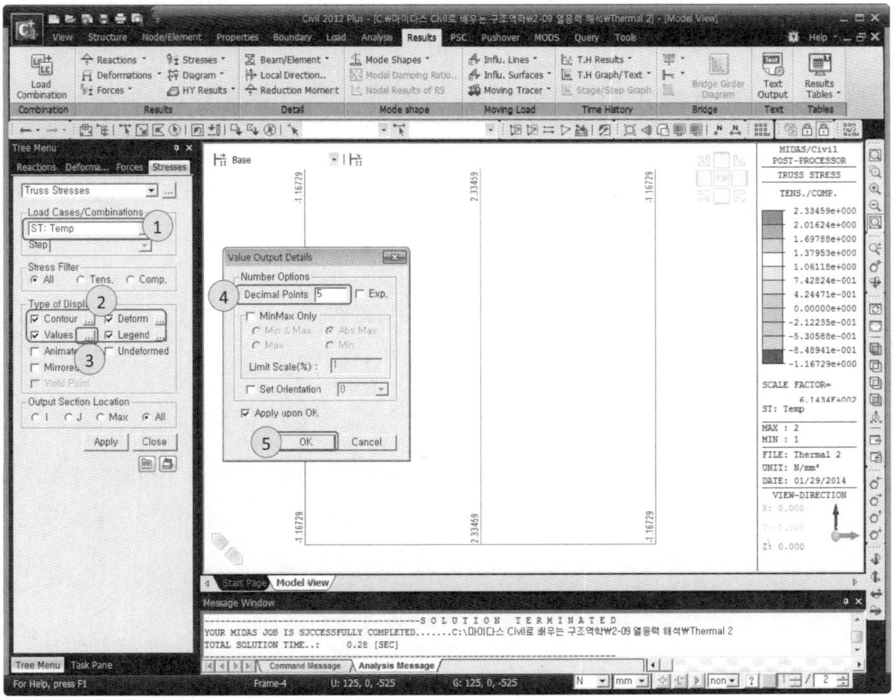

Truss 2 부재에서는 2.33459 N/mm^2, Truss 1, 3 부재에서는 -1.16729 N/mm^2 의 응력이 발생됨을 알 수 있다.

하중조합조건(LCB1)에 의한 응력은 Truss 2 부재에서 150.75 N/mm^2, Truss 1, 3 부재에서 78.47 N/mm^2 이 발생됨을 알 수 있다.

03. 풀어보기

03.1 역학적 개념의 이해 및 수계산

03.1.1 Model 1 P=20kN 이 작용할 때의 응력 해석

Model 1 에서 트러스 부재들의 연직방향 변위가 모두 동일하도록 강체 보로 연결되어 있으므로 하중에 의한 연직변위 Δ 는 동일하다는 적합조건과 힘의 평형조건을 식으로 나타내면 다음과 같다.

$$\Delta = \frac{N_c \ell}{E_c A} = \frac{N_s \ell}{E_s A}$$

$$2N_c + N_s = 20$$

여기서 N_c 는 Truss 1, Truss 3 의 축력, N_s 는 Truss 2 의 축력

따라서 다음과 같은 결과가 얻어지며, Civil 에 의한 해석 결과와 동일하다.

$$\Delta = 0.362\text{mm}$$

$$N_c = 5.176\text{kN}, \quad \sigma_c = 79.638\,\text{N/mm}^2$$

$$N_s = 9.647\text{kN}, \quad \sigma_s = 148.416\,\text{N/mm}^2$$

03.1.2 Model 2 온도 변화 10℃에 대한 응력 해석

Model 2 는 온도변화로 인하여 축력이 발생하지만 연직방향 변위 Δ 는 동일하다는 적합조건을 만족해야 한다. 따라서 적합조건과 힘의 평형조건을 식으로 나타내면 다음과 같다.

$$\Delta = \alpha_c \Delta T \ell - \frac{N_c \ell}{E_c A} = \alpha_s \Delta T \ell - \frac{N_s \ell}{E_s A}$$

$$2N_c + N_s = 0$$

따라서 다음과 같은 결과가 얻어지며, Civil 에 의한 해석 결과와 동일하다.

$$\Delta = 0.041\text{mm}$$

$$N_c = -0.076\text{kN}, \quad \sigma_c = 1.167\,\text{N/mm}^2$$

$$N_s = 0.152\text{kN}, \quad \sigma_s = 2.335\,\text{N/mm}^2$$

10. 면외하중을 부담하는 판 해석

TABLE OF CONTENTS

01. 이해하기

01.1 면외하중을 부담하는 판 해석 개념

01.1.1 **일반 사항**

구조체에서 면외방향 하중을 부담하는 대표적인 판요소는 교량, 슬래브, 기초판, 옹벽(지하외벽) 등이 있다. 주로 바닥하중, 토압, 수압 등의 하중을 1 차적으로 부담하여 인접한 보/기둥/벽을 통하여 기초 및 지반에 전달한다.

01.1.2 **해석 개념**

판요소는 각 절점이 6 개의 자유도를 가지고 있으나 θ_z 에 해당하는 면내 비틀림 강성은 대부분 특이성 오류를 방지하는 수준의 강성을 부여하고 있다. 프로그램별로 적절한 가정을 통하여 산정한 요소를 사용할 수는 있지만, 보요소와 같은 구조부재와 연결을 위해서는 별도의 모델링기법을 활용하는 것이 바람직하다. 또한 판요소는 근사해를 기준으로 구성이 되었기 때문에 요소의 분할이 필수적이다. 정확한 해석을 위한 요소 분할 정도는 해석 결과의 수렴 여부를 기준으로 판단해야 한다.

▶그림 10.1
판요소의 절점 자유도

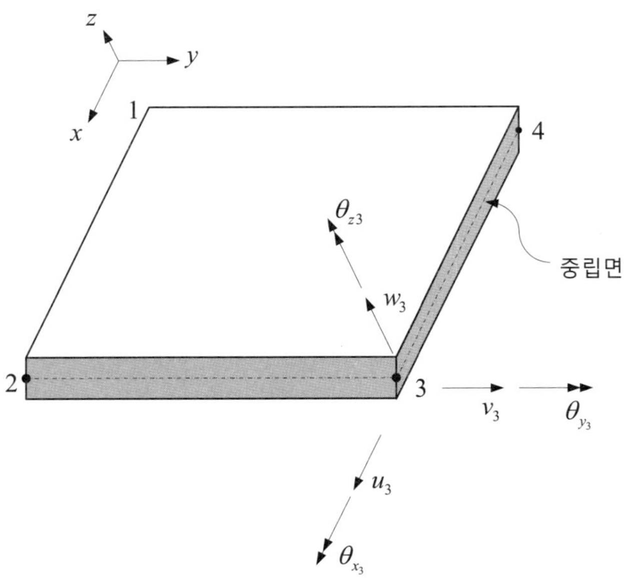

판요소에는 삼각형과 사각형 요소 등이 있다. 사각형 판요소는 절점 1 과 절점 4 의 중점에서 절점 2 와 절점 3 의 중점을 향하는 방향을 x 축 방향으로 하며, 삼각형 요소는 절점 1 에서 2 를 향하는 방향을 x 축 방향으로 설정한다.

▶그림 10.2
판요소의 요소좌표계

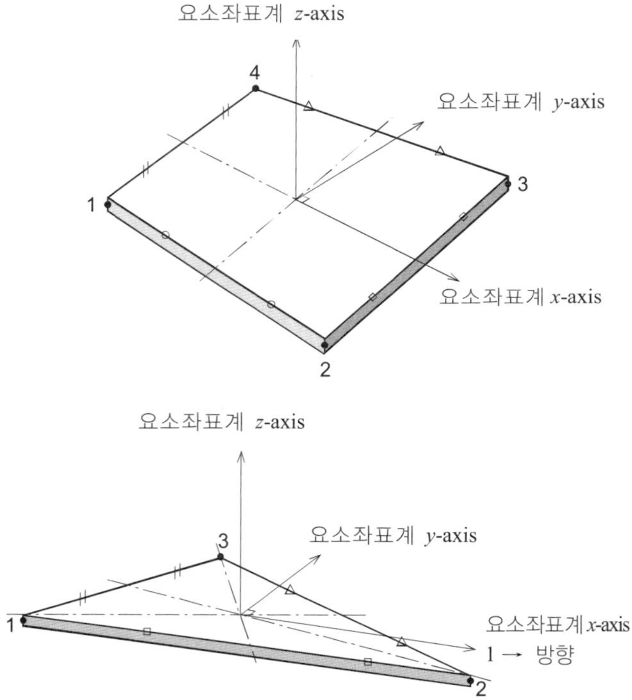

면외하중을 부담하는 판인 경우 휨변형이 발생하므로 선요소인 보요소를 2 차원으로 확장한 개념의 판요소를 사용하게 된다. 판이 세장하지 않고 두꺼운 경우에는 전단변형으로 인한 영향을 무시하기 어렵기 때문에 보에서 얇은 보(Euler-Bernoulli beam)와 두꺼운 보(Timoshenko beam)로 구분한 것처럼 판요소도 얇은 판(Kirchhoff-Love plate)과 두꺼운 판(Mindlin–Reissner plate)으로 구분한다. 그러나 여기에 도입하는 기하학적 개념은 보의 경우와 동일하다. 휨모멘트 및 전단력이 작용할 때 보 혹은 판에서 발생하는 변형은 다음과 같이 정의된다.

▶그림 10.3
얇은 판과 두꺼운 판

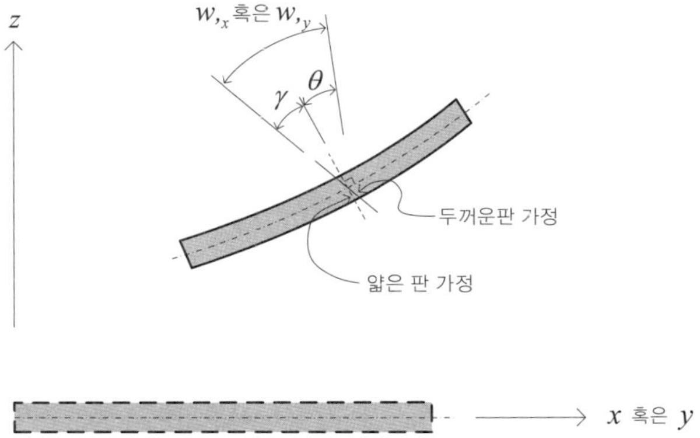

그림에서 알 수 있듯이 두꺼운 판 가정의 경우 전단변형의 영향을 추가로 고려하고 있다. 그러나 θ_x, θ_x, $w,_x$, $w,_y$ 는 다음 그림과 같은 이유로 +방향의 정의가 달라진다. θ_x 와 θ_y 는 오른손 법칙에 따라 부호가 정해지며, $w,_x$ 와 $w,_y$ 는 미분이므로 기울기의 각도에 따라 부호가 정해진다. 그 결과 θ_y 와 $w,_x$ 의 +방향은 서로 반대이며, θ_x 와 $w,_y$ 의 +방향은 같게 된다.

▶그림 10.4
θ_x , θ_y , $w_{,x}$, $w_{,y}$ 의 방향

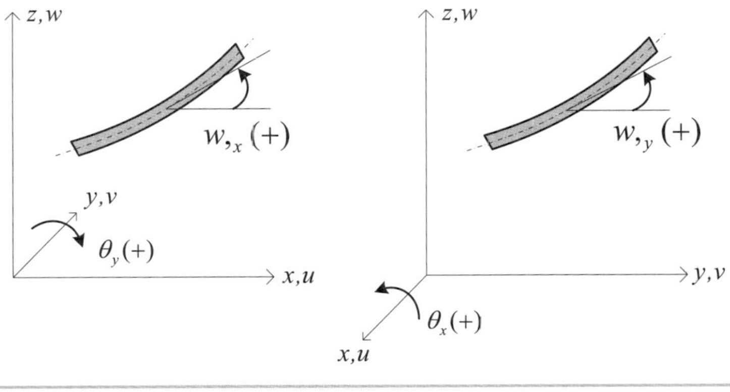

그림 10.4 로부터 처짐곡선의 기울기와 회전각의 관계는 다음과 같이 나타낸다.

▶ 식 10.1

$$w,_x = -\theta_y + \gamma_{zx} \qquad \text{혹은} \qquad \theta_y = -w,_x + \gamma_{zx}$$
$$w,_y = \theta_x + \gamma_{yz} \qquad \text{혹은} \qquad \theta_x = w,_y - \gamma_{yz}$$

얇은 보(혹은 판)와 두꺼운 보(혹은 판) 각각의 가정에 따라 변형각은 다음과 같이 정리할 수 있다.

▶ 식 10.2 얇은 보 : $\theta_y = -w,_x$ 얇은 판 : $\theta_y = -w,_x, \quad \theta_x = w,_y$

▶ 식 10.3 두꺼운 보 : $\theta_y = -w,_x + \gamma_{xz}$ 두꺼운 판 : $\theta_y = -w,_x + \gamma_{xz}, \quad \theta_x = w,_y - \gamma_{yz}$

판의 변형이 발생한 상태에서 x 방향의 변위 u 와 y 방향의 변위 v 는 다음과 같다(그림 10.4 참조).

▶ 식 10.4

$$u = z\theta_y, \quad v = -z\theta_x$$

얇은 판 가정을 사용하는 경우에는 $\varepsilon_x,\ \varepsilon_y,\ \gamma_{xy}$ 가 있으며, 두꺼운 판 가정을 사용하는 경우에는 $\varepsilon_x,\ \varepsilon_y,\ \gamma_{xy},\ \gamma_{xz},\ \gamma_{yz}$ 가 있다. 따라서 판요소의 단면은 변형 후에도 평면을 유지한다는 가정에 따라 얇은 판과 두꺼운 판 각각에 대한 변형률은 다음과 같이 나타낼 수 있다.

<얇은 판>

▶ 식 10.5

$$\varepsilon_x = u,_x = z\theta_y,_x = -zw,_{xx}$$
$$\varepsilon_y = v,_y = -z\theta_x,_y = -zw,_{yy}$$
$$\gamma_{xy} = u,_y + v,_x = z\theta_y,_y - z\theta_x,_x = -2zw,_{xy}$$
$$\gamma_{xz} = \gamma_{yz} = 0$$

<두꺼운 판>

▶ 식 10.6

$$\varepsilon_x = u,_x = z\theta_y,_x = z\left(-w,_{xx} + \gamma_{xz},_x\right)$$
$$\varepsilon_y = v,_y = -z\theta_x,_y = z\left(-w,_{yy} + \gamma_{yz},_y\right)$$
$$\gamma_{xy} = u,_y + v,_x = z\theta_y,_y - z\theta_x,_x = z\left(-2w,_{xy} + \gamma_{xz},_y + \gamma_{yz},_x\right)$$
$$\gamma_{yz} = w,_y - \theta_x$$
$$\gamma_{zx} = w,_x + \theta_y$$

위 식에서 y-z 평면에 해당하는 값들을 제외하면, 보요소와 동일한 결과가 된다. 얇은 판 가정에서 평면응력(plane stress)에 대한 응력-변형률의 관계는 다음과 같다.

▶ 식 10.7

$$\begin{Bmatrix} \sigma_x \\ \sigma_y \\ \tau_{xy} \end{Bmatrix} = \frac{E}{1-v^2}\begin{bmatrix} 1 & v & 0 \\ v & 1 & 0 \\ 0 & 0 & (1-v)/2 \end{bmatrix}\begin{Bmatrix} \varepsilon_x \\ \varepsilon_y \\ \gamma_{xy} \end{Bmatrix}$$

판요소에서 모멘트와 전단력은 응력을 적분하여 다음과 같이 구한다.

▶ 식 10.8

$$M_{xx} = \int_t \sigma_x z dz,\ \ M_{yy} = \int_t \sigma_y z dz,\ \ M_{xy} = \int_t \tau_{xy} z dz,\ \ V_{xx} = \int_t \tau_{zx} dz = 0,\ \ V_{yy} = \int_t \tau_{yz} dz = 0$$

여기에 얇은 판에 대한 식 10.5 를 적용하면 다음과 같은 관계가 얻어진다.

▶ 식 10.9

$$\begin{Bmatrix} M_{xx} \\ M_{yy} \\ M_{xy} \end{Bmatrix} = D\begin{bmatrix} 1 & v & 0 \\ v & 1 & 0 \\ 0 & 0 & (1-v)/2 \end{bmatrix}\begin{Bmatrix} -w,_{xx} \\ -w,_{yy} \\ -2w,_{xy} \end{Bmatrix}$$

두꺼운 판의 경우에도 동일한 방법으로 힘과 변형의 관계를 얻을 수 있다.

▶ 식 10.10

$$\begin{Bmatrix} M_{xx} \\ M_{yy} \\ M_{xy} \\ V_{xx} \\ V_{yy} \end{Bmatrix} = D\begin{bmatrix} 1 & v & 0 & 0 & 0 \\ v & 1 & 0 & 0 & 0 \\ 0 & 0 & (1-v)/2 & 0 & 0 \\ 0 & 0 & 0 & kGt/D & 0 \\ 0 & 0 & 0 & 0 & kGt/D \end{bmatrix}\begin{Bmatrix} -w,_{xx} + \gamma_{xz},_x \\ -w,_{yy} + \gamma_{yz},_y \\ -2w,_{xy} + \gamma_{xz},_y + \gamma_{yz},_x \\ w,_y - \theta_x \\ w,_x + \theta_y \end{Bmatrix}$$

여기서 k 는 전단응력을 단면에 대하여 적분하는 과정에서 발생하는 상수이며, 균일한 두께의 판인 경우에는 5/6 이 된다. 유한요소 해석을 위한 수식화를 위해서는 1 장 『들어가기』 에서 설명한 바와 같이 변형 w, γ, θ 등을 적절한 함수로 가정하면서 힘-절점 변형의 관계를 유도할 수 있다.

02. 따라하기

02.1 모델 개요

경계조건과 형상이 서로 다른 판에 면외방향 하중이 작용할 때 각각의 주 응력 방향을 확인하고, 1/4 모델링에서 경계조건을 입력하는 방법을 알아본다.

▶그림 10.5
해석 모델(하중)

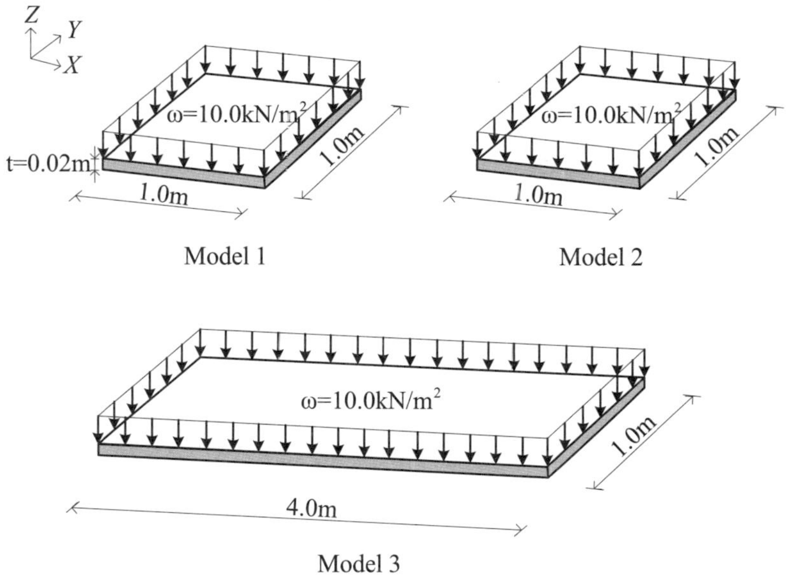

▶그림 10.6
해석 모델(경계조건)

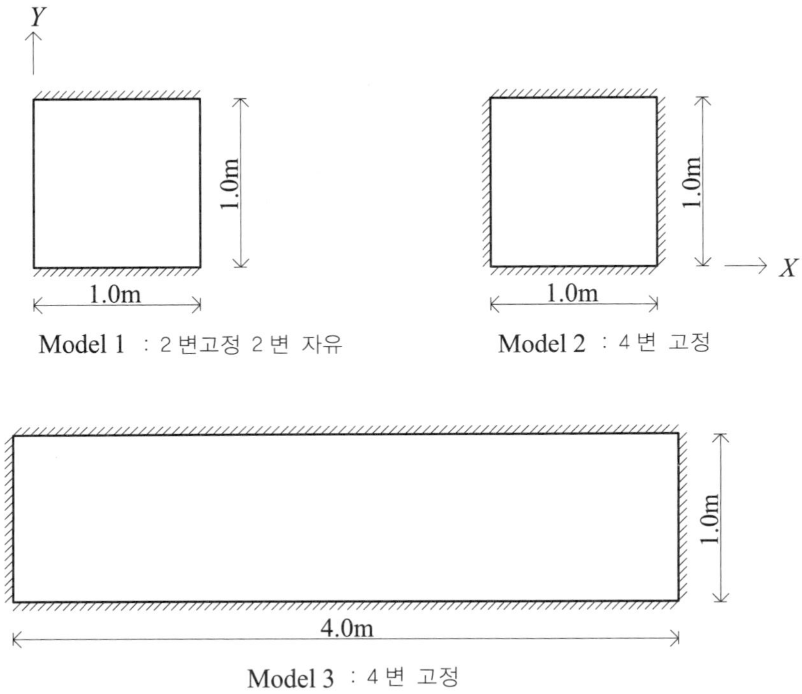

- ***Material***

  탄성계수(Steel SM490) : 2.05×10^5 N/mm^2

  프와송비 : 0.3

- ***Section***

  Thickness : 20 mm

- ***Load***

  등분포 압력하중 : 10 kN/m^2

02.2 작업환경 설정

02.2.1 **단위계 설정**

새 파일을 열고 파일명을 저장한다.

Main Menu 에서 */ New Project...*

Main Menu 에서 */ Save*

1. 파일 이름 : **'Plate-Thick'** 입력 후 **[저장]** 클릭

예제에서 사용할 단위계를 설정한다.

Main Menu 에서 ***Tools / Unit System...***

2. Length > **m**, Force(Mass) > **kN** 선택

3. **[OK]** 클릭

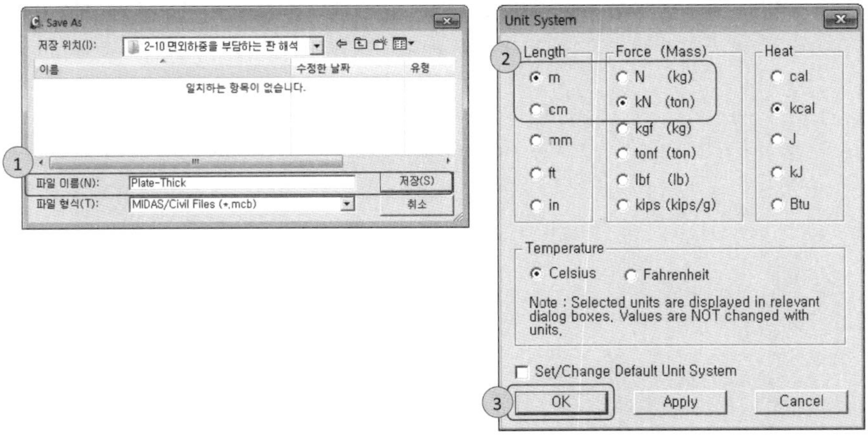

▶그림 10.7
(a) 파일 저장
(b) 단위계 설정

02.2.2 **작업 평면 설정** 본 예제에서는 X-Y 평면상 판구조물의 Z 방향 거동을 해석하므로 Structure Type 을 3-D Type 으로 지정한다.

Main Menu 에서 ***Structure / Type / Structure Type...***

1. Structure Type > **3-D** 선택
2. Gravity Acceleration : **'9.806'** 입력
3. **[OK]** 클릭

▶그림 10.8
작업 평면 설정

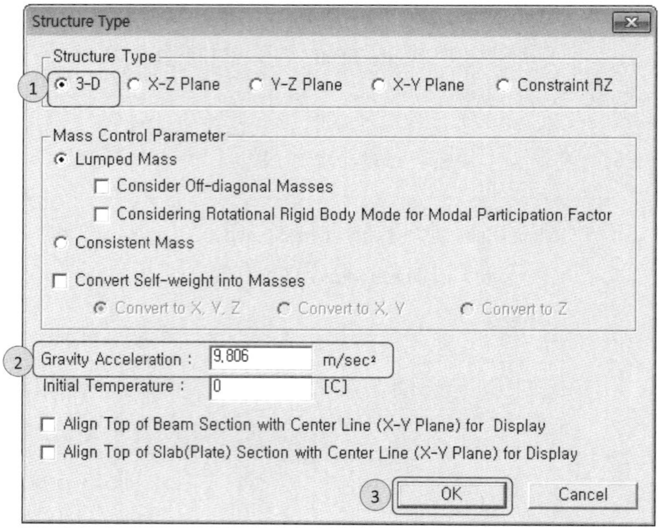

02.3 재질과 단면 정의

02.3.1 **재질 정의**

해석에 사용될 판의 재질(SM490)을 정의한다.

Main Menu 에서 ***Properties / Material / Material Properties***

1. **[Add...]** 클릭
2. Name : **'SM490'** 입력
3. Type of Design > **Steel** 선택, Standard > **KS10-Civil(S)** 선택, DB > **SM490** 선택
4. **[OK]** 클릭, **[Close]** 클릭

▶그림 10.9
재질 정의

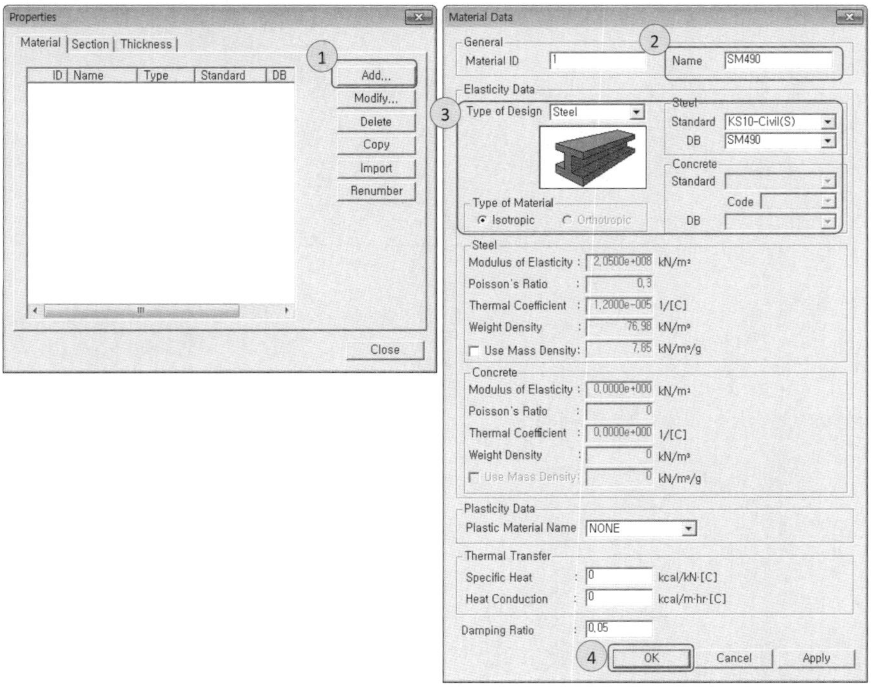

02.3.2 **두께 정의**

해석에 사용될 판의 두께(20 mm)를 정의한다.
본 예제에서는 보요소(beam element)를 사용하지 않으므로 단면(section)은 정의할 필요가 없고, 판요소(plate element)의 강성을 계산하기 위한 두께(thickness)만 입력한다.

Main Menu 에서 ***Properties / Section / Thickness***

1. **[Add...]** 클릭
2. In-plane & Out-of plane : **'0.02'** 입력
3. **[OK]** 클릭
4. **[Close]** 클릭

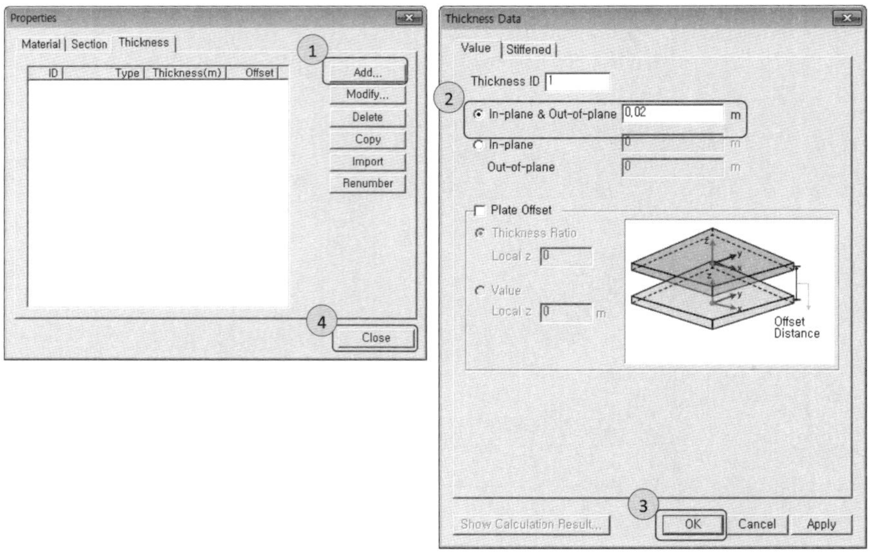

▶그림 10.10
두께 정의

02.4 절점과 요소 생성

02.4.1 절점 생성

Plate 요소가 입력될 위치에 절점을 생성한다.

Main Menu에서 ***Node/Element / Nodes / Create Nodes...***

1. Coordinates (x, y, z) : **'0, 0, 0'** 입력
2. Copy > Number of Times : **'10'** 입력
3. Distance (dx, dy, dz) : **'0.1, 0, 0'** 입력
4. **[Apply]** 클릭
5. **Display Node Numbers, Auto Fitting, Top View** (Toggle on)

▶그림 10.11
절점 생성

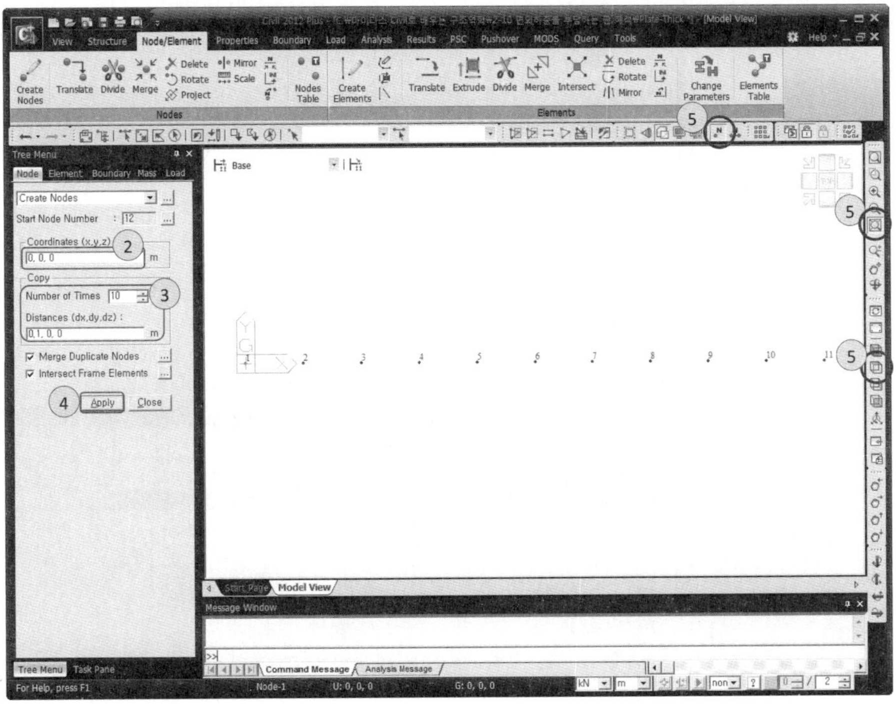

02.4.2 **절점 복제**

절점을 복제하여 사각형 Plate 요소를 구성하는 절점을 생성한다.

Main Menu에서 ***Node/Element / Nodes / Translate...***

1. Mode > **Copy** 선택
2. Translation > **Equal Distance** 선택
   dx, dy, dz : **'0, 0.1, 0'** 입력, Number of Times : **'10'**입력
3. **Select All** (on) 모드에서 모든 부재 선택
4. **[Apply]** 클릭

▶그림 10.12
절점 복제

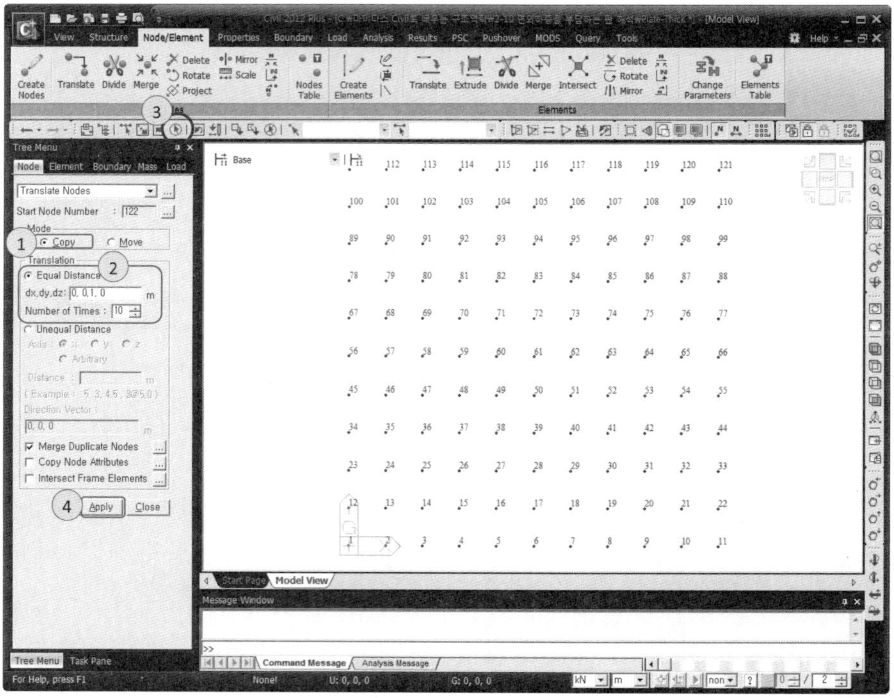

02.4.3 **요소 생성**

절점을 연결하여 Plate 를 생성한다.

Main Menu 에서 ***Node/Element / Elements / Create Elements...***

1. Element Type > **Plate** 선택

Type > **Thick** 선택, With Drilling DOF (Check off)

2. Material > **1 : SM490** 선택, Thickness > **1 : 0.0200** 선택

3. Nodal Connectivity 입력란을 클릭하여 초록색의 입력 대기 상태 확인, Model View 에서 사각형을 구성하는 모서리 절점(**1, 11, 121, 111 번 절점)**을 순서대로 클릭

Tip

1. Plate 생성시 Thick, Thin 란 ?
Thick : 전단변형 고려
Thin : 전단변형 미고려
(기본값 : Thick)

2. With Drilling DOF 란?
판형요소(Plate/Plane Stress)의 요소좌표축 z 방향 회전자유도 고려 여부를 선택하는 옵션
(기본값 : Check off. 미고려)

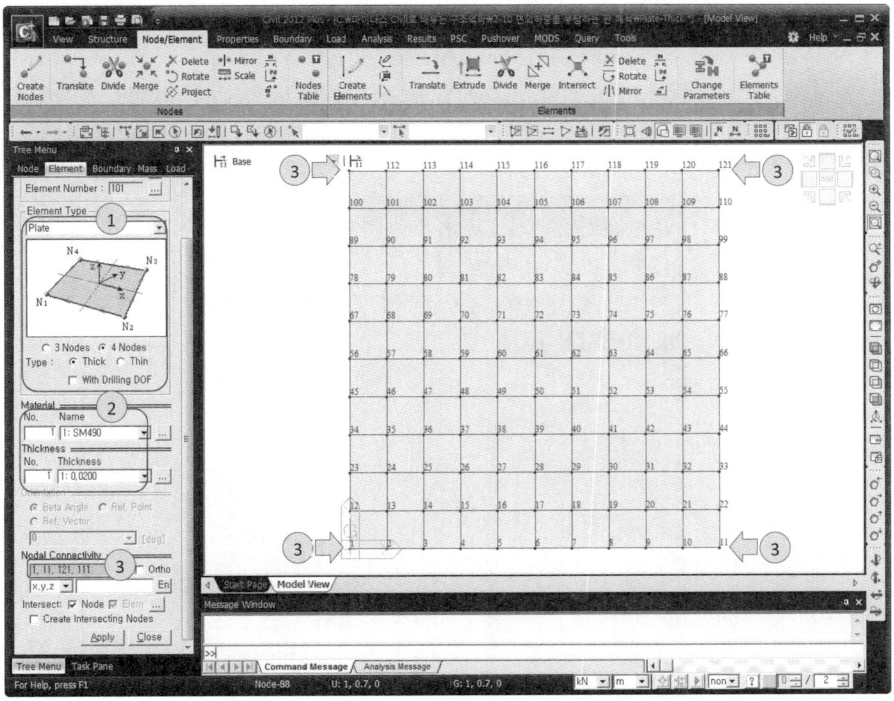

▶그림 10.13
판요소 생성

02.5 경계조건 입력

Model 1은 2변 고정 2변 자유 조건이므로 상·하부 두 변의 모든 자유도(Dx, Dy, Dz, Rx, Ry, Rz)를 구속하여 고정조건을 입력한다.

Main Menu에서 ***Boundary / Supports / Define Supports***

1. **Hidden, Display Node Numbers**(Toggle off)
2. **Select by Window** (on) 모드에서 상부 테두리, 하부 테두리 절점 선택(다음 그림 참조)
3. Support Type(Local Direction > **D-ALL** (Check on), **R-ALL** (Check on)
4. **[Apply]** 클릭

▶그림 10.14
경계조건 입력

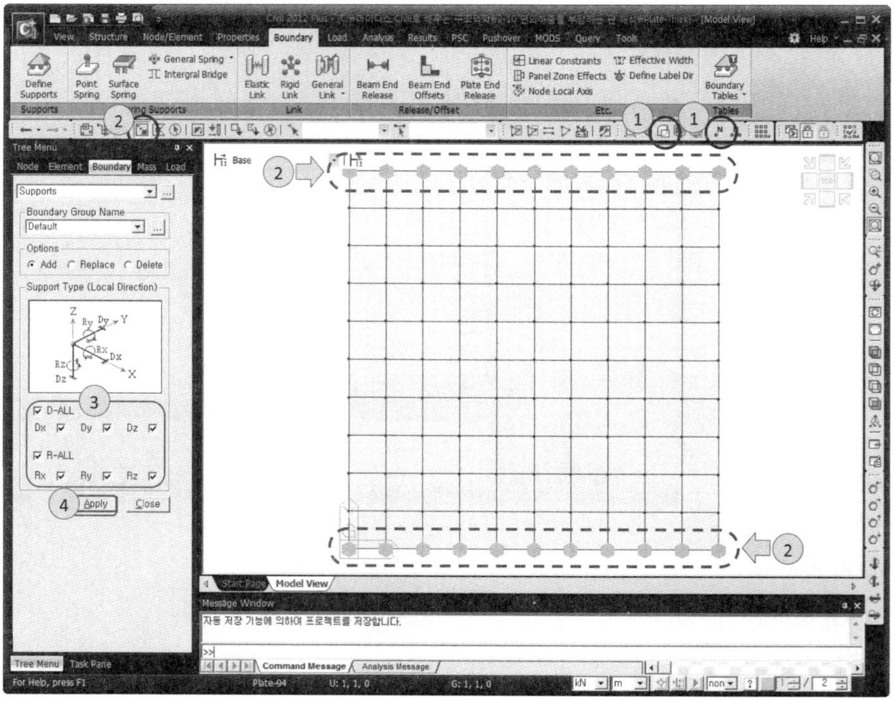

02.6 하중 입력

02.6.1 **하중조건 정의**

절점하중과 온도하중의 입력을 위해 하중조건을 정의한다.

Main Menu 에서 ***Load / Static Loads / Static Load Cases...***

1. Name : **'Pressure'** 입력
2. Type > **User Defined Load (USER)** 선택,
3. **[Add]** 클릭
4. **[Close]** 클릭

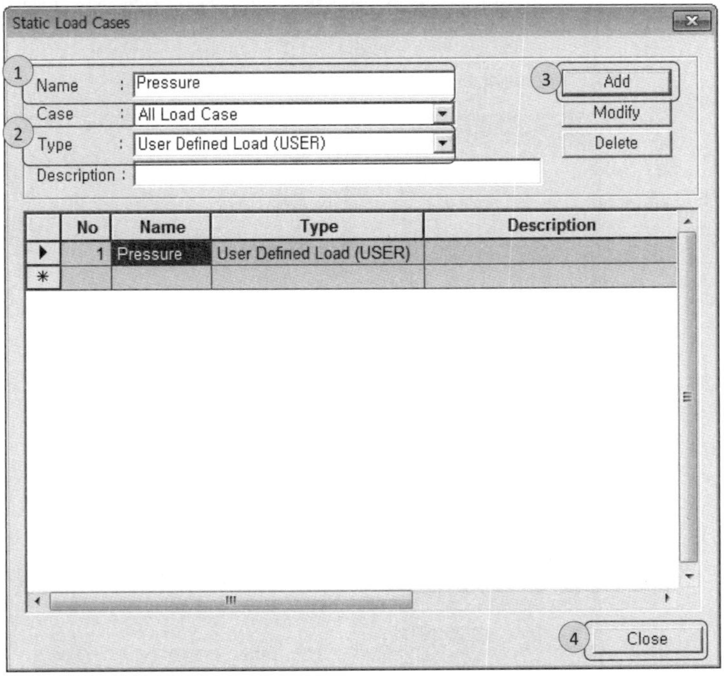

▶그림 10.15
하중조건 정의

02.6.2 **압력하중 입력** 판요소에 10 kN/m^2 의 압력하중을 입력한다.

Main Menu 에서 ***Load / Static Loads / Pressure Loads...***

Main Menu 에서 ***View / Display...*** 실행, Load 탭 > **Load Value** (Check on), **[OK]** 클릭

1. Select All 클릭
2. Load Case Name > **Pressure** 선택
3. Element Types > **Plate/Plane Stress(Face)** 선택
4. Pressure on Plate > Direction > **Global Z** 선택
5. Loads > P1 : **'-10'** 입력
6. **[Apply]** 클릭
7. **Iso View** 클릭

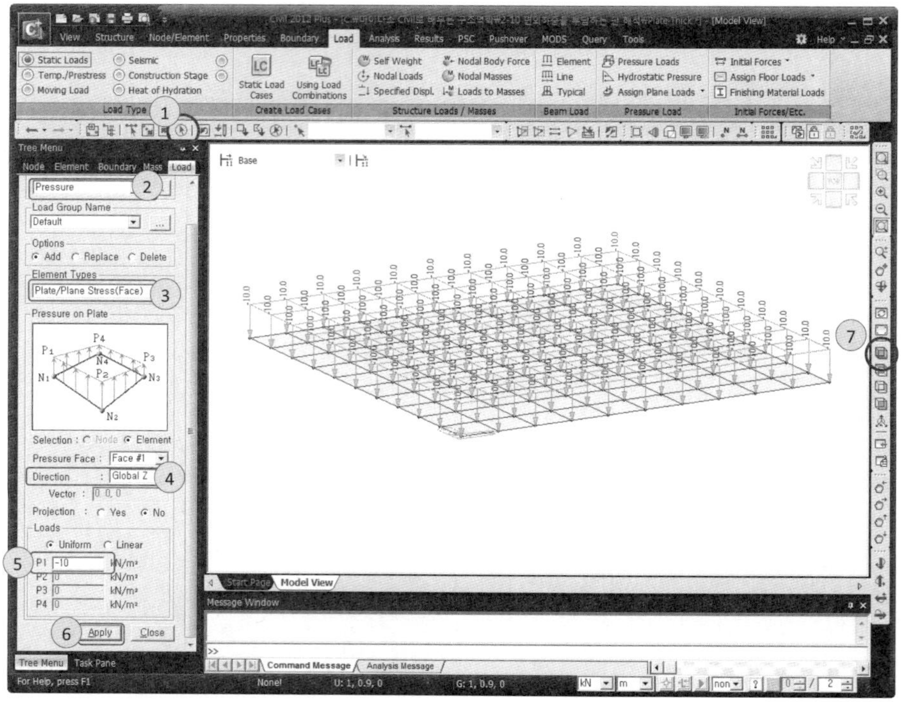

▶그림 10.16
압력하중 입력

02.6.3 Model2 **생성**

Model 1 에 입력된 압력하중과 경계조건을 복제하여 Model 2 를 생성한다.

Main Menu 에서 ***Node/El;ement / Elements / Translate...***

1. **Select All** 선택
2. Translation > Equal Distance > dx,dy,dz : **'2,0,0',** Number of Times : **'1'** 입력
3. **Copy Node Attributes** (Check on), **Copy Element Attributes** (Check on)
4. **[Apply]** 클릭

▶그림 10.17
Model 2 생성

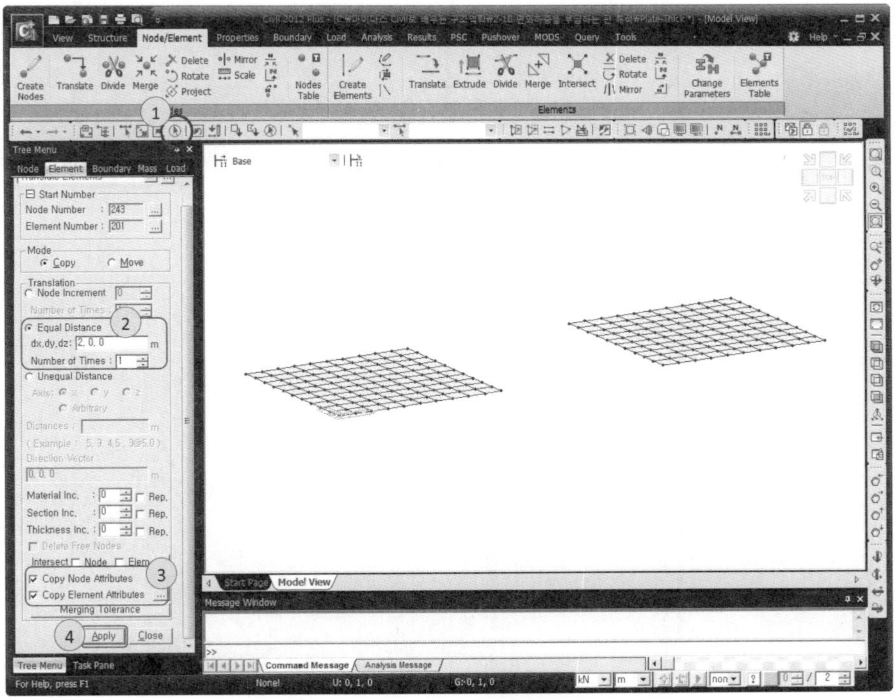

02.6.4 **경계조건 수정**

Model 2 에 경계조건을 수정한다.

Main Menu 에서 ***Boundary / Supports / Define Supports***

Main Menu 에서 ***View / Display...*** 실행, Boundary 탭 > **Support** (Check on), **[OK]** 클릭

1. **Top View** 클릭
2. **Select by Window** (on) 모드에서 Model **2 의 좌/우 테두리** 선택(다음 그림 참조)
3. Support Type (Local Direction) > **D-ALL** (Check on), **R-ALL** (Check on)
4. **[Apply]** 클릭

▶그림 10.18
Model 2 경계조건 수정

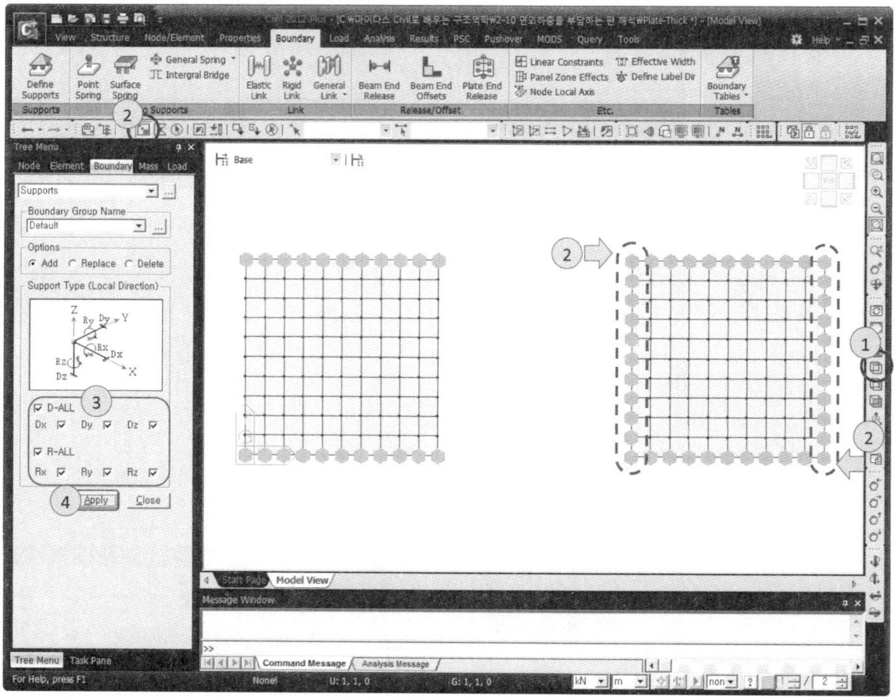

02.6.5 Model 3 **생성** Model 2 에 입력된 압력하중과 경계조건을 복제하여 Model 3 를 생성한다.

Main Menu 에서 ***Node/Element / Elements / Translate...***

1. **Select by Window** (on) 모드에서 **Model 2** **전체** 선택
2. Translation > Equal Distance > dx,dy,dz : **'-2,-1.5,0',** Number of Times : **'1'** 입력
3. **Copy Node Attributes** (Check on), **Copy Element Attributes** (Check on)
4. **[Apply]** 클릭

▶그림 10.19
Model 2 생성

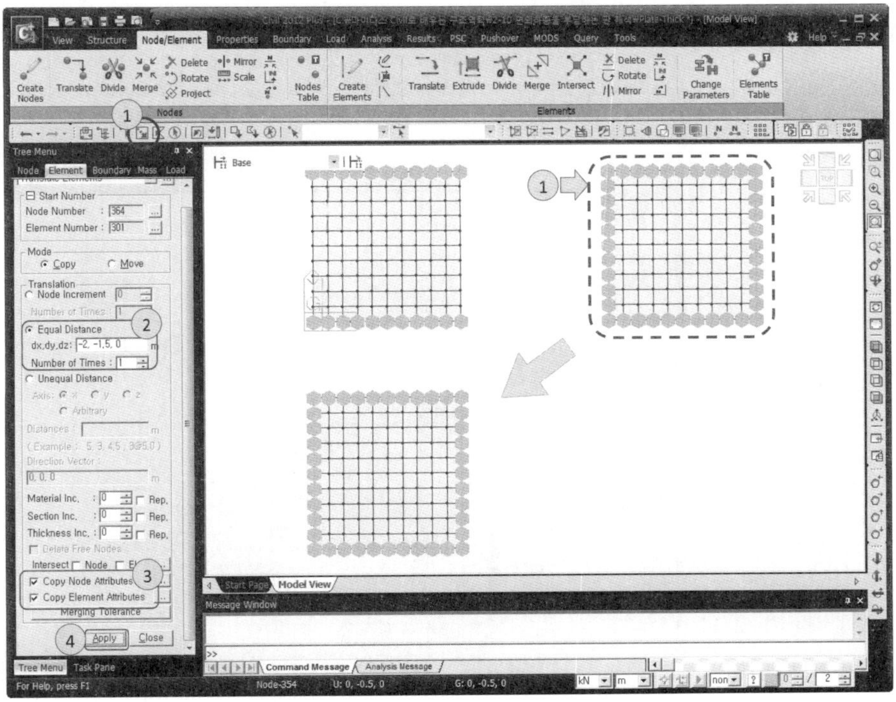

Scale Nodes 기능을 이용하여 복제된 판요소(Model 3)의 절점을 X 방향으로 4 배 확대한다.

Main Menu 에서 ***Node/Element / Nodes / Scale...***

1. **Select by Window** (on) 모드에서 **Model 3 전체** 선택
2. Scale Factors > sfx : **'4.0'**, sfy : **'1.0'**, sfz : **'1.0'**, 입력
3. Scale About > User : **'0,-0.5,0'** 입력
4. Selection Type > **By Selection** 선택
5. **[Apply]** 클릭

▶그림 10.20
Model 3 요소 확대

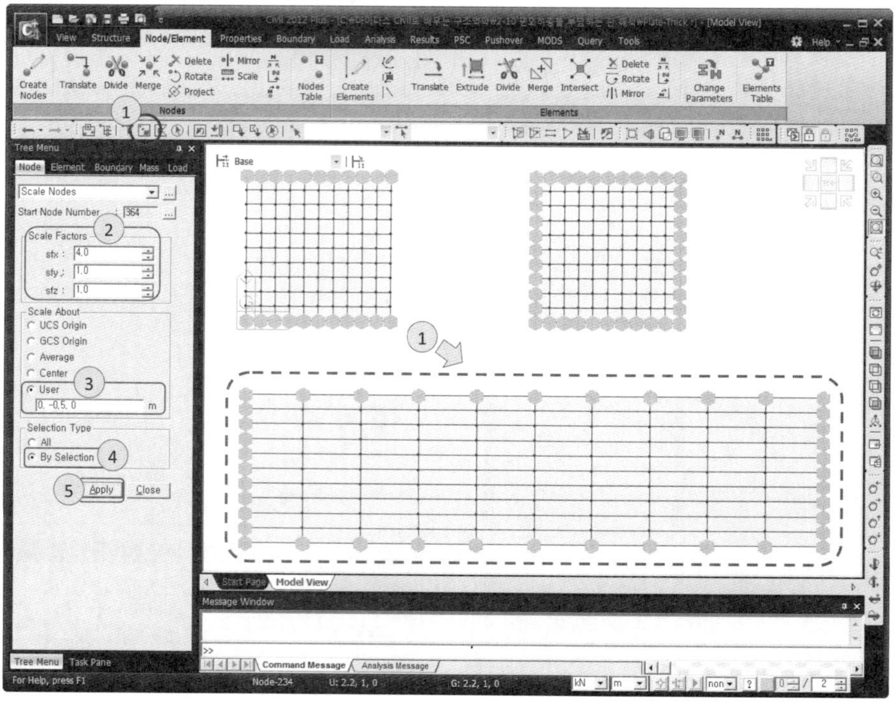

확대된 판요소(Model 3)를 요소좌표계 x 축 방향으로 4 등분한다.
판요소를 사용하여 해석하는 경우 요소의 형상과 크기가 해석 결과에 큰 영향을 미친다. 정확한 구조해석을 위해서는 요소의 형상비(aspect ratio)와 각도 등을 조절하여 잘 정제된 요소망(fine mesh)을 구성하여야 한다.

Main Menu 에서 ***Node/Element / Element / Divide...***
1. **Select by Window** (on) 모드에서 **Model 3 전체** 선택
2. Divide > Element Type > **Planar** 선택
3. Equal Distance 선택
4. Number of Division x : **'4'**, Number of Division y : **'1'** 입력
5. **[Apply]** 클릭

▶그림 10.21
Model 3 요소 분할

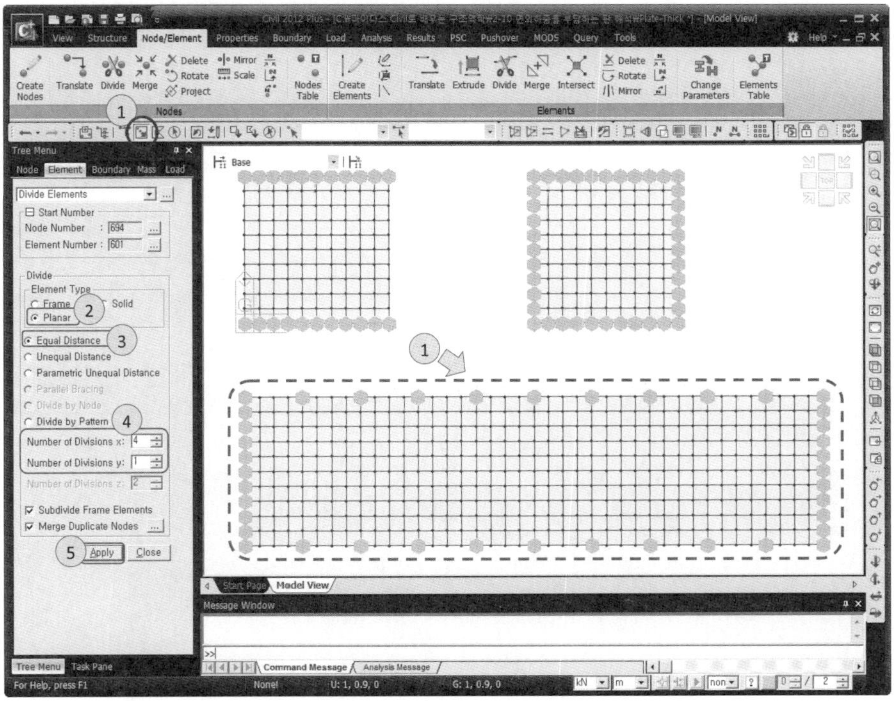

Model 3 의 요소 분할 시 추가 생성된 절점에 경계조건을 입력한다.

Main Menu 에서 ***Boundary / Supports / Define Supports***

1. **Select by Window** (on) 모드에서 **Model 3** 상/하부 테두리 선택(다음 그림 참조)
2. Support Type (Local Direction) > **D-ALL** (Check on), **R-ALL** (Check on)
3. **[Apply]** 클릭

▶그림 10.22
Model 3 경계조건 추가 입력

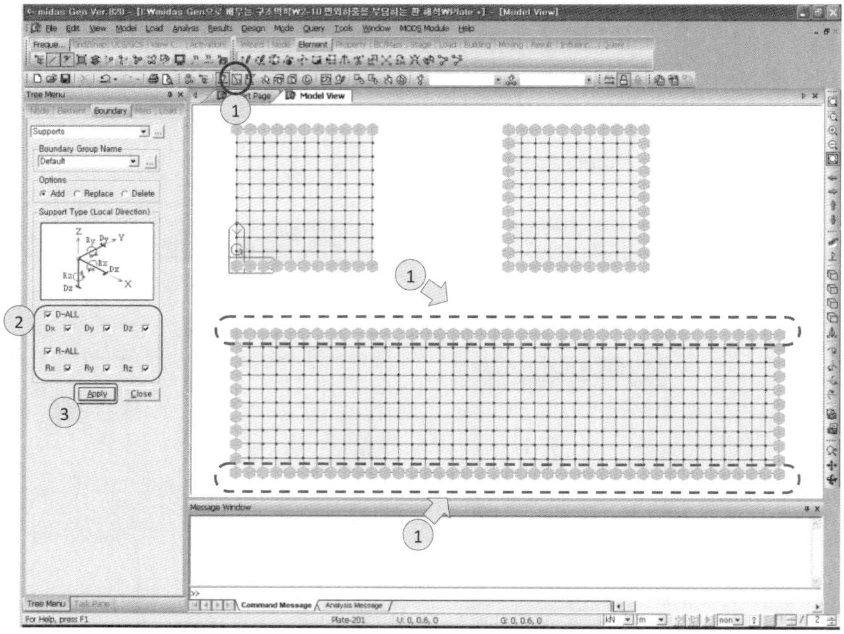

02.6.6 Model 3 의 대칭 축소모델 생성

Model 3 의 좌측 상단 1/4 을 복제하여 Model 4 를 생성한다.

구조물과 재하된 하중이 대칭이면 구조물의 거동 역시 대칭성을 갖게 된다. 이러한 구조물을 1/2 또는 1/4 만 모델링하고 대칭축에 적절한 경계조건을 부여하여 해석하면, 모델링작업을 효율적으로 하며, 전체 구조물에 대한 해석과 동일한 결과를 얻을 수 있다.

Main Menu 에서 ***Node/Element / Elements / Translate...***

1. **Select by Window** (on) 모드에서 **Model 3 의 1/4 영역 요소** 선택
   (X 방향 20 개 셀, Y 방향 5 개 셀 선택)
2. Translation > Equal Distance > dx,dy,dz : **'0,-1.5,0'**, Number of Times : **'1'** 입력
3. **Copy Node Attributes** (Check on), **Copy Element Attributes** (Check on)
4. **[Apply]** 클릭

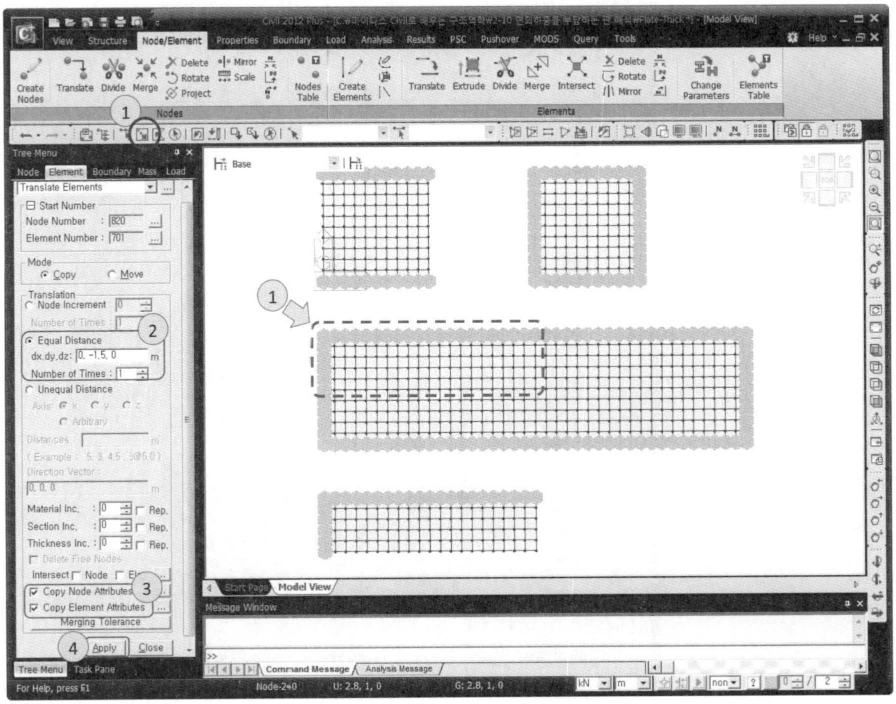

▶그림 10.23
Model 4(Model 3 의 1/4 대칭모델) 생성

Model 4 대칭 경계면에 구속조건(supports)을 입력한다.
수직방향의 변위자유도와 대칭축에 대한 회전변위 자유도를 구속한다. 이는 연속된 판의 강성에 의해 해당 자유도에서 변형이 발생되지 않는 것으로 가정한 것이다.

Main Menu 에서 ***Boundary / Supports / Define Supports***

1. **Select by Window** (on) 모드에서 **Model 4** 하부 테두리 선택(다음 그림 참조)
2. Support Type (Local Direction) > **Dy** (Check on), **Rx** (Check on)
3. **[Apply]** 클릭
4. **Select by Window** (on) 모드에서 **Model 4** 우측 테두리 선택(다음 그림 참조)
5. Support Type (Local Direction) > **Dx** (Check on), **Ry** (Check on)
6. **[Apply]** 클릭

▶그림 10.24
Model 3 경계조건 추가 입력

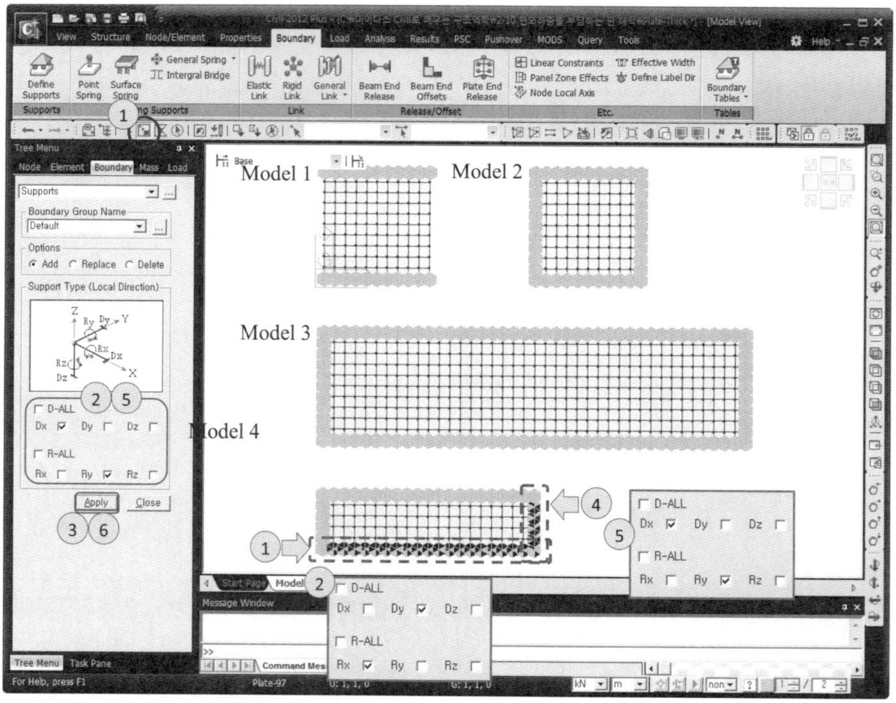

02.7 구조해석 수행

모델 생성 및 하중 입력을 마치고 구조해석을 수행한다.

Main Menu 에서 ***Analysis / Perform Analysis*** 실행

1. Message Window 에서 해석 정상 종료 메시지 확인

해석 결과 검토의 편의를 위해 화면을 정리한다.

2. Main Menu 에서 ***View / Display...*** 실행, Boundary 탭 > **Support** (Check off), **[OK]** 클릭

▶그림 10.25
해석 정상 종료 메시지

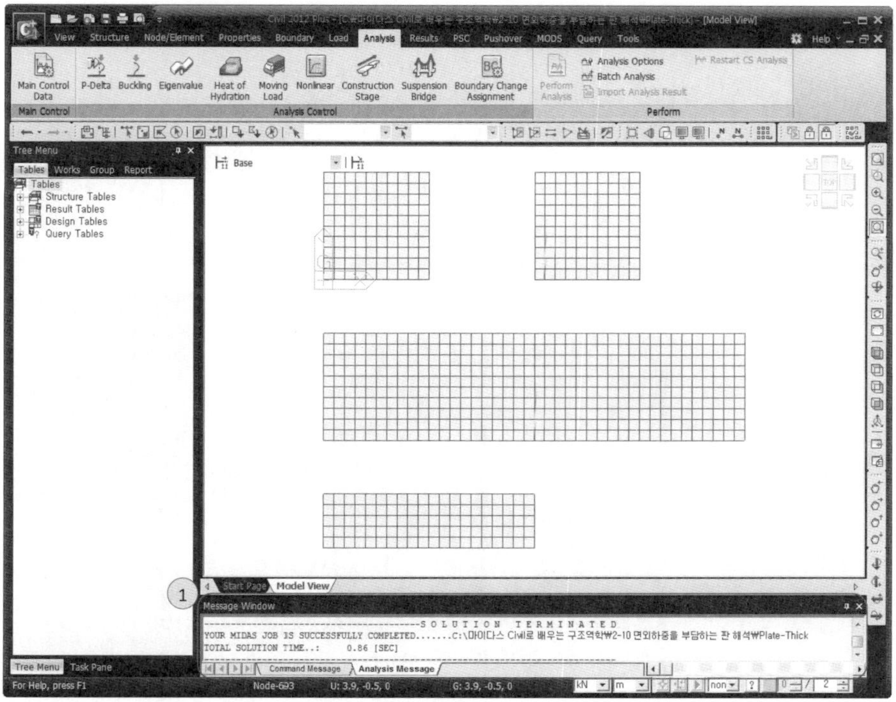

02.8 해석 결과 확인

02.8.1 **변위 및 변형**

면하중에 의한 판요소 Model 1 의 처짐을 확인한다.

Main Menu 에서 ***Results / Deformations > Displacement Contour...***

1. Load Cases/Combinations > **ST : Pressure** 선택
2. Components > **DZ** 선택
3. Type of Display > **Contour, Deform, Values, Legend** (Check on)
4. Values **[...]** 클릭, Number Options > Decimal Point : **'5'** 입력, **[OK]** 클릭
5. **Select by Window** (Toggle on) 모드에서 **Model 1 전체** 선택, 단축키 **'F2'** 입력
6. 화면 하단의 Status Bar 에서 길이 단위를 **mm** 로 변경
   중앙에서의 처짐량 **-0.17119mm** 확인

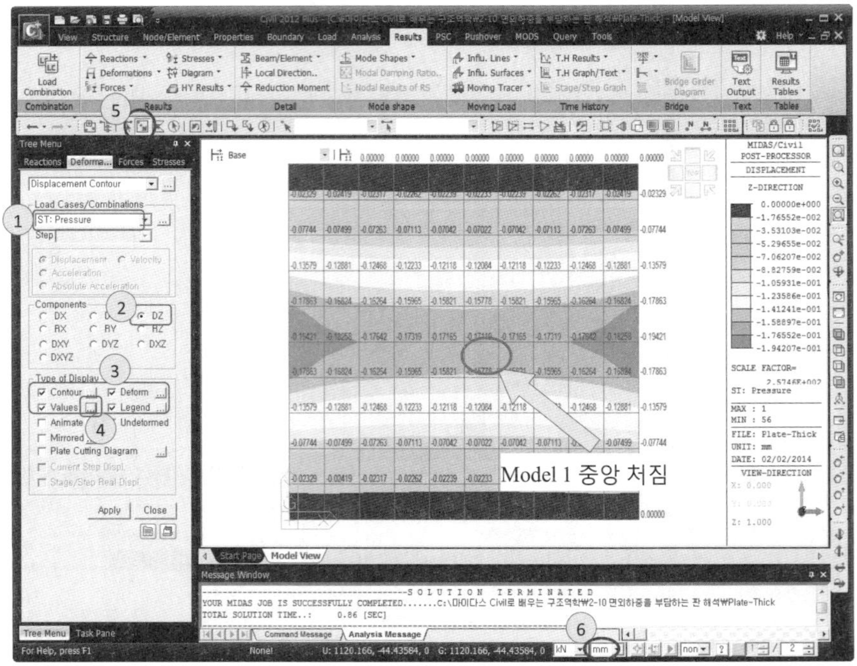

▶그림 10.26
변위 결과(Model 1)

면하중에 의한 판요소 Model 2, Model 4(Model 3 의 대칭모델)의 처짐을 확인한다.

Main Menu 에서 ***View /Activities /Active All*** 실행 (단축키 **'Ctrl+A'**)

1. **Select by Window** (Toggle on) 모드에서 **Model 2 전체** 선택, 단축키 **'F2'** 입력
   중앙에서의 처짐량 **-0.08718mm** 확인 (또는 Legend 에서 -8.71774e-002 확인)
2. 단축키 **'Ctrl+A'** 입력, **Select by Window** (Toggle on) 모드에서 **Model 4** 선택,
   단축키 **'F2'** 입력. 중앙에서의 처짐량 **-0.17450mm** 확인

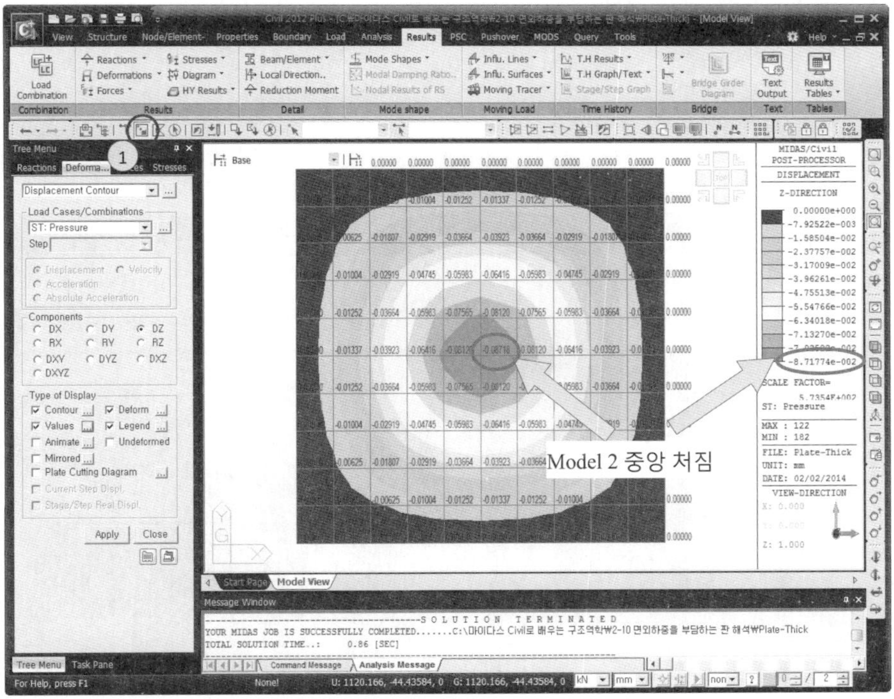

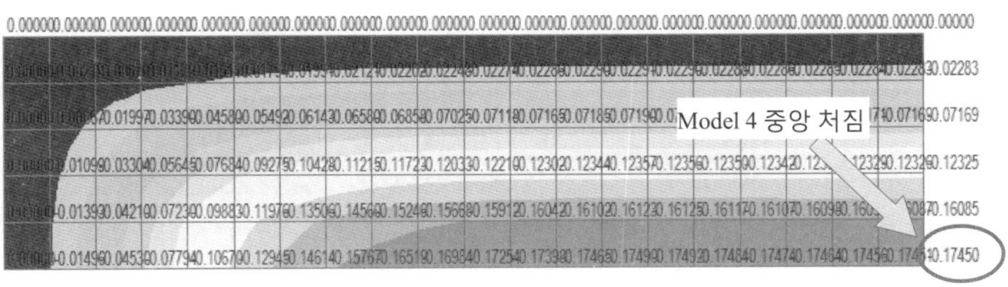

▶그림 10.27
변위 결과
(a) Model 2
(b) Model 4

02.8.2 **부재력**

면하중에 의한 판요소 Model 1 의 단부 및 중앙부 모멘트를 확인한다.
Model 1 은 Y 방향 단부 지점이므로 M_{yy} 를 이용하여 단부 및 중앙부 모멘트를 확인한다.

Main Menu 에서 ***View/Activities/Active All*** 실행 (단축키 **'Ctrl+A'**)
Main Menu 에서 ***Results/Forces/Plate Forces/Moments...***

1. Load Cases/Combinations > **ST : Pressure** 선택
2. Components > **Myy** 선택
3. Type of Display > **Contour, Deform, Values, Legend** (Check on)
4. Values **[...]** 클릭, Number Options > Decimal Point : **'2'** 입력, **[OK]** 클릭
5. **Select by Window** (Toggle on) 모드에서 **모델 1 전체** 선택, 단축키 **'F2'** 입력
6. 화면 하단의 Status Bar 에서 길이 단위를 **m** 로 변경

중앙 정모멘트 **0.41 kN·m(최대 0.45 kN·m)**, 단부 부모멘트 **-0.81 kN·m(최대 -0.89 kN·m)**

Tip

Fxx : x 축방향 단위폭당 축력
Fyy : y 축방향 단위폭당 축력
Vxx : y-z 평면 단위폭당 두께방향 전단력
Vyy : x-z 평면 단위폭당 두께방향 전단력
Mxx : x 방향 단위폭당 휨모멘트
Myy : y 방향 단위폭당 휨모멘트

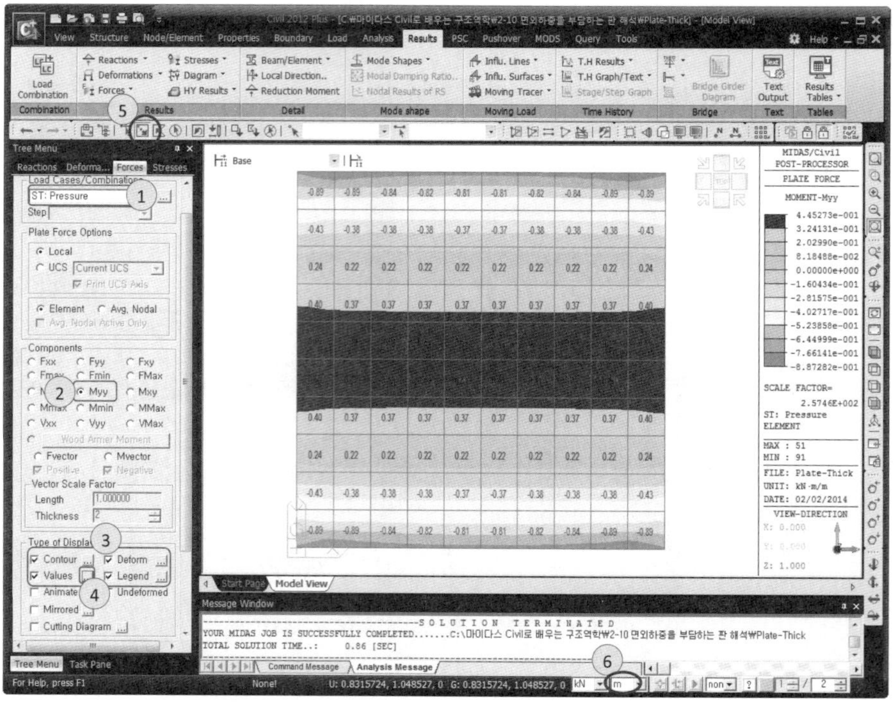

▶그림 10.28
휨모멘트 결과(Model 1)

동일한 방법으로 Model 2, 3, 4 의 단부 부모멘트와 중앙 정모멘트를 확인한다.

02.8.3 **응력**

형상과 경계조건이 다른 판요소 모델의 응력을 확인한다.
2 변고정인 Model 1 에서 4 변고정인 Model 2 보다 큰 응력이 발생함을 알 수 있다. Model 3 의 경우 단변에서는 Model 2 와 같은 응력이 발생하며, 장변에서는 Model 1 과 같은 응력이 발생한다. Model 3 과 Model 4 는 동일한 응력분포를 보인다.

Main Menu 에서 ***Results / Stresses / Plane-Stress/Plate-Stresses...***

1. Load Cases/Combinations > **ST : Pressure** 선택
2. Stress Options > **UCS, Avg.Nodal, Top** 선택
3. Components > **Sig-yy** 선택,
4. Type of Display > **Contour, Legend** (Check on)
5. **[Apply]** 클릭
6. 단축키 **'Ctrl+A'**입력

▶그림 10.29
응력

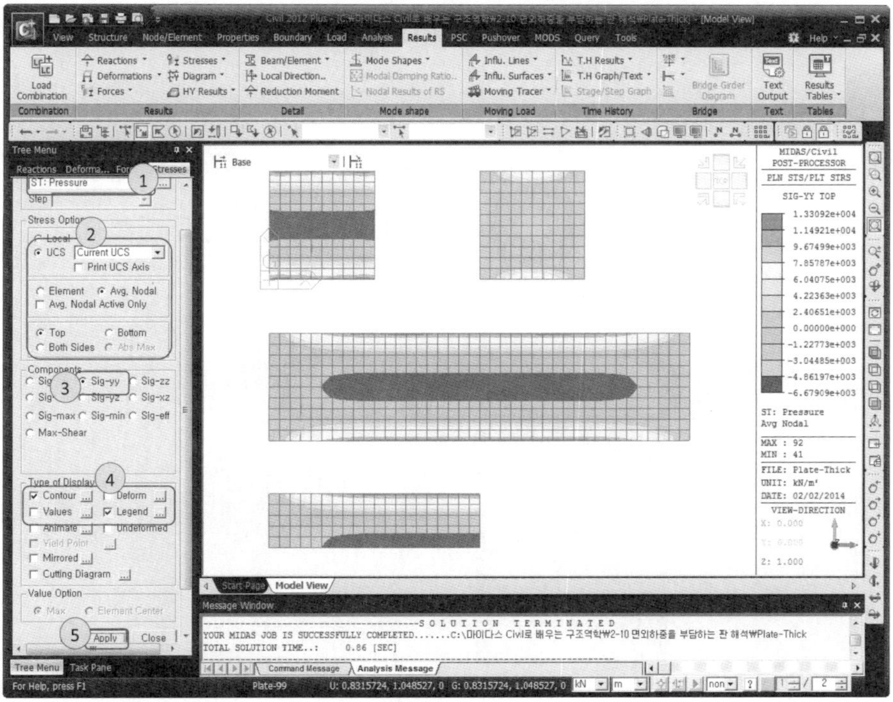

02.8.4 **주응력 방향**

형상과 경계조건이 다른 판요소 모델의 주응력 벡터를 비교한다. 2 변 고정인 Model 1 은 주응력 방향이 지지면에 수직이며, 4 변 고정인 Model 2 는 지지면에 45 ° 방향이다. Model 3 의 ①부분의 주응력 방향은 Model 2 의 주응력 방향과 같은 경향을 나타내고 Model 3 의 ②부분의 주응력 방향은 Model 1 의 주응력 방향과 같다. 즉 4 변 고정 구조물도 장변 대 단변의 비가 2 이상인 경우 내측의 응력 흐름은 2 변지지의 Model 1 과 같다고 볼 수 있다. 따라서 Model 3 과 같은 장방형의 판으로 구성된 구조물은 단변 방향의 단면에 대한 2 차원 프레임구조로 해석하여 설계에 적용할 수도 있다. 1/4 모델인 Model 4 의 경우 주응력 방향은 Model 3 과 같은 결과를 나타낸다.

Main Menu 에서 ***Results / Stresses / Plane-Stress/Plate-Stresses...***

1. Load Cases/Combinations > **ST : Pressure** 선택
2. Stress Options > **Local, Element, Top** 선택
3. Components > **Vector** 선택,
4. Type of Display > **Contour** (Check on)
5. **[Apply]** 클릭

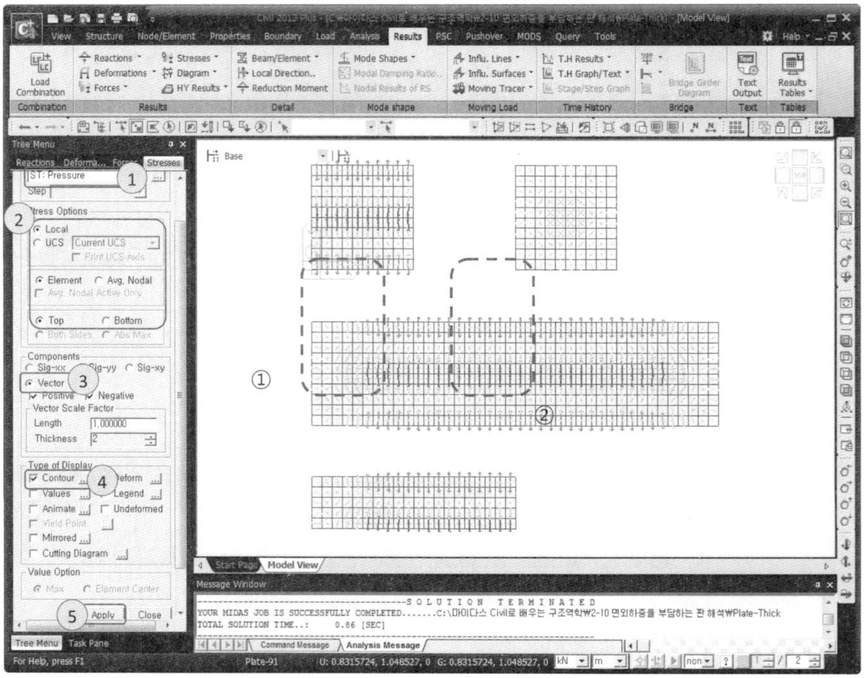

▶그림 10.30
주응력 벡터

02.8.5 판요소 속성 수정모델 생성

해석 모델을 다른 이름으로 저장한다.

Main Menu 에서 ***File / Save As...***

1. 파일 이름 : **'Plate-Thin'** 입력 후 **[저장]** 클릭

판요소를 Thin(전단변형 미고려) Type 으로 수정한다.

Main Menu 에서 ***Node/Element / Elements / Elements Tables...***

1. Element 1 번의 Sub Type 을 **'Thin(w/o Drill)'** 으로 변경
2. 입력된 Thin(w/o Drill)을 나머지 2~700 번 Element 의 Sub Type 셀에 복사
   (복사 원본 셀 선택 후 Ctrl+C 클릭, 복사 대상 셀을 Drag 로 선택 후 Ctrl+V 클릭)

Tip

1. Plate 생성시 Thick, Thin 란 ?
Thick : 전단변형 고려
Thin : 전단변형 미고려
(기본값 : Thick)

2. With Drilling DOF 란? 판형요소(Plate/Plane Stress)의 요소좌표축 z 방향 회전자유도 고려 여부를 선택하는 옵션 (기본값 : Check off. 미고려)

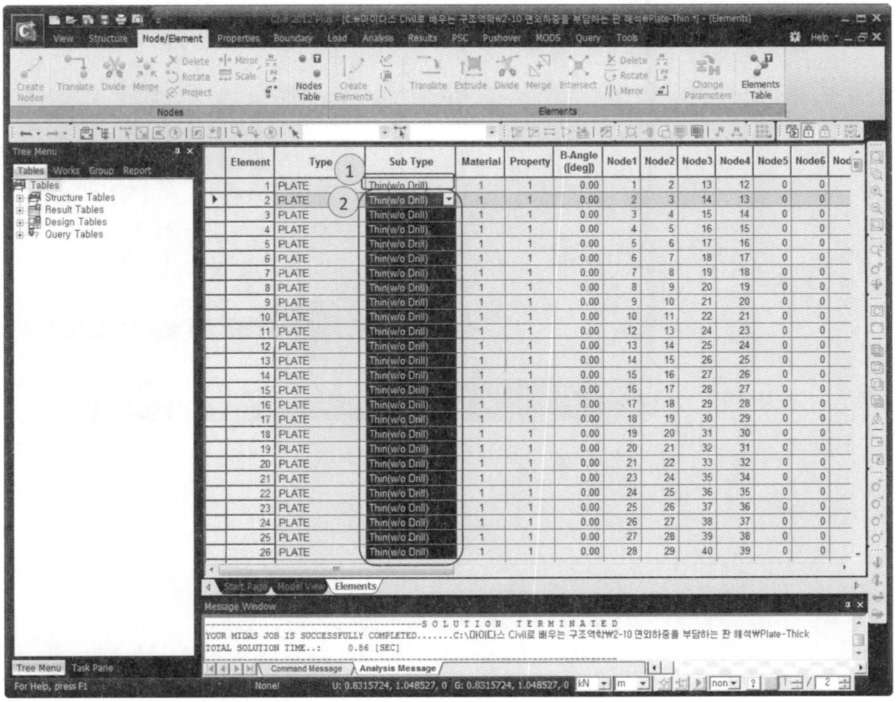

▶그림 10.31
판요소 속성 수정

02.8.5 수정모델 구조해석 수행

전단변형을 고려하지 않도록 수정된 모델의 해석을 수행한다.

Main Menu 에서 ***Analysis / Perform Analysis*** 실행

1. Message Window 에서 해석 정상 종료 메시지 확인
2. Model View 클릭

▶그림 10.32
해석 정상 종료 메시지

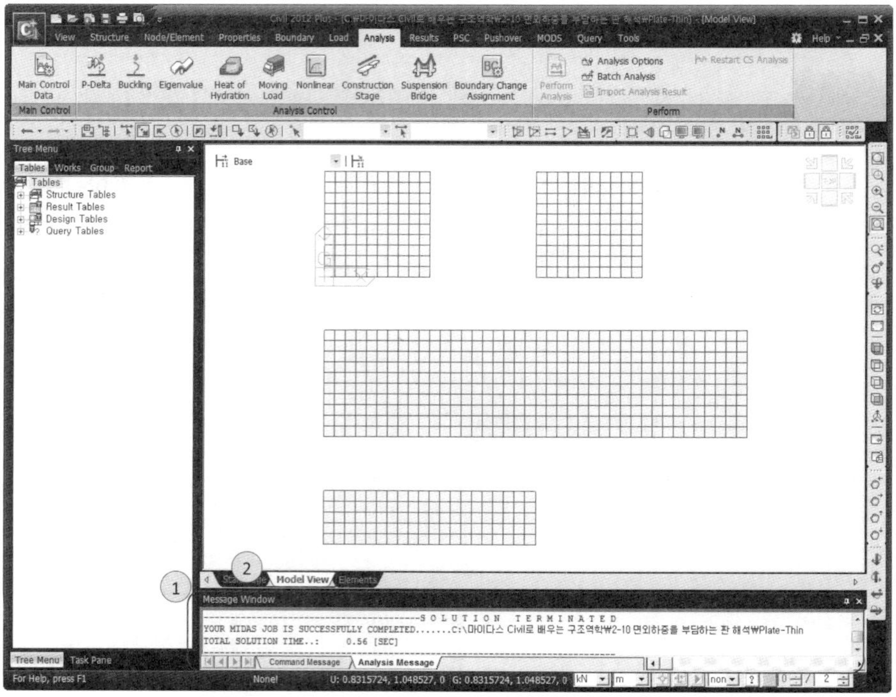

02.8.6 **변위 및 변형** 면하중에 의한 판요소 Model 1 의 처짐을 확인한다.

Main Menu 에서 ***Results / Deformations > Displacement Contour...***

1. Load Cases/Combinations > **ST : Pressure** 선택
2. Components > **DZ** 선택
3. Type of Display > **Contour, Deform, Values, Legend** (Check on)
4. Values **[...]** 클릭, Number Options > Decimal Point : **'5'** 입력, **[OK]** 클릭
5. **Select by Window** (Toggle on) 모드에서 **Model 1 전체** 선택, 단축키 **'F2'** 입력
6. 화면 하단의 Status Bar 에서 길이 단위를 **mm** 로 변경
   중앙에서의 처짐량 **-0.17023mm** 확인

▶그림 10.33
변위 결과(Model 1)

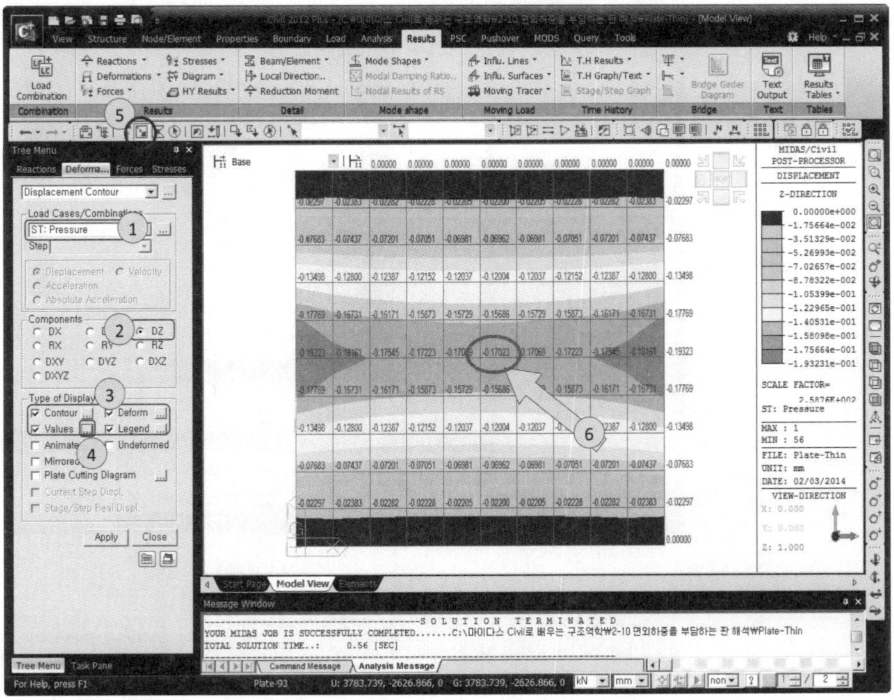

면하중에 의한 판요소 Model 2, Model 4(Model 3 의 대칭 모델)의 처짐을 확인한다.

1. 단축키 **'Ctrl+A'** 입력, **Select by Window** (on) 모드에서 **Model 2** 선택, 단축키 **'F2'** 입력 중앙에서의 처짐량 **-0.08658mm** 확인 (또는 Legend 에서 -8.65844e-002 확인)
2. 단축키 **'Ctrl+A'** 입력, **Select Single** (on) 모드에서 **Model 4** 선택, 단축키 **'F2'** 입력 중앙에서의 처짐량 **-0.17355mm** 확인

▶그림 10.34
변위 결과
(a) Model 2
(b) Model 4

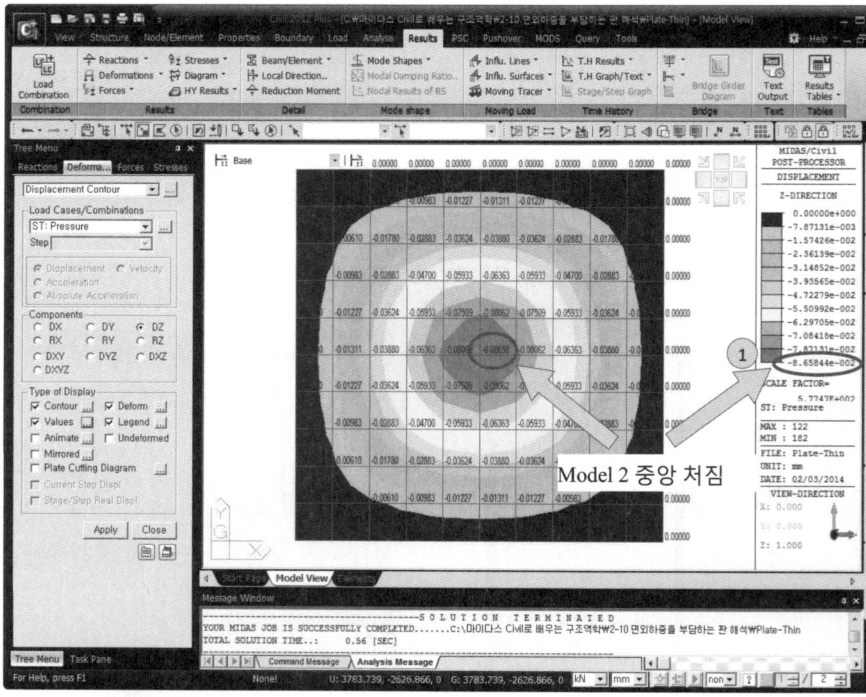

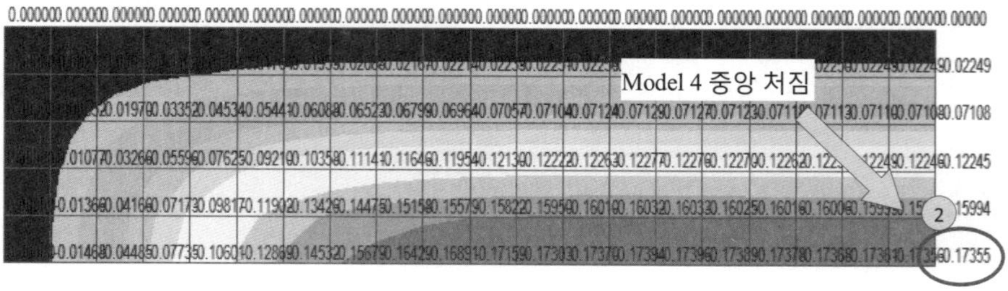

03. 풀어보기

03.1 역학적 개념의 이해 및 수계산

2 차원 요소를 사용하는 model 1~3 은 1 장 『들어가기』 의 1 차원 요소에서 축력, 관성력이 없는 경우를 2 차원으로 확장한 형태가 된다. Model 1 은 마주보는 양변만 구속되어 있으므로 보와 유사하게 1 방향 거동을 보일 것이며, model 2 와 3 은 4 변이 고정되어 있으므로 2 방향 거동을 보일 것으로 예측할 수 있다. 그러나 model 3 은 형상비(b/a , a =짧은 변의 길이, b =긴 변의 길이)가 4.0 에 해당하므로 model 1 과 같이 1 방향에 가까운 거동을 보여야 한다.

2 차원 요소인 판요소에 대한 해석 결과를 이해하기 위해 1 차원의 보요소에 대한 해석 결과와 비교해 볼 수 있다. 그림 10.35 는 경간이 a 인 양단 고정보에 등분포하중이 작용하는 경우를 나타내고 있다. 단면의 크기가 $c \times h$ 라면, $D \equiv EI/c$ 로 나타내고 힘의 평형 방정식을 적용할 수 있다. 그림 10.35 에서 힘(모멘트)의 평형조건에 관한 식은 1 장 『들어가기』 의 식 1.1 에서 축력과 모멘트 항을 제외한 형태와 같다.

▶ 그림 10.35
양단 고정인 보에서의 처짐

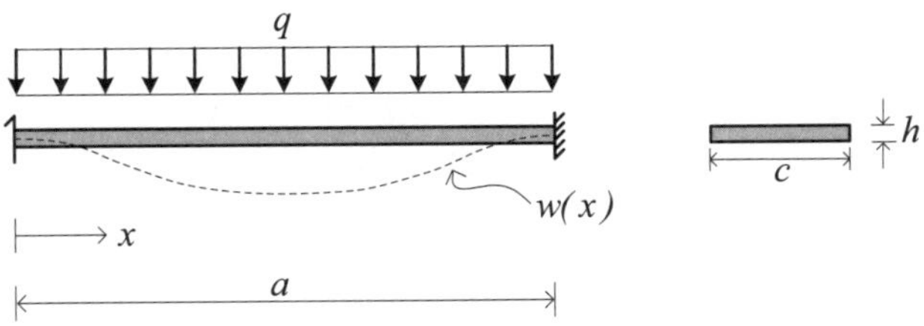

▶ 식 10.11

$$EIw''(x) = qc\frac{x}{2}(a-x) - \frac{qc-a^2}{12}$$

식 10.11 을 적분하면서 경계조건을 적용하면 다음과 같은 결과가 얻어진다.

▶ 식 10.12

$$w(x) = \frac{q}{24D}\left(-x^4 + 2ax^3 - a^2x^2\right)$$

Model 1 은 1 방향 거동하므로, 1 차원 요소의 처짐식에 의한 값과 동일해야 한다. 따라서 중앙부($x = a/2$)에서의 처짐은 식 10.13 과 같이 양단이 고정된 보의 중앙부 처짐과 같게 된다.

▶ 식 10.13

$$\text{Model 1}: \quad w_{max} = qa^4/(384D) \approx 0.002604qa^4/D$$

위 식에서 처짐값은 방향에 무관하게 양수로 나타내었다.

Model 2 와 3 은 2 방향 거동을 하므로 1 장 『들어가기』의 식 1.21 에 단부 모멘트가 추가된 수식을 사용하면 된다. 그러나 2 차원 요소인 판의 변형을 계산하는 과정은 매우 복잡하여 model 2 와 3 은 참고문헌에서 유도된 식에 의한 결과를 해석 결과와 비교하였다. 다음 식들은 모두 얇은 보를 대상으로 판의 중앙부에서 처짐을 산정하는 식이다.

▶ 식 10.14

$$\text{Model 2}: \quad w_{max} = 0.00126qa^4/D$$

▶ 식 10.15

$$\text{Model 3}: \quad w_{max} = 0.00260qa^4/D$$

식 10.15 에서 알 수 있듯이 model 3 의 결과는 model 1 의 결과와 거의 동일함을 알 수 있다.

판의 중심에서 처짐값에 대한 참고문헌 계산과 해석 결과의 비교 결과는 다음과 같다.

▶ 표 10.1
수계산 결과 비교

모델	프와송비	q	a	참고문헌 계산	해석 (얇은 판)	해석 (두꺼운 판)
Model 1	0.3	0.01	1000	0.17340	0.17023	0.17119
	0	0.01	1000	0.19055	0.19055	0.19128
Model 2	0.3	0.01	1000	0.08390	0.08658	0.08718
Model 3	0.3	0.01	1000	0.17312	0.17355	0.17450

단위는 N, mm

프와송비가 영이 아닌 경우 model 1 에 대한 해석에서의 판의 최대 처짐은 중앙부보다는 판의 바깥 쪽에서 발생한다. 그러나 프와송비를 영으로 한 경우에는 중앙이나 바깥 모두 동일한 처짐을 보이며, 얇은 판의 경우는 참고문헌의 계산 값과 동일한 결과를 보인다. Model 2 와 3 은 해석 값이 수계산 값보다 약간 큰 경향을 보였으며, 두꺼운 판을 사용한 경우에 변형이 더 크게 발생했음을 알 수 있다. 두꺼운 판에 대한 전단변형의 효과가 반영되었기 때문이다.

참고문헌

"Theory of plates and shell", Timoshenko & Woinowsky-Krieger

04. 연습문제

1. 60°의 경사로 기울어져 있고 한쪽 방향으로 긴 평행사변형 판의 경계조건에 따른 주응력의 방향을 비교하시오.

구조형상 및 하중조건

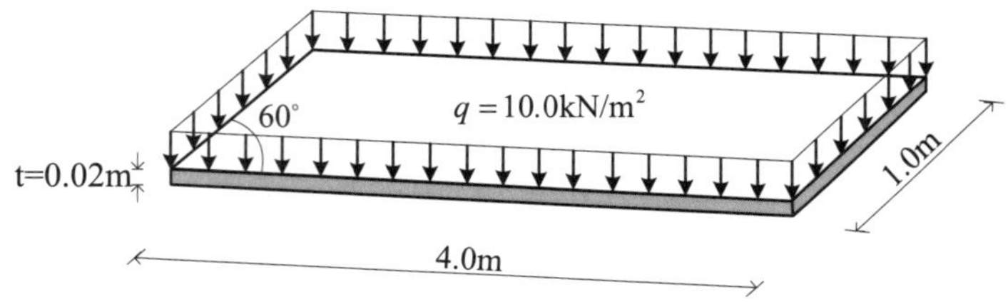

경계조건

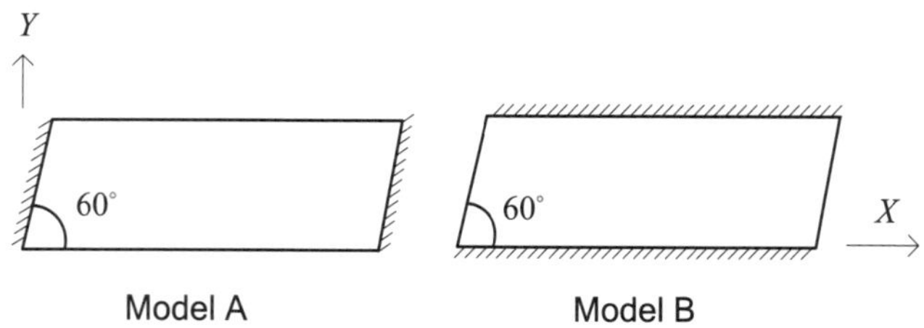

- ***Material***
  탄성계수(Steel SM490) : 2.05×10^5 N/mm²
  프와송비 : 0.3

- ***Section***
  Thickness : 20 mm

- ***Load***
  등분포 압력하중 : 10 kN/m²

About MIDAS IT

마이다스아이티 회사소개

건설공학 소프트웨어 세계 1위 보급율

* 2013년 1월 기준

No. 1
건설 공학 소프트웨어 보급률 세계 1위

150
세계 150개국 수출

550
마이다스아이티 임직원 550명

7,000
마이다스아이티 고객사 7,000개사

30,000
마이다스 소프트웨어 사용자 30,000명

마이다스아이티 (MIDAS Information Technology Co., Ltd.)는 공학기술용 소프트웨어 개발 및 보급 그리고 구조분야 엔지니어링 서비스와 웹 비즈니스 통합 솔루션 서비스를 제공하는 회사입니다.
2000년 9월에 설립되어 현재 550여 명의 글로벌 전문 기술 인력을 보유하고 있으며, 미국, 일본, 중국, 인도, 영국, 러시아의 현지법인과 27개국의 전 세계 네트워크를 통해 150개국에 공학 기술용 소프트웨어를 수출하는 세계적 기업으로 성장하였습니다.

마이다스아이티는 공학해석 분야의 핵심 기술인 컴퓨터 그래픽 기반의 시뮬레이션 기술과 첨단 해석 및 최적화 설계분야에서 세계 수준의 기술을 보유하고 있습니다. 마이다스아이티가 개발하고 보급하는 MIDAS Family Program은 모든 공학 및 산업 영역에서 안전성과 경제성 분석을 위한 해석과 설계에 적용 되고 있으며, 특히 건축, 토목, 지반 등 건설분야에서의 시장 점유율은 세계 1위 라는 선도적인 위치에 있습니다. 마이다스아이티는 향후 글로벌 엔지니어링 솔루션 개발 및 보급사로 성장할 비전을 다지고 있습니다. 대한민국 공학기술 자립화의 꿈을 넘어, 장차 우리의 기술이 바로 세계 표준이 되는 그날까지 부단히 정진하는 것이 마이다스아이티가 추구하는 궁극적인 목표입니다. 마이다스아이티를 역동적으로 살아 움직이게 하는 원천은 항상 최고를 향한 최선의 노력을 아끼지 않는 마이다스아이티의 모든 임직원입니다. 그리고 불가능의 역사를 가능의 현실로 만들어 온 마이다스아이티는 대한민국의 공학 기술과 인터넷 기술의 우수성을 전 세계에 알리는 대표 기업이 될 것입니다. 마이다스아이티는 끊임없는 열정과 정진으로 세계로의 드높은 비상을 위한 도약대에 우뚝 서있습니다.

Global Network

글로벌 네트워크

글로벌 전문 기술인력을 중심으로

전세계 150개국으로 수출하는 세계적인 기업

마이다스아이티는 550여명의 글로벌 전문기술인력을 중심으로 미주, 중국, 일본, 인도, 유럽, 러시아의 현지 법인과 27개국의 글로벌 네트워크를 통해 전세계 150개국에 공학 기술용 소프트웨어를 수출하는 명실상부한 대한민국 공학 분야 소프트웨어의 대표 기업으로 성장하였습니다.

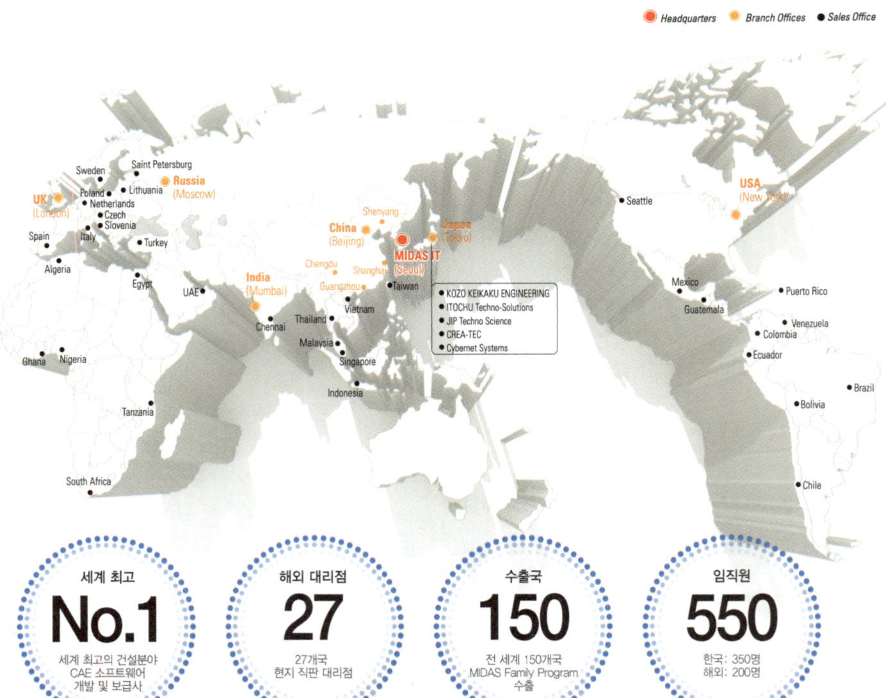

세계 최고
No.1
세계 최고의 건설분야 CAE 소프트웨어 개발 및 보급사

해외 대리점
27
27개국 현지 직판 대리점

수출국
150
전 세계 150개국 MIDAS Family Program 수출

임직원
550
한국: 350명
해외: 200명

- 건설 CAE(구조해석) 소프트웨어 세계 시장 점유율 1위
- 기계 CAE(구조해석) 소프트웨어 국내 시장 판매 1위
- 건축엔지니어링 분야 국내 점유율 1위
- 중국 토목 구조해석분야 시장점유율 1위
- 일본 건축 구조해석분야 시장점유율 1위

MIDAS Family Program

마이다스 패밀리 프로그램 소개

MIDAS Family Program은 국산기술로 탄생시킨 최첨단 CAE(computer Aided Engineering) 솔루션 입니다.

MIDAS Family Program은 구조기술의 국산화를 통하여 기술 자립 및 선진 기술력을 확보한다는 목표 이래 1989년 개발에 착수, MIDAS 기술진의 희생과 열정 그리고 기술자들의 관심과 격려 속에서 10여 년의 개발 기간을 거쳐 순수한 국내 기술로 탄생시킨 국내 최초의 첨단 구조해석 및 최적설계 소프트웨어입니다.

MIDAS Family Program은 1996년 출시 이후 국내외 5,000여 프로젝트에 적용되어 시스템의 우수성과 신뢰성이 입증되었으며, 현재는 과학 기술용 소프트웨어의 본고장인 미국, 일본, 유럽에 역수출됨으로써 마이다스아이티와 대한민국 구조기술의 우수성을 세계에 떨치고 있습니다. 또한 2001년 2월 국산 과학 기술용 소프트웨어로는 최초로 해외에 수출한 이래 현재는 미국, 일본, 중국, 인도, 영국의 현지 독자 법인을 포함하여 150여 개국에 수출하고 있습니다.

MIDAS Family Program은 건축, 토목, 지반, 기계분야에서 약 20여종의 소프트웨어가 전 세계 관련 기술자들에 의해 사용되고 있습니다. 향후 글로벌 엔지니어링 솔루션 개발 및 보급사로 성장할 비전을 실현하기 위하여 우리의 핵심기술인 CAD SW 솔루션 개발 기술을 조선, 항공, 전자, 환경 및 의료 분야 등 차세대 첨단공학 및 미래 산업 분야에 확대 적용해 나갈 계획입니다.

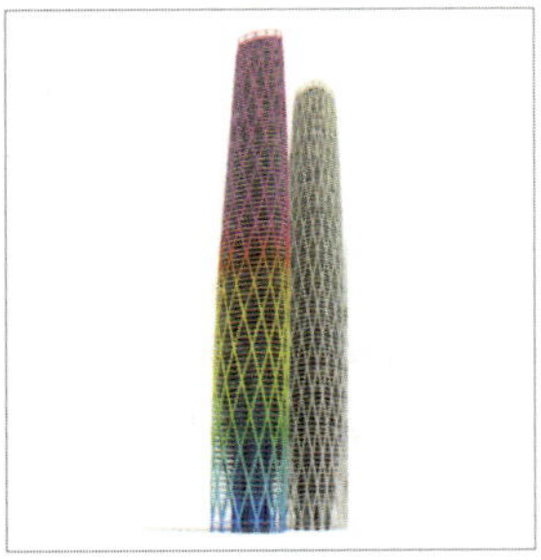

Building Software

midas Gen
midas eGen
midas Building
midas ADS
midas SDS
midas Modeler
midas Drawing
midas Set/ Design+

Bridge Software

midas Civil
midas FEA
midas UMD

Geotechnical Software

midas GTS
SoilWorks
midas GeoXD
Soil + (CTC in Japan)

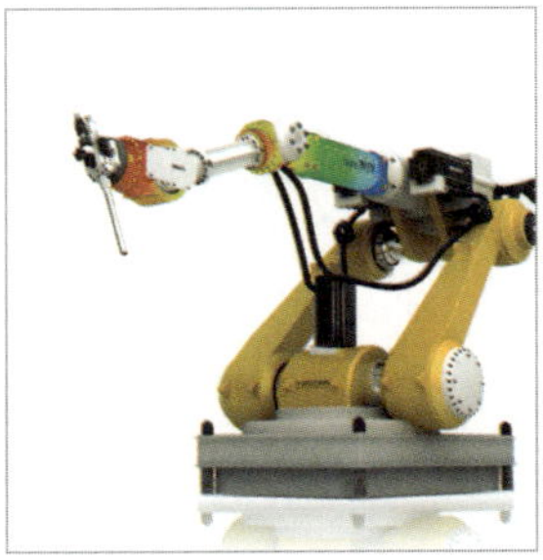

Mechanical Software

midas NFX
Nastran FX
midas FX+
FEpartner

On-Line Training

온라인 교육센터

http://kor.midasuser.com/civil(교육센터 > 교육가이드)

마이다스아이티는 구조해석의 기본개념부터 프로그램을 활용한 실무해석기술을 효과적으로 학습할 수 있는 온라인 교육센터를 운영하고 있습니다.

다양한 고객지원 프로그램을 통해 누구나 쉽게 사용!

마이다스아이티는 사용자가 프로그램을 쉽고 편리하게 사용할 수 있도록 **온라인교육**을 운영하고 있으며, 기술자(실무자)의 실무능력 배양과 기술 경쟁력 향상을 위한 기술세미나와 기술강좌를 제공하고 있습니다.

기본과정에서는 midas Civil, midas FEA, midas UMD, midas GSD를 이용하여 토목구조물, 플랜트, 강구조, 수리구조물, 에너지 등 실무에 프로그램을 사용하고자 하는 분을 위해 모델링에서 해석, 설계 결과물 출력까지 모든 과정에서의 기본적인 사용법을 온라인 동영상으로 제공하고 있습니다.

향상과정에서는 기본과정의 온라인교육에서 다루어지는 내용뿐만 아니라 Midas Family Program을 학습하기 위한 다양한 과정을 포함하고 있습니다. 각 프로그램마다 따라하기 문서와 모델파일을 통하여 모델링부터 해석, 설계까지의 모든 과정을 손쉽게 학습하고 실무에 응용할 수 있는 따라하기로 제공됩니다.

실무활용과정에서는 마이다스아이티에서 정기적으로 실시되는 기술강좌나 기술세미나를 시간적, 공간적 제한으로 참석하지 못하거나 참석 후 반복학습을 원하는 MODS 고객분들을 위하여 제공되는 서비스입니다.

midas Civil로 배우는 구조역학 | 해석편 |

2014년 2월 20일 1판 1쇄 인쇄
2014년 2월 25일 1판 1쇄 발행

저　　자　마이다스아이티
발 행 인　강해작
발 행 처　기문당
주　　소　서울시 성동구 무학봉28길 4-1 (왕십리동 966-22)
전　　화　02) 2295-6171(代)~5
팩　　스　02) 2296-8188
출판등록　1976. 10. 7(1-44)
홈페이지　http://기문당
　　　　　www.kimoondang.com
I S B N　978-89-6225-564-5　93530

정　　가　22,000원

검인생략